新农村快速致富宝典丛书

猪病防治新技术宝典

董世山　许利军　陈立功　主编

化学工业出版社

·北京·

内 容 简 介

为了给养猪企业、动保企业和饲料企业的技术人员提供一本通俗易懂、可靠实用的参考书，特意邀请了具有万头猪场管理经验的技术总监、大型跨国动保集团的技术总监参与编写《猪病防治新技术宝典》。本书以图文并茂的形式介绍了常见、危害较大的76种猪病的诊断与防治技术，并选用大量临床病理剖检和病理组织切片照片，结合简洁的描述方式，力求通过目前新的诊断技术，尽早作出正确诊断，减少疾病造成的损失，提高疾病预防和控制水平。

《猪病防治新技术宝典》理论与实践兼顾、普及与提高并重，可供广大科学养猪人员、基层兽医工作者和农业院校动物医学、动物科学专业师生参考。

图书在版编目（CIP）数据

猪病防治新技术宝典/董世山，许利军，陈立功主编. —北京：化学工业出版社，2020.11
（新农村快速致富宝典丛书）
ISBN 978-7-122-37599-5

Ⅰ.①猪… Ⅱ.①董… ②许… ③陈… Ⅲ.①猪病-防治 Ⅳ.①S858.28

中国版本图书馆CIP数据核字（2020）第158276号

责任编辑：尤彩霞　　　　文字编辑：郝芯缈　陈小滔
责任校对：王鹏飞　　　　装帧设计：张　辉

出版发行：化学工业出版社（北京市东城区青年湖南街13号　邮政编码100011）
印　　装：大厂聚鑫印刷有限责任公司
850mm×1168mm　1/32　印张9　字数254千字
2021年4月北京第1版第1次印刷

购书咨询：010-64518888　　　　售后服务：010-64518899
网　　址：http://www.cip.com.cn
凡购买本书，如有缺损质量问题，本社销售中心负责调换。

定　　价：36.00元

新农村快速致富宝典丛书

《猪病防治新技术宝典》

编写人员名单

主　　编　董世山　许利军　陈立功

副 主 编　肖海君　李延明　孔令聪

编写人员（按汉语拼音为序）

安同庆（中国农业科学院哈尔滨兽医研究所）

陈立功（河北农业大学动物医学院）

董李学（唐山市食品药品综合检验检测中心）

董世山（河北农业大学动物医学院）

孔令聪（河北牧泰养殖有限公司）

李延明（北京二商肉类食品有限公司养猪事业部）

利　凯（河北北方学院）

王小波（扬州大学兽医学院）

王迎春（河北农业大学动物医学院）

王尊民［礼蓝（上海）动物保健有限公司］

肖海君［礼蓝（上海）动物保健有限公司］

许利军（保定市畜牧工作站）

袁万哲（河北农业大学动物医学院）

苑方重（河北农业大学动物医学院）

翟文栋（保定职业技术学院）
张　芳（保定市动物疫病预防控制中心）
张仕永［礼蓝（上海）动物保健有限公司］
张晓利（唐山市动物疫病预防控制中心）
张志刚（河北牧泰养殖有限公司）
赵茂华（河北远征药业有限公司）
审　稿　刘聚祥（河北农业大学动物医学院）

丛书序

多年来，养殖业一直作为我国广大农村的支柱产业，在增加农民收入、促进农村脱贫致富方面发挥了积极作用。随着我国城镇化进程的加快和人们生活水平的提高，对肉、蛋、奶消费需求会越来越高，对肉、蛋、奶的质量安全水平要求也越来越高。如何指导养殖场（户）生产出优质、安全畜产品的问题就摆在了畜牧科技工作者的面前。

近两年，部分畜产品行情不是很乐观，养殖效益偏低或是亏损，除了市场波动外，主要原因还是供给结构问题，普通产品多，优质产品少，不能满足消费者对优质安全的需要。药物残留、动物疫病、违禁投入品、二次污染等已经成为养殖者不得不面对、不得不解决的问题。

养殖业要想生存就必须实行标准化健康养殖，走生态循环和可持续发展之路。生态养殖是在我国农村大力提倡的一种生产模式，其最大的特点就是在有限的空间范围内，利用无污染的天然饵料为纽带，或者运用生态技术措施，改善养殖方式和生态环境，形成一个循环链，目的是最大限度地利用资源，减少浪费，降低成本。按照特定的养殖模式进行增殖、养殖，投放无公害饲料，目标是生产出无公害食品、绿色食品和有机食品。生态养殖的畜禽产品因其品质高、口感好而备受消费者欢迎，供不应求。

基于这一消费需求，生态养殖、工厂化养殖逐渐被引入主流农业生产当中，并受到国家高度重视。同时，基于肉、蛋、奶等农产品的消费需求及国家对农业养殖的重视、补贴政策，化学工业出版社与河北农业大学动物科技学院、动物医学院（中兽医学院）等相关专业老师合作组织了“新农村快速致富宝典丛书”。每本书的主编均为科研、教学一线的专业老师，长期深入到养殖场、养殖户进行技术指导，开展科技推广和培训，理论和实践经验较为丰富。每本书的编写都非常注重实用性、针对性和先进性相结合，突出问题导向性和可操作性，根据养殖场（户）的需要展开编写，争取每一个知识点都能解决生产中的一个关键问题，注重养殖细节。本套丛书采取滚动出版的方式，逐年增加新的版本，相信本套丛书的出版会为我国的畜牧养殖业做出应有的贡献。

丛书编委会主任：

河北农业大学动物科技学院教授：

2017 年 7 月

前言

养猪在我国具有悠久历史，随着养殖技术的进步和市场经济的迅速发展，养猪业正在向专业化、集约化、工厂化转变，这种养殖模式的改变，增强了我国养猪业在国际领域中的竞争力。但是，随着饲养规模的扩大，生猪流通的频繁，也为疫病的传播提供了条件。一旦猪病流行，往往会造成巨大的经济损失，影响养猪业的发展。因此，加强猪病防治是发展养猪业的重要措施和根本保证。

为了紧密结合现代化养猪生产的实际情况，编写一本理论与实践紧密结合的猪病防控参考书，编写组特意邀请了具有万头猪场管理经验的技术总监、大型跨国动保集团的技术总监参与编写，结合多年的教学、科研和临床实践经验，吸收目前国内外新的科技成果，编写了这本《猪病防治新技术宝典》。本书将常见的、危害较大的76种猪病的诊断与防治技术采用图文并茂的形式进行了介绍，并选用大量临床病理剖检照片和组织切片照片，描述通俗易懂，力求在目前的诊断水平下，尽早作出正确诊断或方向性的诊断，减少疾病造成的损失，提高疾病预防和控制水平。本书理论与实践兼顾、普及与提高并重，可供广大科学养猪人员、基层兽医工作者和农业院校相关专业师生参考。

由于作者的水平有限，疏漏之处在所难免，敬请同行和广大读者批评指正。

注：全书所有彩色图片可登录化学工业出版社官方网站免费注册下载，www.cip.com.cn（资源下载）。

附本书中单位说明对照表：

单位名称	吨	千克	克	毫克	微克	米	厘米	毫米	微米
对应国际标准符号	t	kg	g	mg	μg	m	cm	mm	μm
单位名称	纳米	转/分	公顷	平方米	平方厘米	立方米	升	毫升	天
对应国际标准符号	nm	r/min	hm^2	m^2	cm^2	m^3	L	mL	d
单位名称	小时	分钟	秒	摄氏度	千焦	兆焦	国际单位	瓦	勒克斯
对应国际标准符号	h	min	s	℃	kJ	MJ	IU	W	lx

编者

2020 年 5 月

目录

第二章 猪细菌病 ······ 083

第三章 猪寄生虫病 ······ 150

第一章　猪病毒病

一、猪瘟

猪瘟俗称“烂肠瘟”，是由猪瘟病毒引起的一种急性、热性、接触性传染病。世界动物卫生组织（英文：World Organization for Animal Health；法语：Office international des épizooties，简称 OIE）规定猪瘟全称为古典猪瘟（Classical Swine fever，CSF），并将其列为 A 类动物疫病。我国政府将其列为一类动物传染病。《中华人民共和国动物防疫法》具体规定管理的动物疫病分类见附录。

【病原】猪瘟病毒（Classical swine fever virus，CSFV）属于黄病毒科瘟病毒属，分为 2 个血清型（群），不同毒株间的抗原性、毒力、致病性等存在显著差异。CSFV 和同属的牛病毒性腹泻病毒有高度同源性，抗原关系密切。

【流行特点】猪是本病唯一的自然宿主，不同日龄和品种的猪（包括野猪）均可发生。病猪的各种分泌物、排泄物、内脏等均含有大量病毒，通过呼吸道等接触传播。当感染妊娠母猪时，可造成死产或弱仔出生后不久即死去，分娩时排出大量病毒。本病急性暴发的发病率和病死率均高达 90%以上。近年来，慢性猪瘟和隐性感染病例有增多的趋势。

【临床症状】潜伏期为 5～7d。病猪发热，体温升高可达 41℃左右，拱背，打冷战，扎堆取暖，精神沉郁，食欲减退或不食，眼结膜发红，有眼屎，走路摇晃不稳。病初粪便干燥，后期腹泻（拉稀）。公猪包皮积尿，皮肤出现大小不一的紫色或红色出血点，指压不褪色，严重时出血点遍及全身。常常伴有咳嗽。有的病猪出现神经症状，转圈或突然倒地、痉挛，死亡。

【病理特征】

1.急性发病时，病猪皮肤斑块或点状出血（图 1-1、图 1-2），皮下出血（图 1-3）。淋巴结出血呈紫葡萄样外观（图 1-4、图 1-5），切面呈大理石样花纹（图 1-6），镜检见淋巴窦出血、淋巴小结萎缩及不同程度的坏死（图 1-7）。脾脏边缘有出血性梗死灶，切面多呈楔形（图 1-8），镜检见脾组织坏死，正常结构被破坏，渗出的红细胞与坏死组织交织在一起（图 1-9）。肾脏点状出血，严重时如麻雀蛋样外观（图 1-10），切面皮质、髓质、肾乳头和肾盂出血（图 1-11），镜检见肾小管上皮变性、坏死（图 1-12），肾小管间有大量红细胞。繁殖障碍型母猪产的仔猪肾脏畸形、表面散在针尖大小出血点（图 1-13）。膀胱出血（图 1-14、图 1-15）。口腔黏膜出血、坏死（图 1-16），肠浆膜（图 1-17、图 1-18）、胃黏膜（图 1-19）出血，胆囊出血（图 1-20）。喉头和气管黏膜出血（图 1-21）、肺斑点状出血（图 1-22），镜检见大量红细胞浸润于细支气管和肺泡腔内（图 1-23）。心脏出血（图 1-24）。

猪瘟
(图1-1~图1-27)

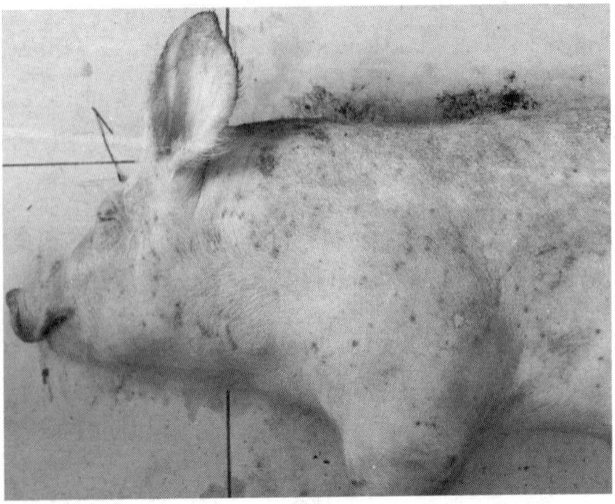

图 1-1　皮肤出血（董世山，陈立功供图）

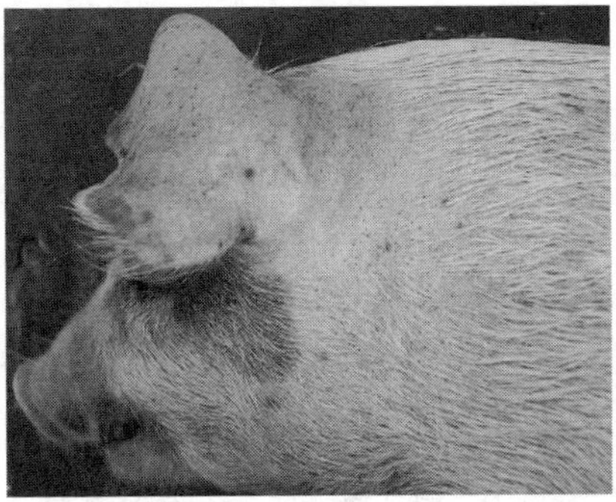

图 1-2　耳、颈部皮肤针尖大小出血点（陈立功供图）

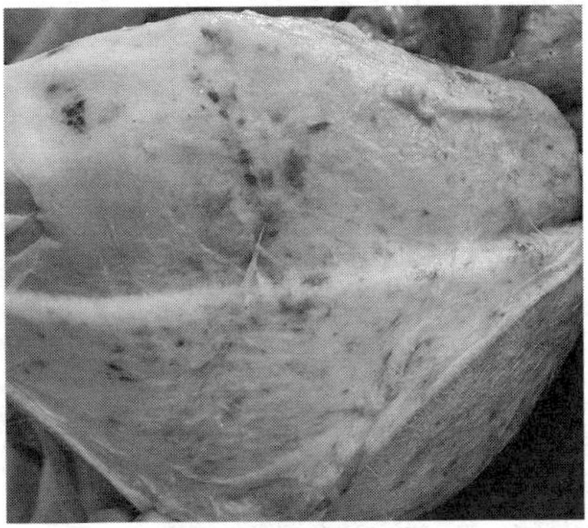

图 1-3　皮下出血（董世山，陈立功供图）

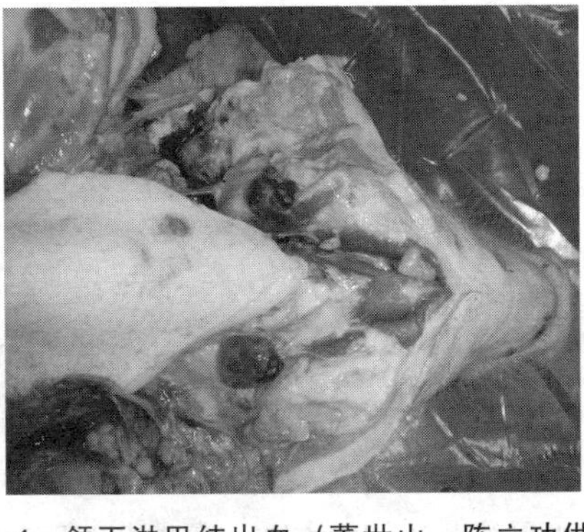

图 1-4　颌下淋巴结出血（董世山，陈立功供图）

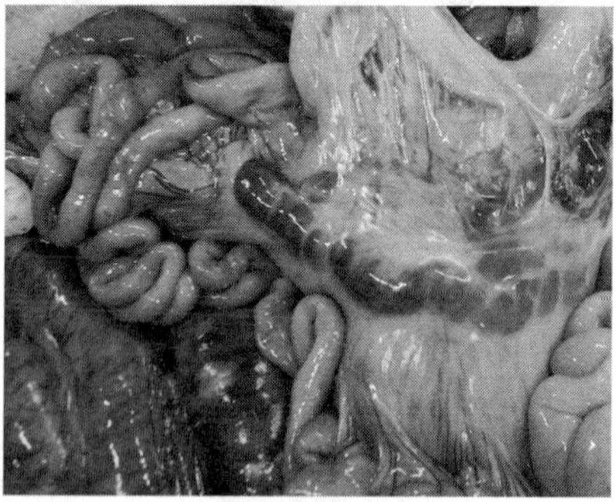

图 1-5　肠系膜淋巴结出血呈紫葡萄样外观（董世山，陈立功供图）

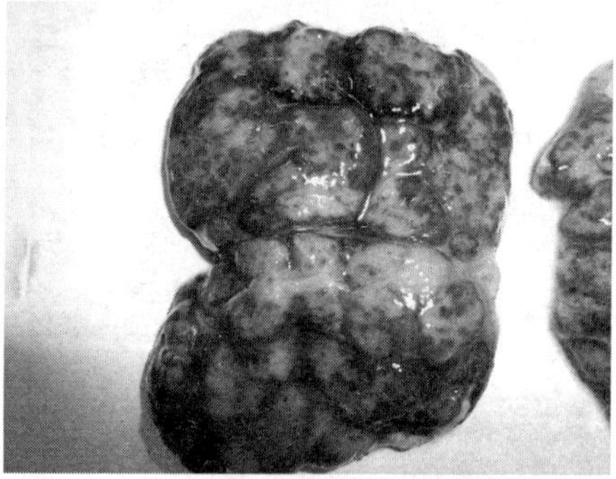

图 1-6　淋巴结周边出血，切面呈大理石样花纹（董世山，陈立功供图）

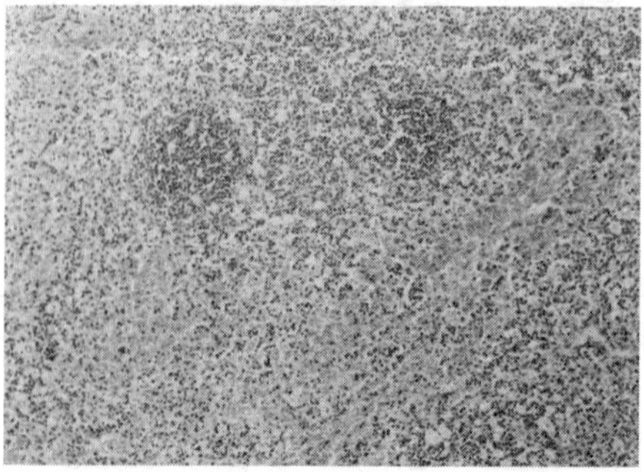

图 1-7　淋巴结出血。HE×100（董世山，陈立功供图）

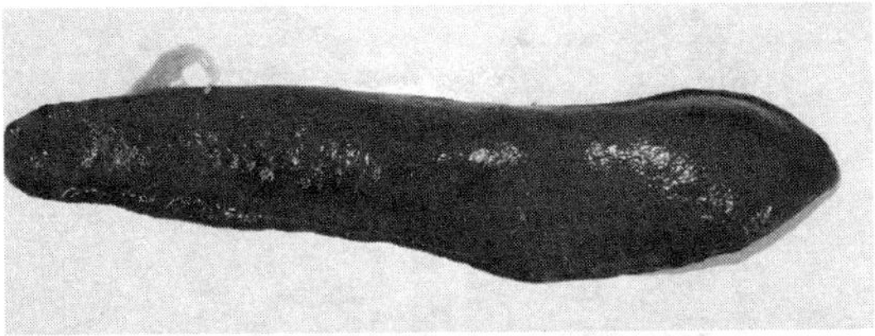

图 1-8 脾脏出血性梗死（董世山，陈立功供图）

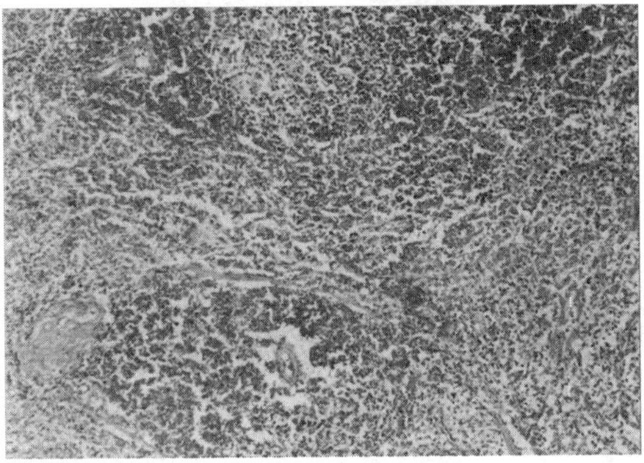

图 1-9 脾脏出血性梗死出血。HE×100（董世山，陈立功供图）

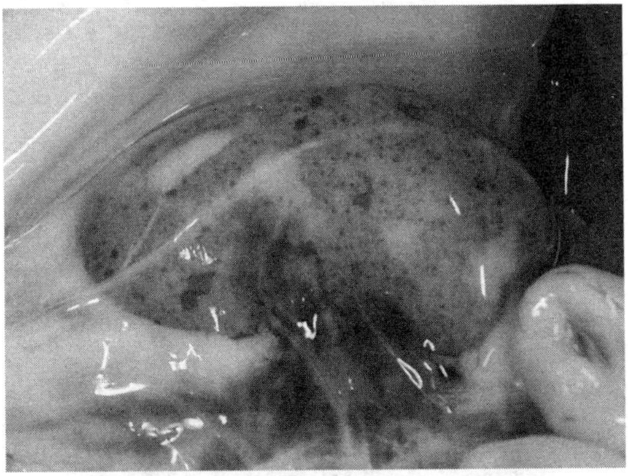

图 1-10 肾脏严重出血（董世山，陈立功供图）

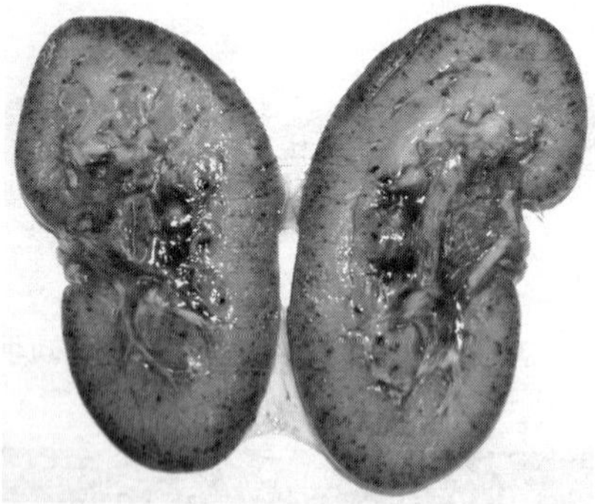

图 1-11　肾脏切面见皮质、髓质等部位出血（董世山，陈立功供图）

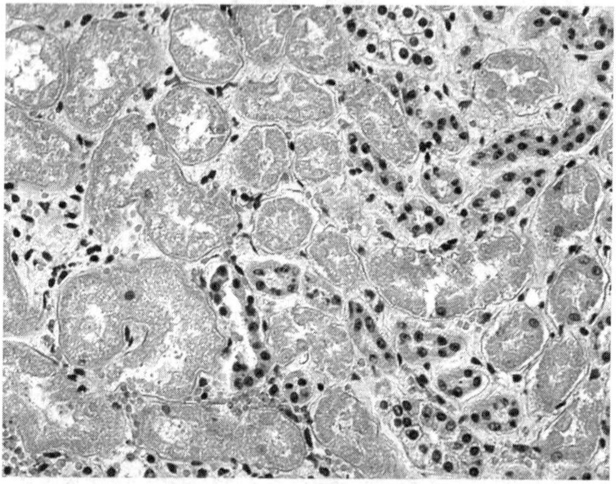

图 1-12　肾小管上皮变性、坏死。HE×400（董世山，陈立功供图）

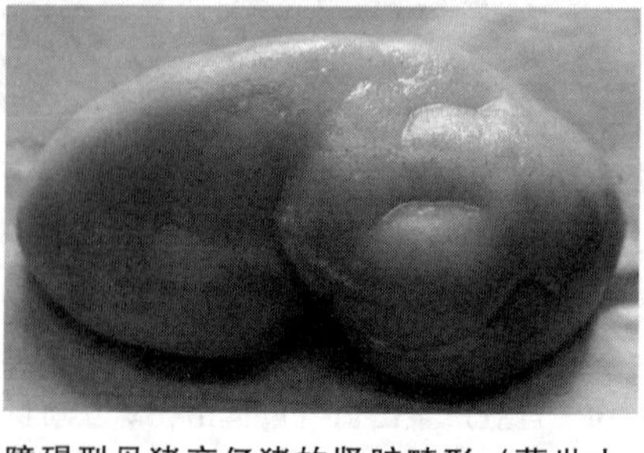

图 1-13　繁殖障碍型母猪产仔猪的肾脏畸形（董世山，陈立功供图）

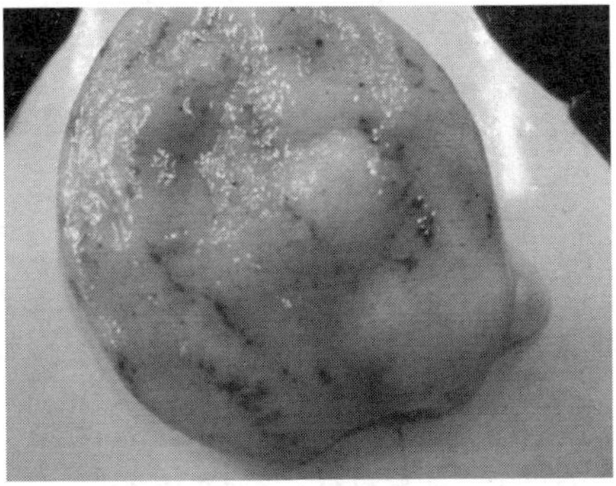

图 1-14　膀胱黏膜出血（1）（董世山，陈立功供图）

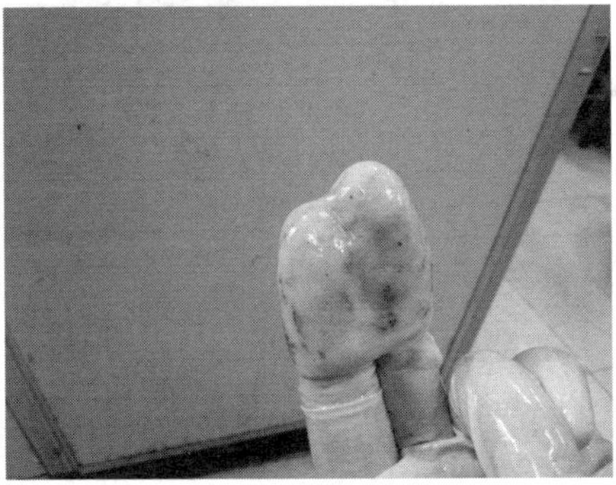

图 1-15　膀胱黏膜出血（2）（董世山，陈立功供图）

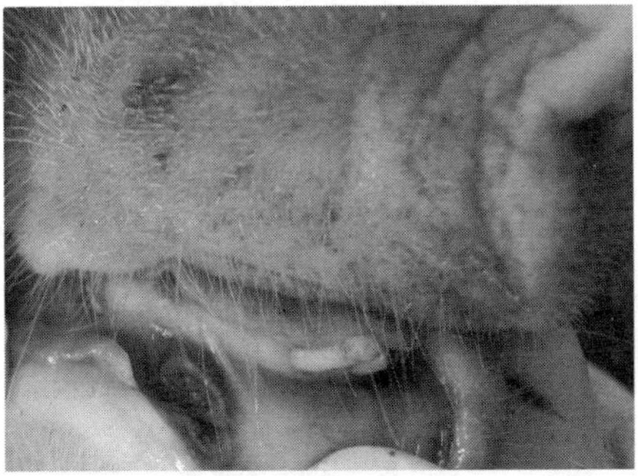

图 1-16　口腔黏膜坏死（陈立功供图）

图 1-17　小肠浆膜出血（陈立功供图）

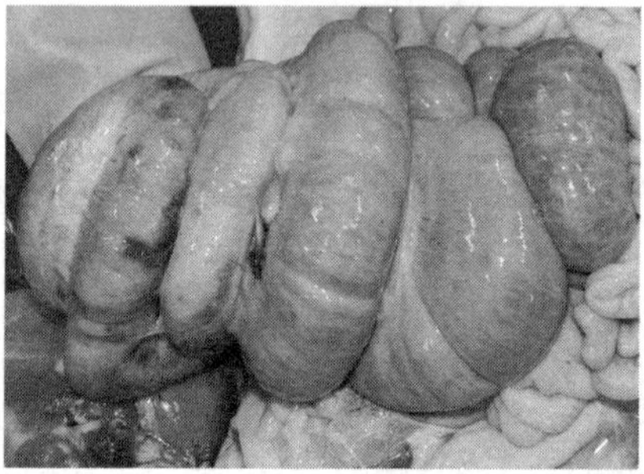

图 1-18　结肠浆膜出血斑（董世山，陈立功供图）

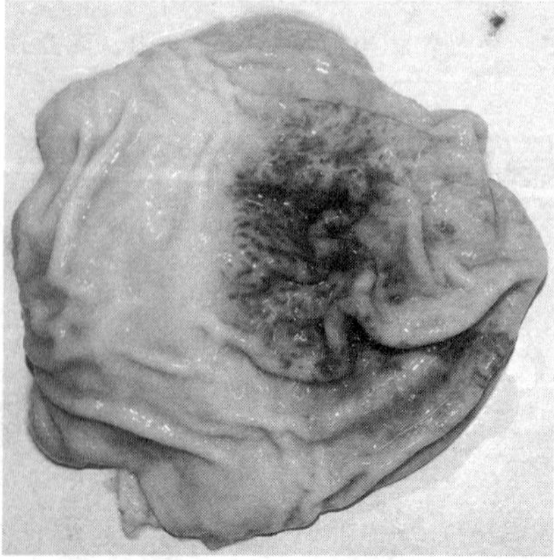

图 1-19　胃黏膜出血（陈立功供图）

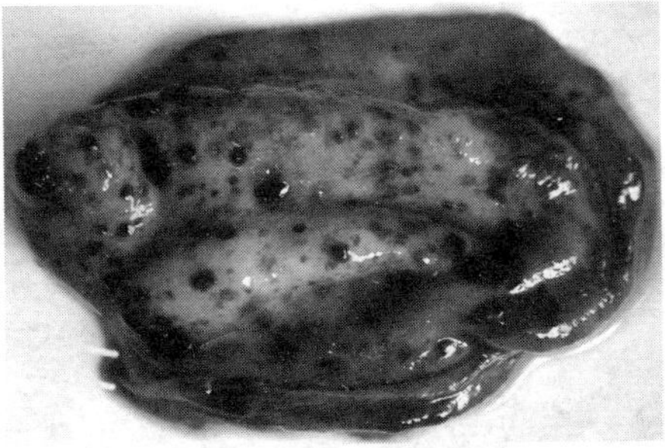

图 1-20 胆囊出血（董世山，陈立功供图）

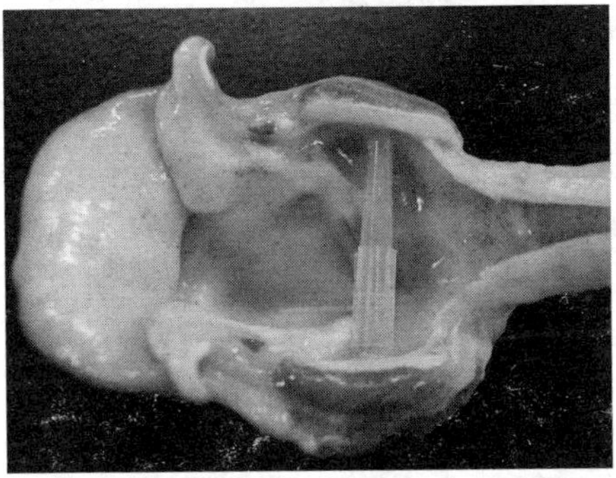

图 1-21 喉头、气管黏膜出血（陈立功供图）

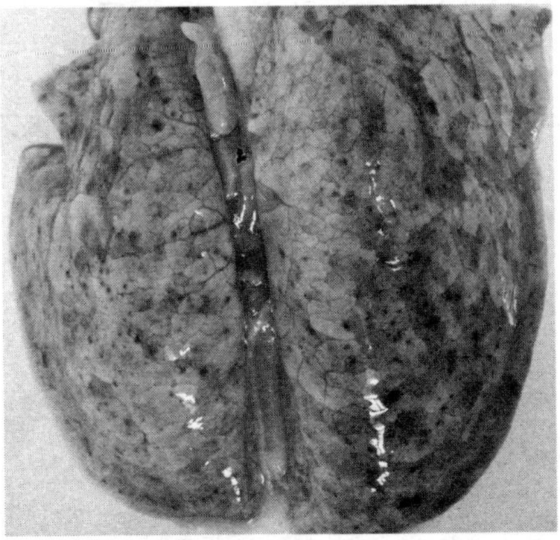

图 1-22 肺斑点状出血（董世山，陈立功供图）

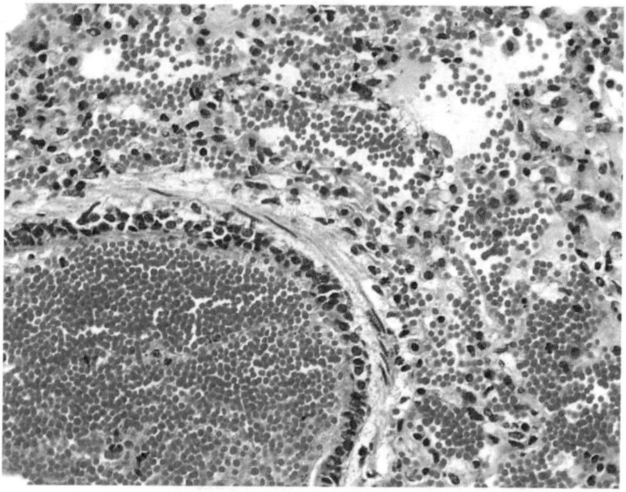

图 1-23　大量红细胞浸润于细支气管和肺泡腔内。HE×400（董世山，陈立功供图）

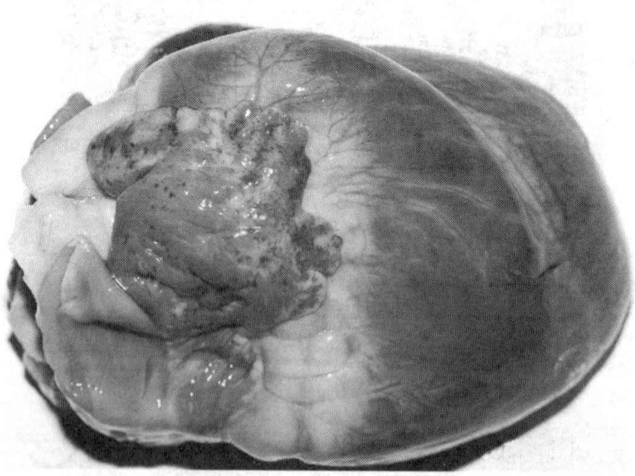

图 1-24　心耳出血（董世山，陈立功供图）

2. 慢性病例特征性变化为回盲瓣、盲肠和结肠有“纽扣状”溃疡（图 1-25～图 1-27），肋骨有骨骺线。

【诊断要点】典型的猪瘟，根据其流行情况、临床症状和特征性的病理变化即可确诊。但隐性感染病例的确诊须进行实验室诊断。

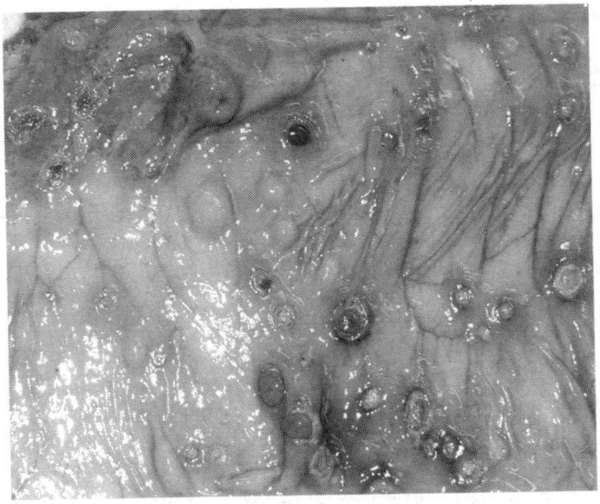

图 1-25　回肠末端和盲肠的“纽扣状”溃疡（陈立功供图）

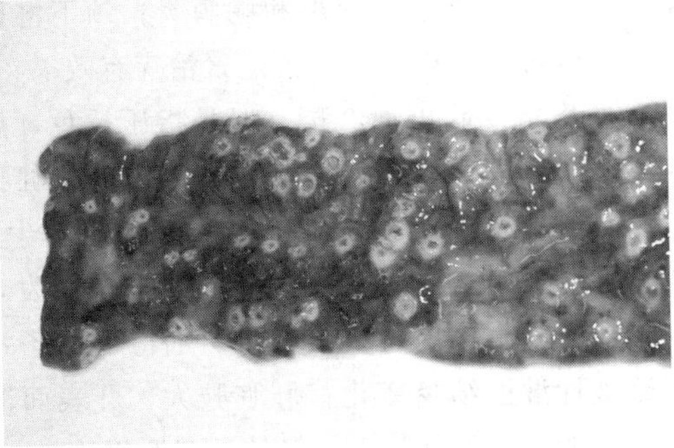

图 1-26　结肠黏膜的“纽扣状”溃疡（1）（董世山，陈立功供图）

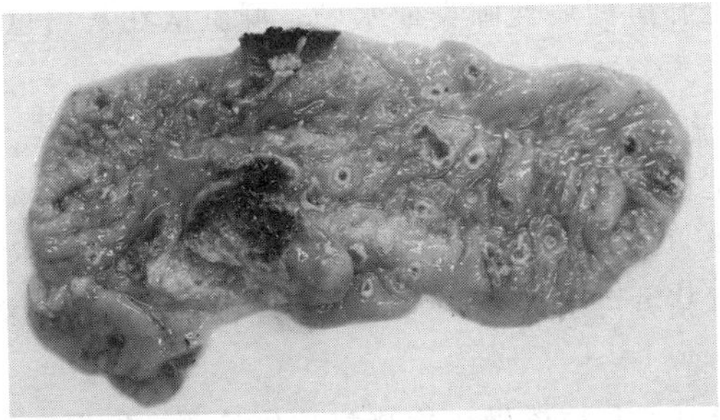

图 1-27　结肠黏膜的“纽扣状”溃疡（2）（董世山，陈立功供图）

病死或扑杀的猪，取扁桃体、淋巴结等组织病变部与健康部交界处组织；待检活猪，用注射器取血 5mL，2～8℃保存，送实验室实时荧光定量 RT-PCR 检测、RT-PCR 检测（要求送检病料新鲜，严禁反复冻融）。

采用实时荧光定量 RT-PCR 方法可以鉴别组织、血清及疫苗中猪瘟兔化弱毒（HCLV）和野毒株的 RNA，适用于猪瘟病毒的鉴别诊断、检测和流行病学调查。

【类症鉴别】在临床上，急性猪瘟与急性猪肺疫、猪繁殖与呼吸综合征、急性猪丹毒、急性猪副伤寒、猪弓形虫病有许多类似之处；慢性猪瘟与慢性猪副伤寒等病易混淆，诊断时应注意区别。

急性猪肺疫的病猪咽喉部显著肿胀，呼吸困难明显，口、鼻喷出泡沫，皮肤发红、有少量出血点。剖检可见咽喉部皮下有明显的出血性水肿。肺脏呈典型的纤维素性肺炎和胸膜炎；颌下淋巴结出血，其他淋巴结肿大，呈浆液性淋巴结炎。抗生素治疗有效。

急性猪丹毒的病猪皮肤出现红斑，但是指压褪色，病程长时，皮肤出现紫红色疹块，剖检可见胃、小肠出血严重，脾脏肿大呈樱桃红色，没有梗死变化。淋巴结、肾脏淤血肿大。青霉素等抗生素治疗有效。

急性猪副伤寒多发于 2～4 月龄，寒冷潮湿季节多发，先便秘后下痢，便中有时带血；胸腹部皮肤呈紫蓝色。剖检可见肠系膜淋巴结显著肿大，呈现浆液性淋巴结炎变化；肝脏肿大，肝表面散在灰白色坏死灶；大肠局灶性溃疡；脾脏肿大，但是没有梗死灶。

猪弓形虫病也有高热与皮肤出血点，但是弓形虫病猪呼吸高度困难，剖检可见肺脏间质性肺炎或水肿，肝脏散在灰白色局灶性坏死。内脏淋巴结肿大、坏死。磺胺类药物治疗有效。

【防治措施】

1. 预防工作的基本原则

提倡自繁自养。必须引种时，采集血样经实验室 RT-PCR 检测，猪瘟野毒阴性猪方可引入。加强饲养管理，猪舍内定期消毒，做好生物安全工作。

规模化猪场每年应该做 4 次猪瘟抗体检测，根据抗体水平，及时进行疫苗接种。新生仔猪应该在 2～3 周时采血检测抗体水平，决定首免时间。接种疫苗后2～3周，采血检测抗体，评价免疫效果。需要注意的是，在猪瘟阳性的猪场，由于母猪群均已频繁接种过猪瘟疫苗，新生和断奶仔猪的母源猪瘟抗体水平通常很高，过早使用弱毒疫苗免疫仔猪，母源抗体的干扰可能大大降低仔猪的免疫效果。因此，各养猪场应根据母猪群免疫状态来实测猪场断奶后仔猪的母源抗体衰减规律，用于指导仔猪的免疫时机。

2.免疫接种

（1）注意事项：最好用单苗，少用联苗；一猪一针头；注射剂量要准确可靠；免疫前后7～10d禁用磺胺类等免疫抑制剂。

（2）在无猪瘟发生的猪场，定期预防注射猪瘟兔化弱毒疫苗。

（3）对散发猪瘟的猪场，因母源抗体的存在，仔猪出生后20日龄或25～30日龄免疫注射一次猪瘟疫苗，55～60日龄仔猪断奶后再注射一次，保护率较高。最好做抗体检测确定首免时间。

（4）在曾经发生严重猪瘟的猪场，可采用超前免疫（超免）的方法，即在仔猪出生后马上接种猪瘟疫苗，并隔离1～2h再吮初乳。由于猪的产程一般都在2～3h，甚至更长时间，所以疫苗稀释后要置于带冰的保温杯内，超免剂量一般为1头份。至40～50日龄再加强免疫一次，剂量为1头份。

（5）紧急免疫接种。对假定健康猪群进行疫苗紧急接种，可使大部分猪获得保护。

二、非洲猪瘟

非洲猪瘟（African swine fever，ASF）是由非洲猪瘟病毒（African swine fever virus，ASFV）引起猪的一种急性、致死性传染病，发病急，病程短，死亡率极高，其临床症状和病理变化和猪瘟相似，全身各器官有明显的出血现象。急性型的死亡率在95%以上，1960年以后出现慢性型，死亡率降低到20%～30%。OIE将本病列为A类传染病，我国政府将其列为一类动物疫病。2018年8月，我国首次暴发非洲猪瘟。

【病原】ASFV是双链DNA病毒，属于非洲猪瘟病毒科非洲猪瘟病毒属，该科仅有ASFV一个属，也是目前唯一已知核酸为DNA的虫媒病毒。

国内目前主要流行的ASFV属于基因Ⅱ型和血清8群。其中，沈阳市确诊第一例的ASFV毒株（ASFV－SY18株）与格鲁吉亚毒株（GA/2007株）相似。在黑龙江省发现的毒株Pig/HLJ/2018和血粉中发现的毒株DB/LN/2018，与波兰的PoL/2017相似。

ASFV对温度敏感，56℃加热70min或60℃加热30min可灭活病毒。在没有有机物（血污与粪便）的影响时，pH＜3.9或pH＞11.5可灭活ASFV。0.8%的氢氧化钠、2.3%有效氯的次氯酸盐溶液或0.3%福尔马林都至少需要30min才能灭活ASFV。在室温条件下，在饲料和水中分别可以存活1d和50d。ASFV能够在4℃粪便中存活8d至数周，在37℃粪便中存活3～4d，在死亡猪尸体中存活长达1年。

【流行特点】仅猪对非洲猪瘟病毒有天然易感性。隐性感染带毒的野猪是本病的主要传染源。被污染的饲料、饮水、饲养用具、猪舍等是本病传播的主要因素。传播媒介有吸血昆虫、非洲的鸟软壁虱和隐嘴蜱。康复猪带毒时间很长，而抗体对同型病毒的免疫性保持时间较短。

猪呼吸道和消化道是非洲猪瘟病毒侵入的主要门户。因毒株、猪只健康状况和感染途径的不同，潜伏期有所差异，一般为5～19d，最长可达21d。OIE将潜伏期定为15d。

【临床症状】根据非洲猪瘟病毒的毒力、感染剂量、感染途径和猪群健康状况的不同，临床症状可分为最急性型、急性型、亚急性型或慢性型。

最急性型在无明显临床症状表现时就突然倒地死亡（图1-28）。

急性型表现为发病猪群采食减少，体温高达40～42℃，呼吸困难，眼鼻有浆液性或黏液性脓性分泌物，有的病猪眼黏膜潮红，渗出性出血，皮肤发红、发绀和出血（图1-29），有时可见呕吐和腹泻，甚至血便。临床症状出现后5～10d内死亡，死亡率高达100%。

亚急性型或慢性型非洲猪瘟多表现为关节肿大，跛行，皮肤溃疡，消瘦，妊娠母猪流产等，可能出现症状缓解或耐过猪，但在猪群健康度变低、环境改变、应激等条件下会发生病情加重甚至死亡等问题。病程长的猪常见胸腹部、会阴、四肢、耳朵等部位的皮肤出现出血性坏死斑块。

非洲猪瘟
(图1-28~图1-45)

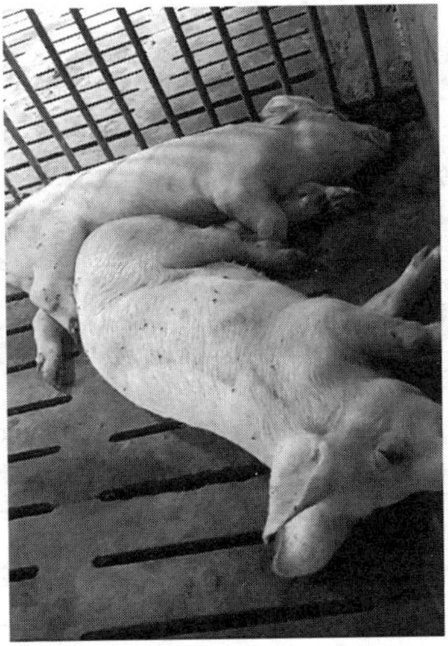

图 1-28　眼黏膜潮红（孔令聪，张志刚供图）

图 1-29　病猪皮肤发红、发绀（孔令聪，张志刚供图）

【病理特征】耳、鼻端、腹部、尾、外阴等无毛或少毛的皮肤有界限明显的紫绀区（图 1-30），皮下出血（图 1-31）。耳部紫绀区常肿起，鼻孔常出血。四肢、腹壁等处有出血块，中央黑色，四周干枯。

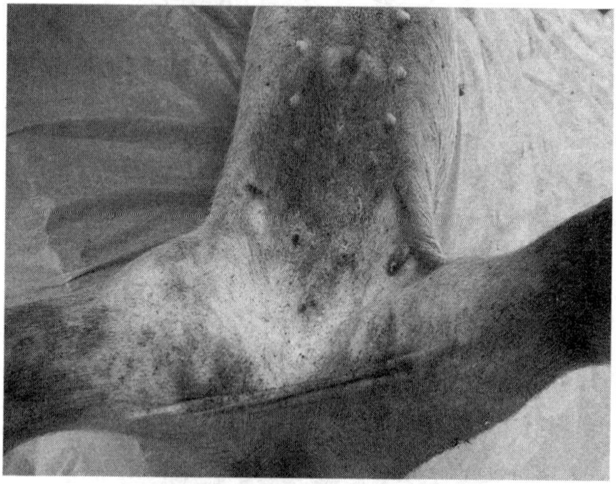

图 1-30　皮肤发红，有坏死斑块（孔令聪，张志刚供图）

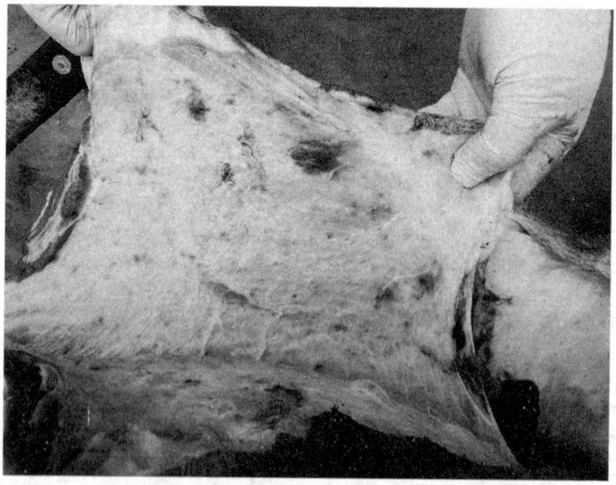

图 1-31　皮下出血（孔令聪，张志刚供图）

淋巴结的变化具有特征性，内脏淋巴结严重出血，尤以胃、肝、肾、肠等所属淋巴结最为严重，胸和下颌淋巴结变化较轻，通常呈块状出血变化（图 1-32～图 1-34）。

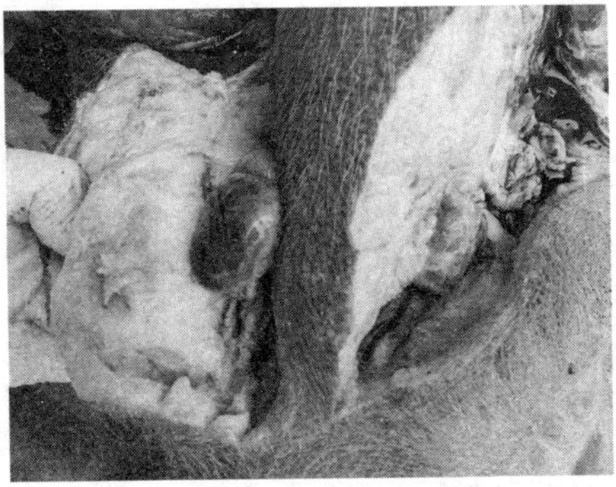

图 1-32 腹股沟淋巴结出血、肿大（孔令聪，张志刚供图）

图 1-33 淋巴结肿大、出血（1）（孔令聪，张志刚供图）

图 1-34 淋巴结肿大、出血（2）（孔令聪，张志刚供图）

脾脏严重肿大、出血（图 1-35～图 1-37），呈黑紫色，质地柔软，在脾边缘有黑红色隆起的小梗死灶。

图 1-35 脾脏肿大、出血（1）（孔令聪，张志刚供图）

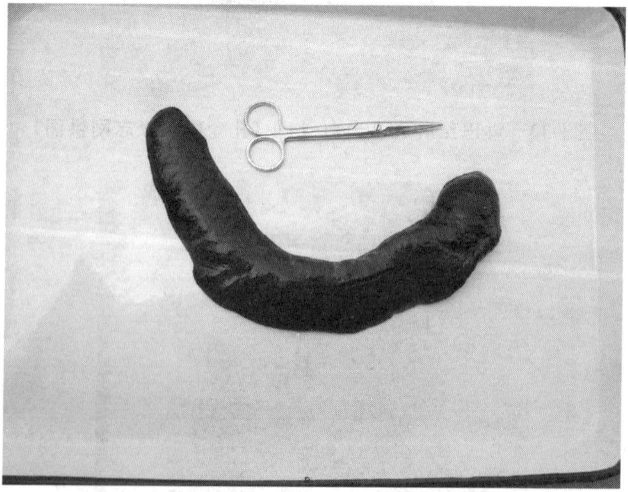

图 1-36 脾脏肿大、出血（2）（孔令聪，张志刚供图）

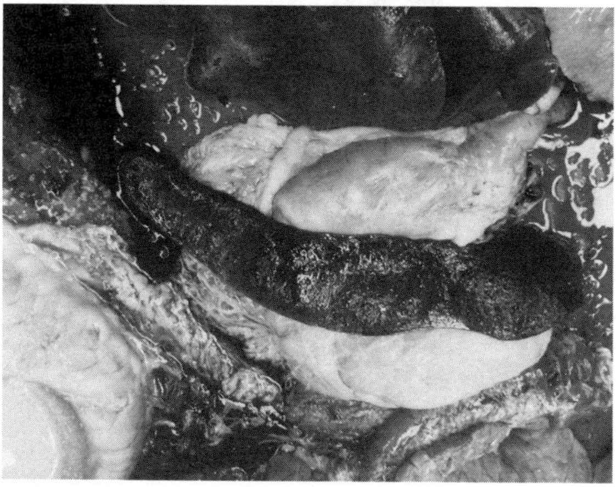

图 1-37 脾脏肿大、出血（3）（孔令聪，张志刚供图）

心肌柔软，心外膜及心内膜下散在小出血点，有时可见广泛出血，心肌常见出血，心包腔中积有大量液体（图 1-38）。胸膜的壁面和脏面散在小出血点，肺水肿、充血、有实变（图 1-39）。喉头黏膜出血，会厌软骨出血（图 1-40），偶见水肿，气管前部的黏膜散在小出血点，气管、支气管腔中积有数量不等的泡沫。

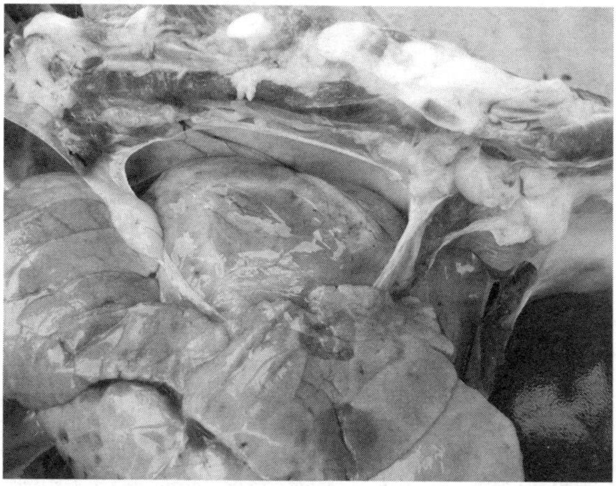

图 1-38 心包腔积液，心脏出血（孔令聪，张志刚供图）

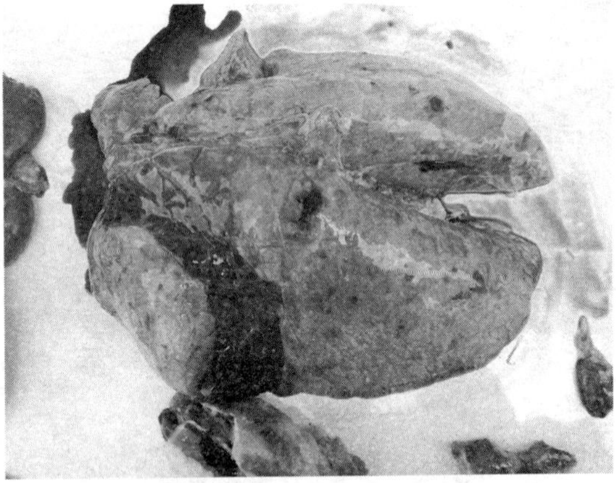

图 1-39　肺脏出血，肉变（孔令聪，张志刚供图）

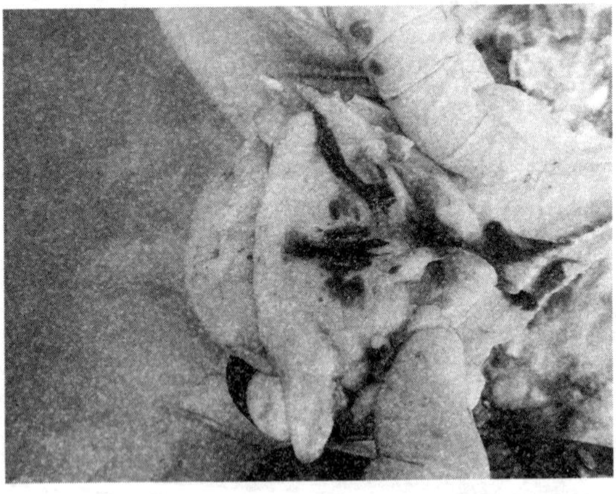

图 1-40　会厌软骨出血（孔令聪，张志刚供图）

腹腔积液，腹膜及网膜出血。结肠浆膜下、肠系膜和黏膜下有水肿并呈胶样浸润。小肠浆膜有黄褐色至红色的小瘀斑。胃和肠黏膜点状或弥漫性出血，或有溃疡。回盲瓣黏膜肿胀、充血、出血及水肿（图 1-41～图 1-43）。病程较长时，盲肠黏膜有类似纽扣状溃疡的病变，但其病灶小而深，表面有坏死组织碎屑。肝脏淤血，实质变性，与胆囊接触部间质水肿。胆囊肿大、充满胆汁，胆囊壁因水肿而明显增厚，其浆膜和黏膜有出血斑点。

图 1-41 肠壁出血（1）（孔令聪，张志刚供图）

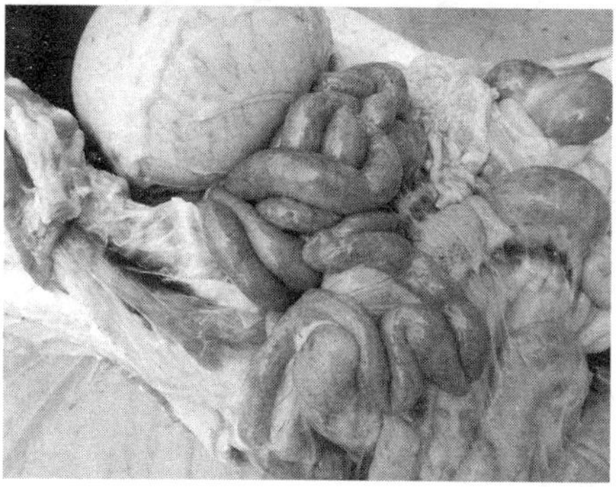

图 1-42 肠壁出血（2）（孔令聪，张志刚供图）

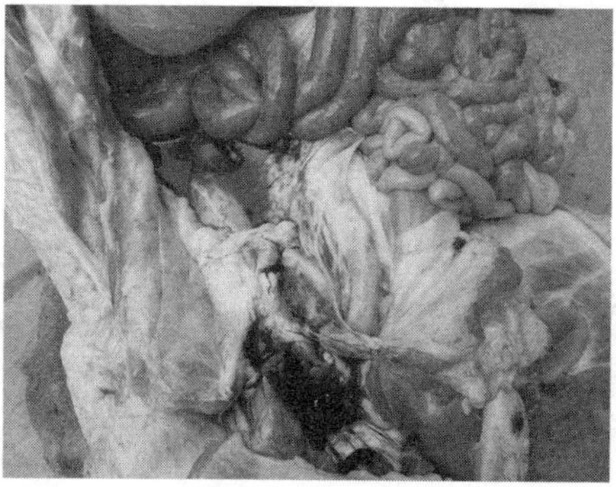

图 1-43 肠壁出血，髂淋巴结出血（孔令聪，张志刚供图）

肾脏出血一般比猪瘟轻，约30%病猪的膀胱黏膜有出血点（图1-44），脑膜充血、出血。

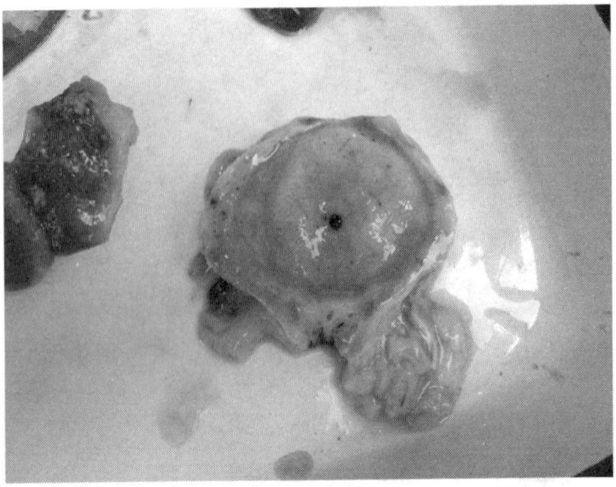

图1-44 膀胱黏膜出血（孔令聪，张志刚供图）

慢性病例尸体极度消瘦，具有明显的浆液性纤维素性心包炎，与心外膜相连的肺组织粘连，心包增厚，心包腔积有淡红色液体，其中混有纤维素凝块。脾脏出血、坏死（图1-45）。肺实变或局灶性干酪样坏死和钙化。肠腔积有大量黄褐色液体。腕、跗、趾、膝关节内有灰黄色液体，关节囊呈纤维素性增厚。

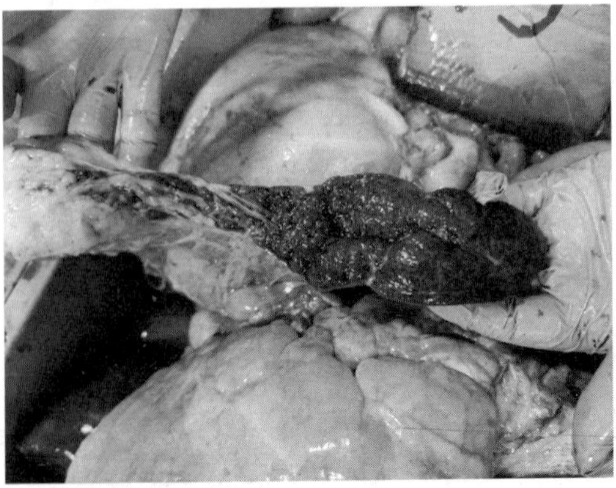

图1-45 病程长的病猪脾脏坏死（孔令聪，张志刚供图）

【诊断要点】根据临床症状可以初步诊断，确诊需要经实验室诊断。

【类症鉴别】本病与猪瘟病变非常相似，但非洲猪瘟病猪脾脏高度肿胀，胸腔、腹腔和心包积水，肝肿大，偶见大肠的纽扣状肿。有猪瘟存在的地方，本病开始暴发时，很难根据流行病学调查及临床检查作出非洲猪瘟的诊断，特别是已注射过猪瘟疫苗的猪群中，发生可疑非洲猪瘟时，必须从病猪体中检出病毒或抗体才能作出非洲猪瘟的诊断。

【防治措施】对来自疫区的车、船、飞机卸下的肉食品废料、废水，应就地进行严格的无害化处理，不可用作饲料。不准从发病地区进口猪和猪的产品，对进口的猪和猪产品进行严格检疫，以预防疫病的传入。猪群中发现可疑病猪时，应立即封锁；确定诊断之后，全群扑杀销毁，彻底消灭传染源；场舍、用具彻底消毒，该场地暂不养猪，改作他用，以杜绝传染。

在没有安全有效的非洲猪瘟疫苗保护易感猪只的情况下，防控非洲猪瘟只能依靠控制传染源与切断传播途径的猪场生物安全措施。实践证明，经过改造的生物安全设备设施与升级的生物安全流程，可以有效地减少非洲猪瘟的感染。

三、猪口蹄疫

口蹄疫（Foot-and-mouth disease，FMD）是猪、牛、羊等偶蹄动物的一种急性、热性和接触传染性疾病，人可以感染，所以是一种人畜共患病。本病以患病动物的口腔黏膜、蹄部及乳房皮肤出现水疱和烂斑为特征。OIE 将该病列在 15 个 A 类动物疫病名单之首，我国政府也将其排在一类动物传染病的首位。

【病原】FMD 的病原体是小核糖核酸病毒科的口蹄疫病毒（FMDV），具有多型性、易变异的特点。FMDV 目前有 O、A、C、SAT1、SAT2、SAT3（即南非 1、2、3 型）和 Asia 1（亚洲 1 型）7 个血清型，各型之间几乎没有免疫保护力，感染了某一血清型 FMDV 的动物仍可感染另一型 FMDV 而发病。每个血清型内有许多抗原性有差别的病毒株，相互间交叉免疫反应程度不同。

【流行特点】各种年龄的猪均有易感性，对仔猪的危害最大，常常引起死亡。猪口蹄疫多发生于秋末、冬季和早春，尤以春季达到高峰，但在大型猪场及生猪集中的地区，一年四季均可发生。本病常呈跳跃式流行，主要发生于集中饲养的猪场、城郊猪场及交通沿线。本病传播迅速，流行猛烈，常呈流行性发生。发热期病猪粪、尿、奶、唾液和呼出气体均含有病毒，而后病毒主要存在于水疱皮和水疱液中。通过直接接触和间接接触，病毒进入易感猪的呼吸道、消化道和损伤的皮肤黏膜，均可发病。发病率很高，良性口蹄疫病死率一般不超过5%，但恶性口蹄疫死亡率可以超过50%。

【临床症状】病猪以蹄部水疱（图1-46）为主要特征，病初体温升高至40～41℃，精神不振，食欲减少或废绝。口腔黏膜（舌、唇、齿龈、咽、腭）形成小水疱或糜烂。蹄冠、蹄叉、蹄踵等部出现局部发红、微热、敏感等症状，不久逐渐形成米粒大、蚕豆大的水疱，水疱破裂后表面出血，形成糜烂。如无细菌感染，一周左右痊愈；如有继发感染，严重者引发蹄壳脱落（图1-47）。患肢不能着地，常卧地不起，病猪鼻镜（图1-48）、乳房也常见烂斑，尤其是哺乳母猪，乳头上的皮肤病灶较为常见，但也发生于鼻面上。阴唇及睾丸皮肤的病变少见，常见跛行，有时流产、乳腺炎及慢性蹄变形。

猪口蹄疫
(图1-46~图1-48)

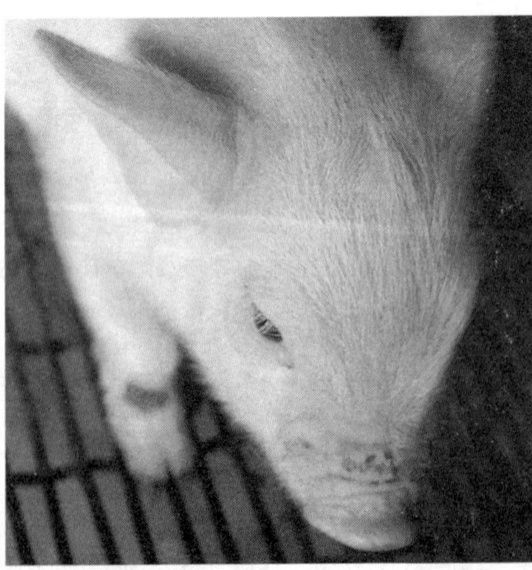

图1-46　仔猪右前肢蹄水疱破溃（陈立功供图）

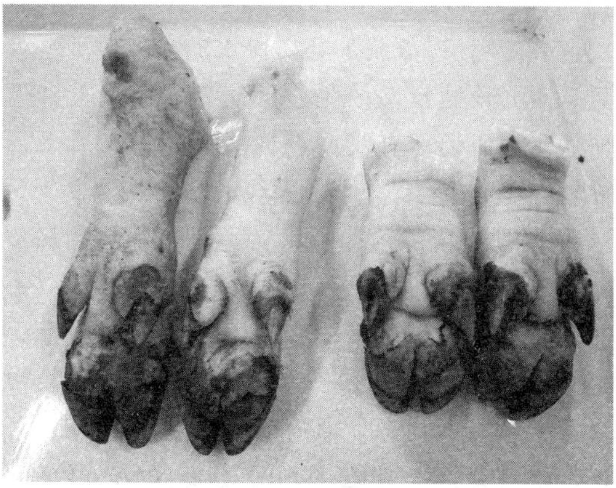

图 1-47　蹄后部破溃，出现红色烂斑，蹄匣开始脱落
（董世山，陈立功供图）

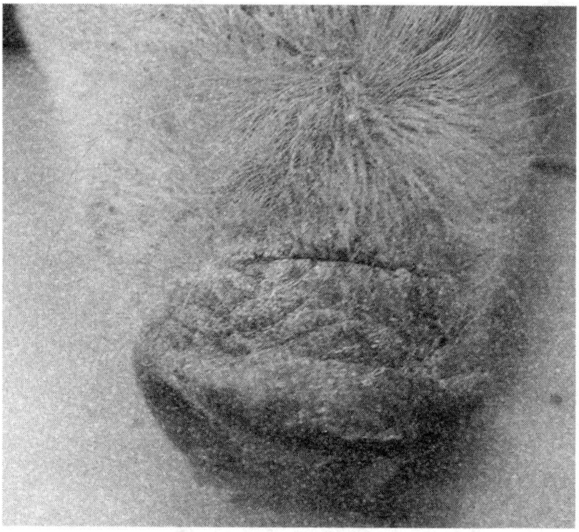

图 1-48　病猪鼻镜水疱破溃（董世山，陈立功供图）

乳猪和体弱仔猪患恶性口蹄疫时，很少见水疱和烂斑，常呈急性胃肠炎和心肌炎而突然死亡，病死率可达 60%～80%，病程稍长者，也可见到口腔（齿龈、唇、舌等）及鼻面上有水疱和糜烂。

【病理特征】良性口蹄疫猪死亡率低，在口腔黏膜（舌、唇、齿龈、咽、腭）、蹄部及乳房皮肤等处形成水疱和烂斑。恶性口蹄疫乳猪死亡率高，具有重要诊断意义的是心脏病变，心包膜有弥散性及点状出血，心肌松软，心肌切面有灰白色或淡黄色斑点或条纹，似老虎皮的斑纹，故称“虎斑心”。

【诊断要点】根据流行情况、临床症状和特征性的病理变化即可作出初步诊断。确诊需进行病毒分离、血清学鉴定。

采集病料时，先用清水洗净蹄部，用酒精棉球消毒后的剪子剪取溃烂的表皮组织或水疱皮放入干净的空瓶或自封塑料袋中，用一次性注射器抽取水疱液，冷藏保存，及时送检。病死或扑杀病猪，取水疱皮及水疱液；待检活猪，取食道咽部分泌物（OP 液）2～3mL，2～8℃保存，送实验室检测（要求送检病料新鲜，严禁反复冻融）。可采用实时荧光定量 RT-PCR、RT-PCR、ELISA、补体结合反应等方法作出诊断。

【类症鉴别】在临床上，本病与猪水疱性口炎、猪水疱病、猪塞内卡谷病毒 A 型感染等非常相似，易混淆，诊断时应注意区别。

水疱性口炎的流行范围比较小，发病率较低，很少死亡。同时会出现马、驴、骡子等单蹄动物感染发病。

猪水疱病仅感染猪，剖检时心肌没有出现“虎斑心”的病变。

与口蹄疫病毒相比，塞内卡谷病毒 A 型感染造成的水疱病较轻微且短暂，但其临床症状的初始发展很难与口蹄疫病毒区分，需要进行实验室诊断。

【防治措施】防治本病应根据本国实际情况采取相应对策。无病国家一旦暴发本病应采取屠宰病畜、消灭疫源的措施；已消灭了本病的国家通常采取禁止从发病国家输入活畜或动物产品，杜绝疫源传入；有本病的国家或地区，多采取以检疫诊断为中心的综合防治措施，一旦发现疫情，应立即采取封锁、隔离、检疫、消毒等措施，迅速通报疫情，查源灭源，并对易感动物进行预防接种，以及时拔除疫点。

净化措施：目前我国对口蹄疫的防治措施一般遵循“封、杀、消、免”四字方针。

1. 封锁

猪口蹄疫发生时应及时向上级主管部门报告，立即采取隔离、消毒等措施，以减少损失。经过全面大消毒，疫区的猪在解除封锁后3个月，方能全面解除封锁而进入非疫区。

2. 扑杀

对发病猪及与发病猪相接触的可疑感染猪进行扑杀。

3. 消毒

疫点严格消毒，粪便堆积发酵处理，场地、物品、器具要严格消毒。预防人的口蹄疫主要依靠个人自身防护。

4. 免疫接种

经过近年来的免疫控制，虽然取得了一定的成效，但病毒变异问题却日益突显。据国家参考实验室对田间病料检测及背景情况分析，近年我国O型口蹄疫已由猪、牛、羊发病转变为主要由猪发病。参考实验室监测结果表明，近年来猪O型口蹄疫主要致病毒株是新猪毒～2谱系和泛亚猪毒。据参考实验室免疫试验结果，猪免疫一次的抗体合格率通常只有30%～40%，且持续期较短（2～3周），加强免疫后合格率可提高到80%～90%，二次免疫后可保持较长时间的抗感染能力（3～4个月）。因此，建议商品猪在养殖期间至少免疫两次（基础免疫、加强免疫各一次），如长途调运活猪，在起运前2～3周应再免疫一次。

目前对仔猪一般于28～35日龄时进行初免，间隔1个月后进行一次强化免疫，以后根据免疫抗体检测结果，每隔4个月免疫一次。散养猪免疫：春、秋两季对应免猪各进行一次集中免疫，每月定期补免。有条件的地方可参照规模化养猪场的免疫程序进行免疫。

规模化猪场每年进行4次抗体检测，评价免疫水平。免疫后2～3周采血检测抗体，评价免疫效果。

紧急免疫：发生疫情时，对疫区、受威胁区域的全部易感家畜进行一次强化免疫。最近1个月内已免疫的猪只可以不进行强化免疫。

四、猪繁殖与呼吸综合征

猪繁殖与呼吸综合征（Porcine reproductive and respiratory syndrome,

PRRS)，俗称猪蓝耳病，是由猪繁殖与呼吸综合征病毒引起的一种高度传染性疾病，本病以妊娠母猪的繁殖障碍（流产、死胎、木乃伊胎）及仔猪的呼吸困难为特征。OIE将本病列为B类传染病，我国将其列为二类传染病。

【病原】猪繁殖与呼吸综合征病毒（Porcine reproductive and respiratory syndrome virus，PRRSV）为单股正链RNA病毒，属套式病毒目动脉炎病毒科动脉炎病毒属。PRRSV可分为A、B亚群，A亚群为欧洲原型，B亚群为美洲原型。PRRSV无血凝活性，不凝集哺乳动物或禽类红细胞，有严格的宿主专一性，对巨噬细胞有专嗜性。2006年，我国出现了美洲原型PRRSV基因缺失毒株引发的高致病性PRRS。目前出现类NADC-30新毒株，对猪群危害增加。

【流行特点】猪和野猪是PRRSV的唯一自然宿主，母猪和仔猪容易感染本病。病猪或耐过带毒猪都是非常危险的传染源，其粪便、尿液及腺体分泌物长期向周围环境排毒，只要易感猪与其接触，就可感染发病，仔猪可成为自然带毒者。病毒在猪群中生存、循环及再次传播，造成感染猪及未感染猪之间的直接或间接接触传播，尤其是引进带病毒血症的后备种猪与原猪群的平行传播和垂直传播为其主要传播途径。感染本病的母猪可通过胎盘将PRRSV传递给仔猪，携带PRRSV的公猪危害更大，可通过人工授精，使大批母猪感染本病。由此可见，PRRS的传播途径多样是其广泛传播的主要原因。但在我国，盲目引种是造成PRRS大面积发生的最主要原因之一。空气传播是PRRSV的又一重要传播途径，3km内传播更快。PRRS的发生无明显的季节性，一年四季均可发生。初发地区呈暴发式流行，发生过的地区则要缓和些。发病主要与母猪妊娠有关。

【临床症状】以母猪的繁殖障碍和仔猪的呼吸困难为主。

1. 繁殖母猪

经产或初产母猪精神沉郁、食欲减退或不食、发热（40～41℃），少数母猪耳部、鼻盘、乳头、尾部、腿部、外阴等部位皮肤发紫（图1-49），或见肢体麻痹，出现上述症状后，妊娠中后期的母猪发生流产、早产、产死胎（图1-50）、弱胎或木乃伊胎。弱胎生后不久即出现呼吸困难，一般24h内死亡；或发生腹泻，脱水死亡；耐过者生长迟缓。

猪繁殖与呼吸综合征
(图1-49~图1-68)

图 1-49　母猪皮肤大面积发绀（赵茂华供图）

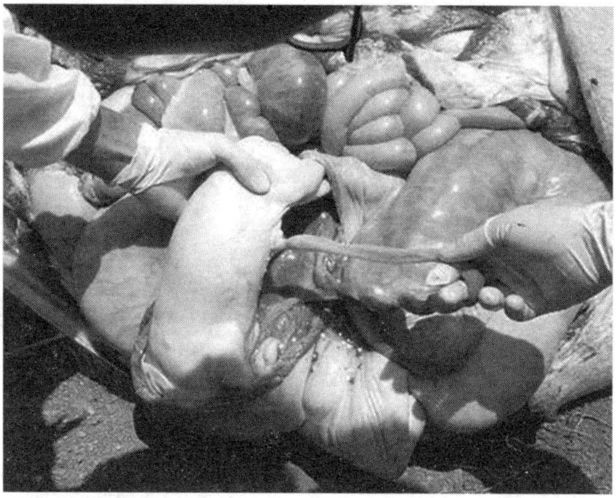

图 1-50　母猪子宫内取出的死胎（赵茂华供图）

2. 种公猪

在急性发作的第一阶段，除厌食、精神沉郁、呼吸道临床症状外，公猪可能缺乏性欲和不同程度的精液质量降低，可在精液中检测到 PRRSV。尽管公猪的 PRRS 病毒血症对受胎的影响还不清楚，但精液是 PRRSV 的重要传播方式之一。

3. 断奶前仔猪

几乎所有早产弱猪在出生后的数小时内死亡（图 1-51）。多数初生仔猪表现为耳部发绀，呼吸困难，打喷嚏，肌肉震颤，嗜睡，后肢麻痹。吃奶仔猪吮乳困难，断奶前死亡率增加。

4. 断奶仔猪和育肥猪

断奶仔猪可表现为厌食、精神沉郁、呼吸困难、皮肤发绀（图 1-52、图 1-53）、皮毛粗糙、发育迟缓（图 1-54）及同群个头差异大等。育肥猪通常仅出现短时间的食欲不振、轻度呼吸系统症状及耳朵等末梢皮肤发绀现象。但在病程后期，常常由于多种病原的继发感染（败血性沙门氏菌、链球菌性脑膜炎、支原体肺炎、增生性肠炎、萎缩性鼻炎、大肠杆菌病、疥螨等）而导致病情恶化，死亡率增加。

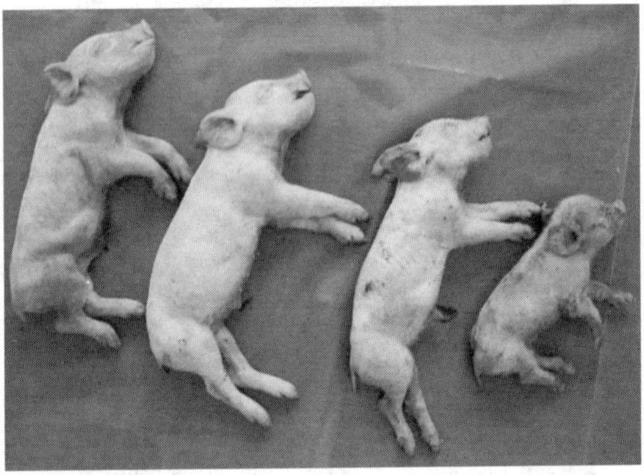

图 1-51　新生仔猪大小不一，生后不久死亡（陈立功供图）

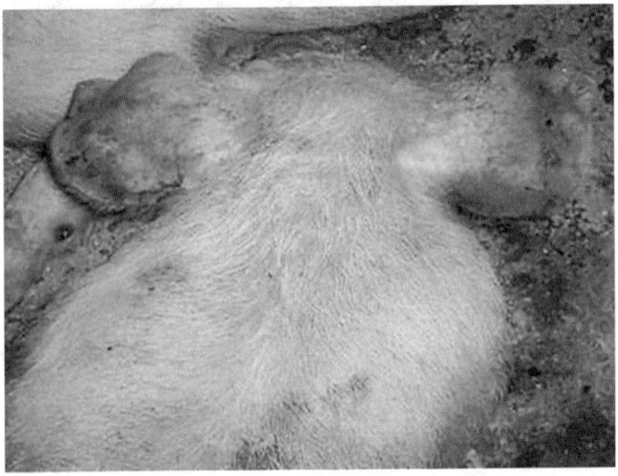

图 1-52　病猪耳皮肤发绀（1）（董世山，陈立功供图）

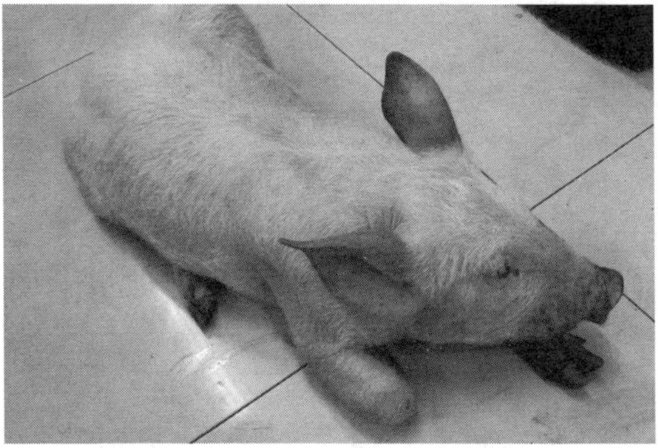

图 1-53　病猪耳皮肤发绀（2）（董世山，陈立功供图）

图 1-54　病猪消瘦、发育迟缓（赵茂华供图）

5. 高致病性猪蓝耳病

自 2006 年以来，高致病性蓝耳病（蓝耳病病毒变异株）在猪场引起很大的危害。与经典猪蓝耳病相比，高致病性猪蓝耳病主要特征是发病猪出现 41℃以上持续高热，不分年龄段均出现急性死亡（图 1-55）；仔猪出现高发病率和高死亡率，发病率可达 100%，死亡率可达 50%以上；母猪流产率可达 30%以上。临床主要表现为发热，厌食或不食，咳嗽，眼结膜炎，便秘，耳部、口鼻部、后躯及股内侧皮肤见淤血和出血斑（图 1-56～图 1-59），后躯无力，不能站立或出现摇摆、做圆圈运动、抽搐等神经症状；部分发病猪呈顽固性腹泻。

图 1-55　病猪大量死亡（赵茂华供图）

图 1-56　病猪排干粪（张芳供图）

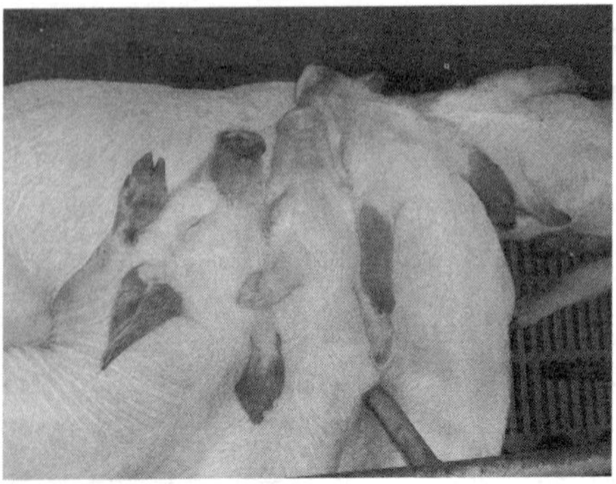

图 1-57　断奶仔猪发热扎堆、皮肤发绀（安同庆供图）

图 1-58　断奶仔猪精神沉郁、发热（赵茂华供图）

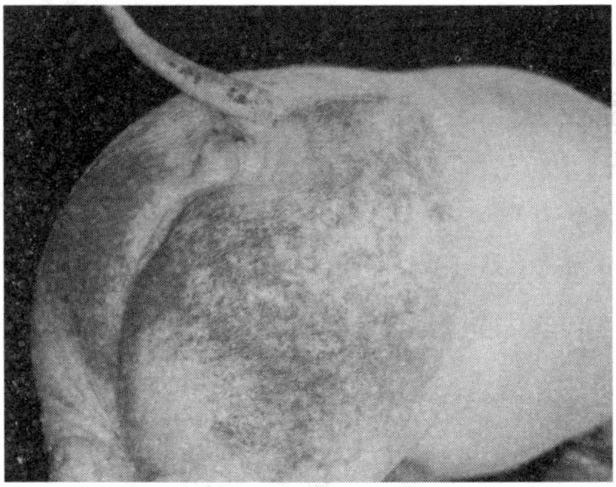

图 1-59　育肥猪臀部皮肤发绀（陈立功供图）

【病理特征】

1. 繁殖母猪和公猪

通常感染母猪子宫、胎盘、胎儿，无明显的肉眼可见变化。偶见轻度淋巴结浆液性炎、轻度多灶性间质性肺炎和心肌炎。感染公猪无明显的特征性病变。

2. 断奶前仔猪

剖检可见肺脏呈多灶性或弥漫性红褐色瘀斑和实变区（图 1-60），淋巴结肿大，腹腔、胸腔和心包腔清亮液体增多。

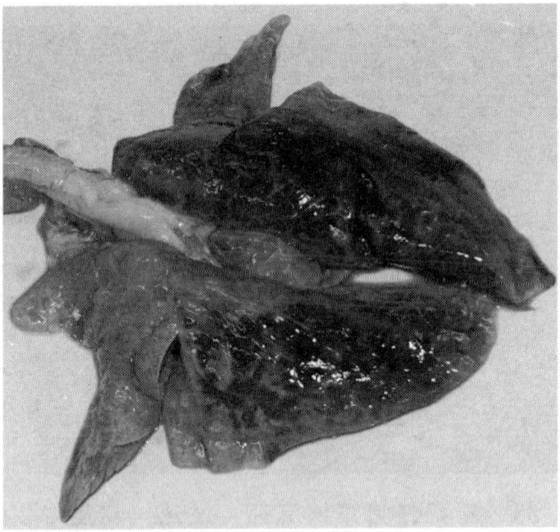

图 1-60　断奶前仔猪肺脏瘀斑、实变（董世山，陈立功供图）

3. 断奶仔猪

剖检主要病变为耳部等皮肤呈蓝紫色；特征性病变在肺脏，以间质性肺炎为特征，病初肺局部淤血，间质增宽，继而表面见点状出血，局部有实变区和灶状肺气肿（图 1-61），镜检见间质性肺炎。肾脏呈土黄色，表面可见针尖至小米粒大出血斑点（图 1-62），淋巴结中度到重度肿大、呈褐色，腹股沟淋巴结在尸体剖检中最明显。

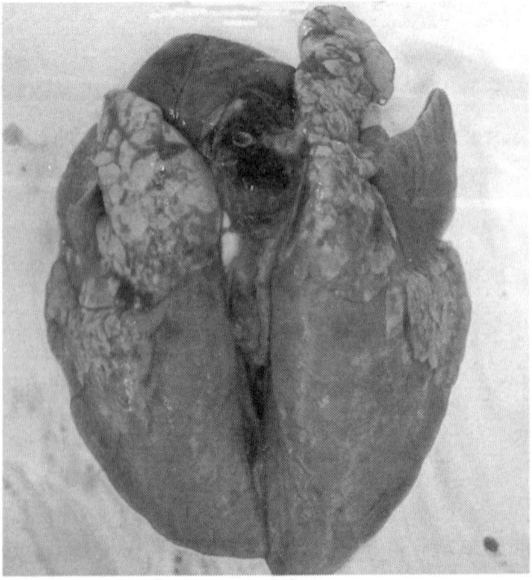

图 1-61　断奶仔猪肺肉变、气肿（安同庆供图）

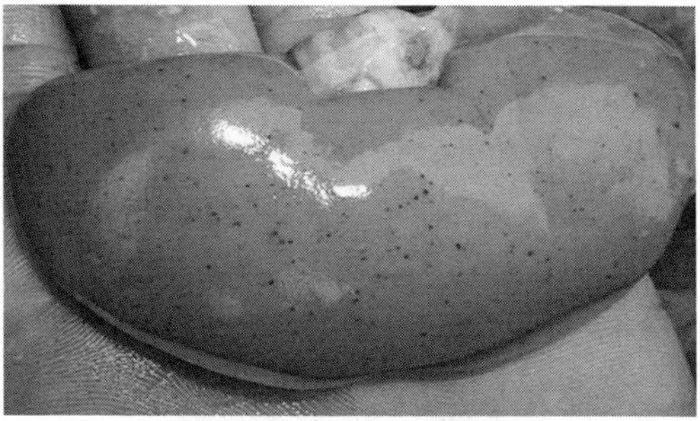

图 1-62　肾脏贫血、散在出血点（赵茂华供图）

4. 育肥猪

PRRSV 感染引起生长肥育猪的大体病变与哺乳猪类似，但病变略轻，主要是淋巴结肿大，肺炎变化常常与混合感染有关。镜检见间质性肺炎。

5. 高致病性猪蓝耳病

肉眼可见病变主要为脏器广泛性出血：肺脏暗红色、实变、出血（图 1-63）；心肌出血、坏死，肝脏变性、坏死（图 1-64、图 1-65），淋巴结出血、坏死（图 1-66～图 1-68）和脾脏出血、坏死。

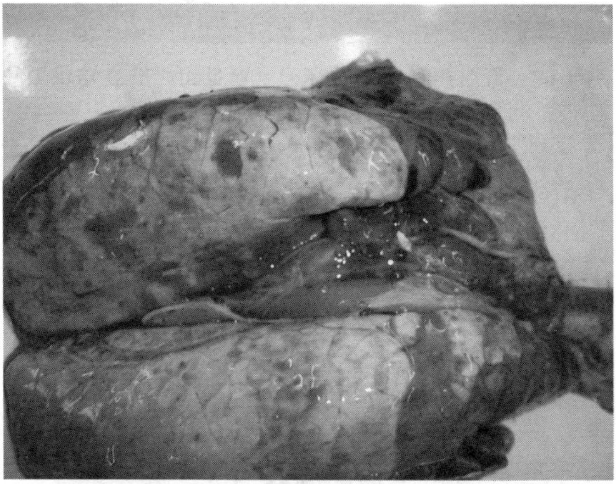

图 1-63　肺脏实变、出血（董世山，陈立功供图）

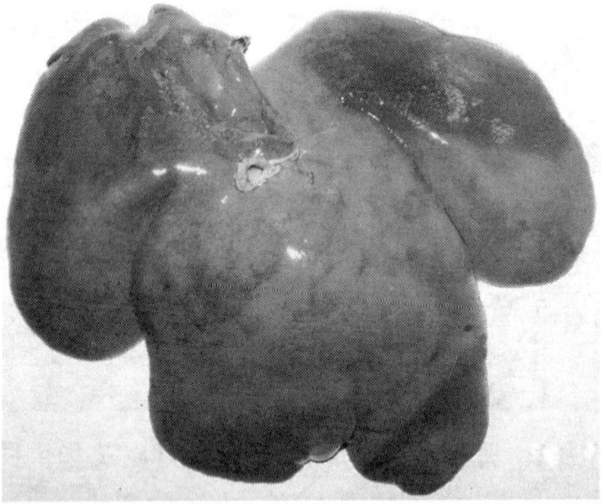

图 1-64　肝脏变性、坏死（董世山，陈立功供图）

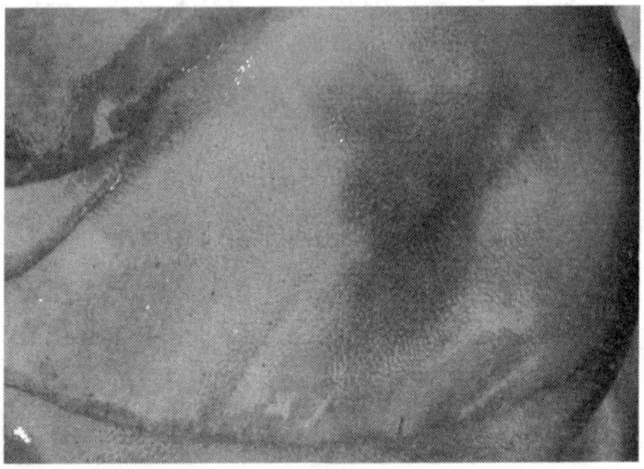

图 1-65　肝脏严重变性、坏死（董世山，陈立功供图）

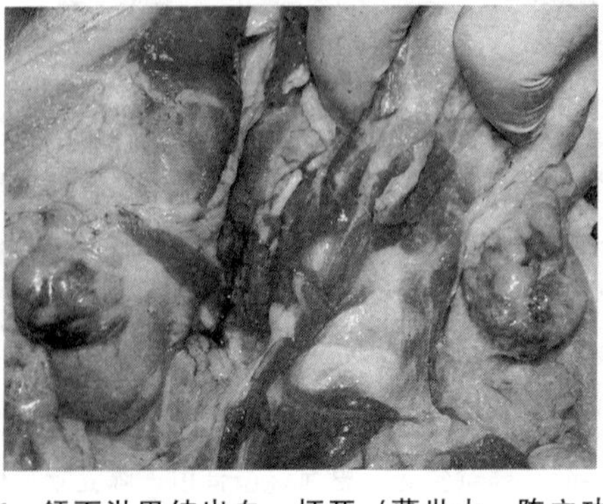

图 1-66　颌下淋巴结出血、坏死（董世山，陈立功供图）

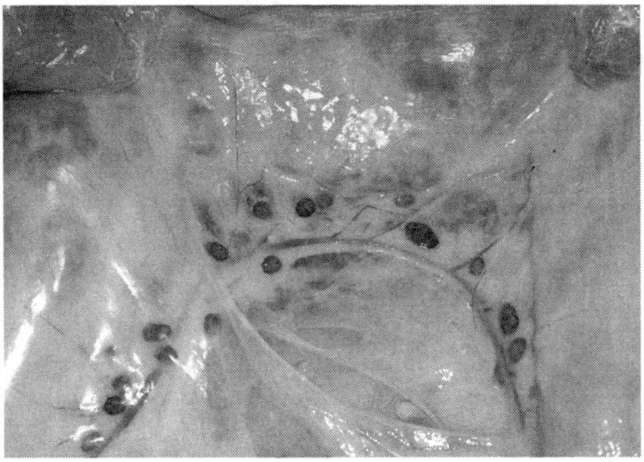

图 1-67 直肠淋巴结严重出血（董世山，陈立功供图）

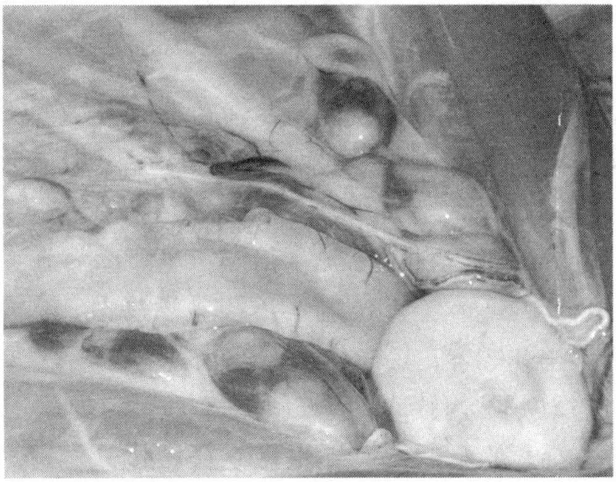

图 1-68 髂淋巴结出血（赵茂华供图）

类 NADC-30 感染以母猪流产，各阶段猪咳嗽、食欲不振、身体和耳朵发红等症状为特征。仔猪表现体温升高、精神沉郁、呼吸困难、流鼻涕和日增重下降。剖检可见肺脏水肿、实变，肺支气管周边炎性细胞浸润、支气管黏膜上皮脱落、血管内瘀血。

【诊断要点】根据流行病学、临床症状和病理变化可作初步诊断。确诊需要采集病死或扑杀的猪，取肺、扁桃体、脑、流产胎儿等组织；待检活猪，用注射器取血 5mL。2～8℃保存，送实验室采用实时荧光定量 RT-PCR 或 RT-PCR 方法检测（要求送检病料新鲜，严禁反复冻融）。

目前，可以采用一个圈舍悬挂一条绳子让猪群咀嚼的方法采集唾液，利用唾液检测病毒，这种方法具有采样少，代表性强的特点。一个圈舍的猪只需检测一个样品就可以判断一圈猪的感染情况。

现在可以利用猪繁殖与呼吸综合征病毒和猪瘟病毒双重实时荧光定量 RT-PCR 检测的方法同时检测这两种病毒，也可以采用双重实时荧光定量 RT-PCR 方法同时检测猪繁殖与呼吸综合征病毒美洲型经典株和类 NADC-30。

【类症鉴别】在临床上，本病应与猪气喘病、猪传染性胸膜肺炎、猪流感、猪伪狂犬病、猪细小病毒病、猪流行性乙型脑炎、猪布鲁氏菌病、猪弓形虫病等呼吸道疾病或能引起流产的疾病相鉴别。

【防治措施】预防本病的主要措施是清除传染源，切断传播途径。购猪、引种前必须检疫，确认无该病后方可引进，新引进的种猪要隔离。规模化猪场应彻底实行全进全出，至少要做到产房和保育两个阶段的全进全出。淘汰发病或带毒母猪；对感染后康复的仔猪，应隔离饲养，育肥出栏后圈舍及用具应及时彻底消毒后再使用。感染发病的种公猪应坚决淘汰。注意保持通风良好，经常消毒，防止本病的空气传播。

目前国内 PRRS 疫苗包括灭活疫苗和弱毒疫苗。弱毒疫苗包括以 CH-1R、R98、VR2332 为代表的经典毒株疫苗，以及以 JXA1-R、HuN4-F112、TJM-F92 为代表的 HP-PRRS 毒株疫苗。

一个猪场 PRRS 的免疫，最好先做全群抗体检测分析（按规范的采血方案），将猪场猪群 PRRS 的感染状况进行分类：阴性场、不活跃场、稳定控制场、稳定活跃场及不稳定场，以此来判定是否进行 PRRS 疫苗免疫。同时了解仔猪 PRRSV 抗体阳转的时间，确定仔猪最佳免疫时机。仔猪免疫可以在发病日龄倒推回 4 周时间，确定为下一批仔猪免疫时间。

规模化猪场每年进行 4 次抗体检测，掌握免疫水平。仔猪免疫后 2～3 周采血做抗体检测，评价免疫效果。

近年来的生产实验证明，对于未受蓝耳病病毒感染的断奶仔猪提前免疫弱毒活疫苗，对降低保育期仔猪的感染比例、缓和临床症状、降低死亡率有所帮助。

检测母源抗体的消失时间可以更准确地适时对仔猪进行免疫。对于未免疫仔猪群，通过检测母源抗体消失时间，可以预测仔猪群面临细菌性继发感染的时间窗口，对提前做好抗生素预防、降低死亡率有重要意义。

断奶后仔猪体内的母源 PRRSV 抗体总体可维持 2～4 周，保育期重新接触后，抗体可重新转阳。即使在相同的公司或管理方式的体系内，仔猪断奶后母源抗体的衰减规律也可能差异很大。仔猪抗体在保育期仍维持在很高的水平，中猪后再感染的危险性较低，可暂不考虑仔猪免疫。如果仔猪抗体水平在保育期较低或需在断奶当时即免疫致弱蓝耳活疫苗。

目前，对该病没有特效药物可以治疗。但是，可以使用控制肺炎的药物和复合多维防治继发感染，稳定病情。近来常用替米考星控制细菌继发感染，在临床上起到了一定的效果。使用方法为仔猪断奶后 20%替米考星 2kg/t 料，连用 15d。母猪在妊娠 70d 用 20%替米考星 2kg/t 料，连用 15d。同时饲料中添加复合维生素加强营养，稳定病情，减少伤亡。

五、猪圆环病毒感染

猪圆环病毒 2 型（PCV 2）感染又称断奶仔猪多系统衰竭综合征（postweaning multis ystemic wasting syndrome，PMWS），是由猪圆环病毒 2 型引起的一种传染病，主要感染 8～10 周龄仔猪，临床上以仔猪腹泻、消瘦和呼吸困难为特征。目前，猪圆环病毒 3 型感染的危害正在增强。

【病原】PCV 2 属圆环病毒科圆环病毒属，无囊膜，为单股环状 DNA 病毒。PCV 2 可导致 PMWS、猪皮炎-肾病综合征（PDNS）、间质性肺炎、母猪繁殖障碍、猪增生性坏死性肺炎和先天性颤抖等。

【流行特点】在我国大多数地区的猪群中，PCV 2 的感染已经普遍存在。各种日龄、不同性别的猪都可感染，尤其是 5～12 周龄猪。病猪和带毒猪是本病的主要传染源，可通过水平传播和垂直传播使猪群感染。

【临床症状】PMWS 型病猪表现为渐进性消瘦（图 1-69）、呼吸困难、生长发育不良，淋巴结肿大、腹泻、皮肤苍白和黄疸（图 1-70）。PDNS 型可见皮肤散在分布红色隆起疹块或结痂（图 1-71～图 1-74）。

猪圆环病毒感染
(图1-69~图1-87)

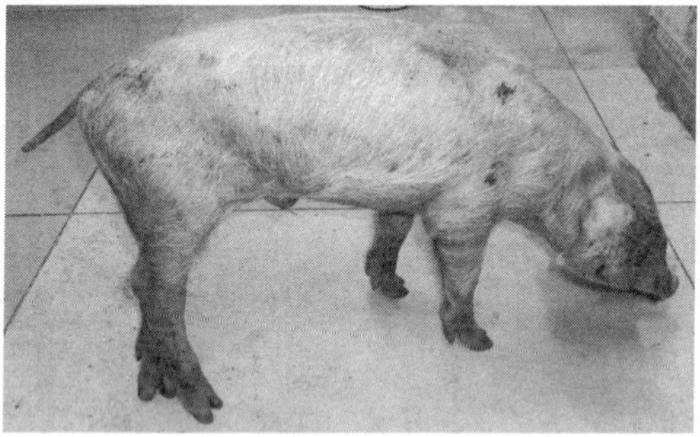

图 1-69　仔猪消瘦（董世山，陈立功供图）

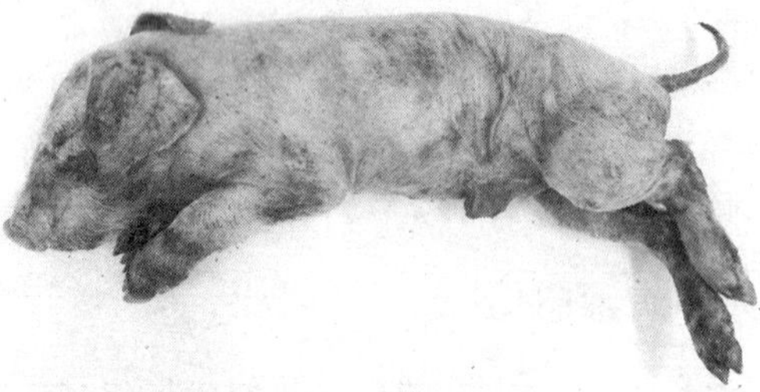

图 1-70　仔猪黄疸（董世山，陈立功供图）

图 1-71　病猪耳部和腹部皮肤见大量丘疹（赵茂华供图）

图 1-72　皮肤见红色隆起疹块（1）（段晓军供图）

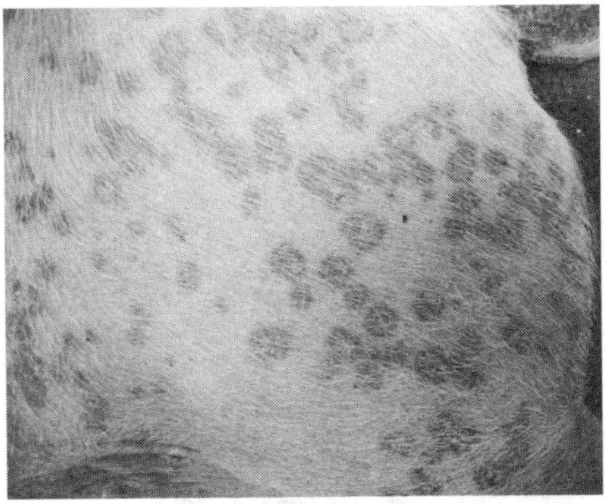

图 1-73　皮肤见红色隆起疹块（2）（王小波供图）

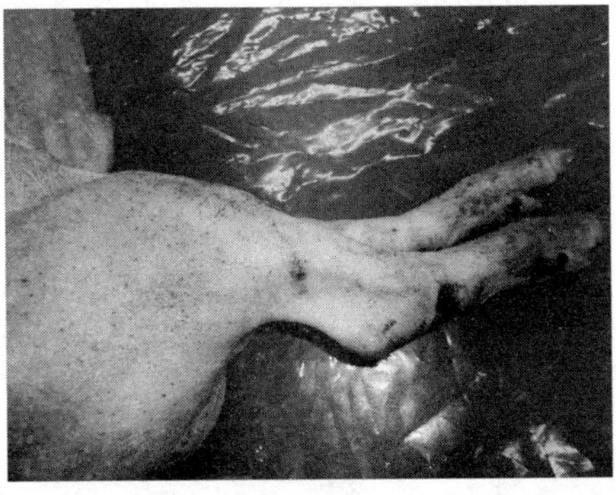

图 1-74　皮肤表面病灶结痂（董世山，陈立功供图）

【病理特征】

1. PMWS

剖检病变主要为全身淋巴结，尤其是腹股沟浅淋巴结（图 1-75）、肠系膜淋巴结、肺门淋巴结和颌下淋巴结显著肿大；脾脏肿大，表面和边缘有沙粒大小丘样突起（图 1-76）。肺脏水肿，间质增宽，质地坚实，散在大小不等的红褐色实变区（图 1-77、图 1-78）；肝脏不同程度变性，表面见黄白色散在或成片病灶（图 1-79）；胆囊大小不一，胆汁较浓稠，似豆油样，呈不同程度的浓绿色。肾脏肿大，呈灰白色，被膜下有坏死灶（图 1-80）。胃底黏膜有时出血、溃疡（图 1-81）。组织学变化主要为淋巴结中淋巴细胞缺失、上皮样组织细胞和多核巨细胞浸润（图 1-82、图 1-83）。肺泡壁间质增宽（图 1-84），肺泡腔内可见多核巨细胞浸润（图 1-85）；肾脏呈间质性肾炎变化（图 1-86）。

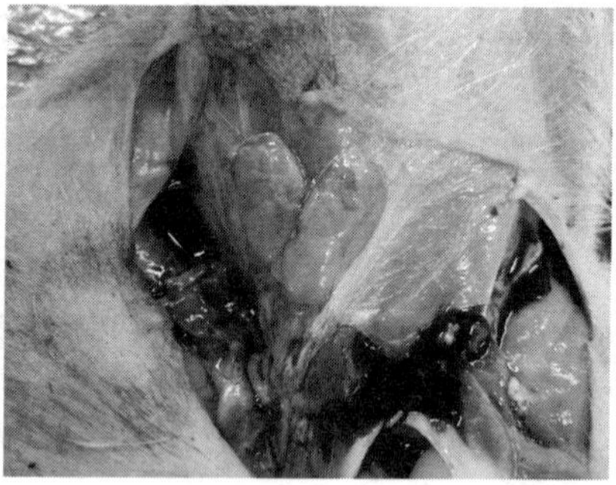

图 1-75　腹股沟浅淋巴结肿大（董世山，陈立功供图）

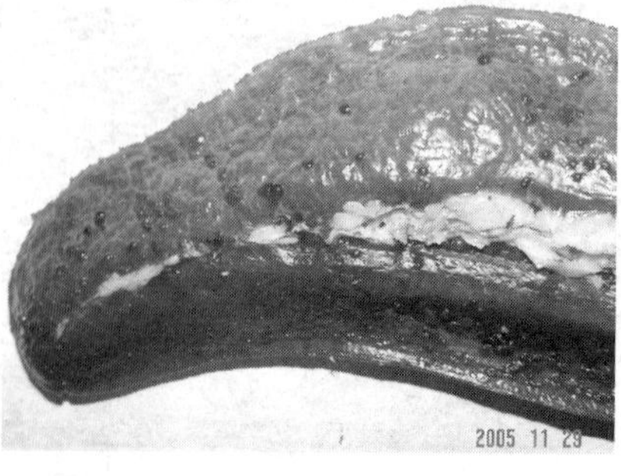

图 1-76　脾脏表面和边缘见沙粒大小丘疹（董世山，陈立功供图）

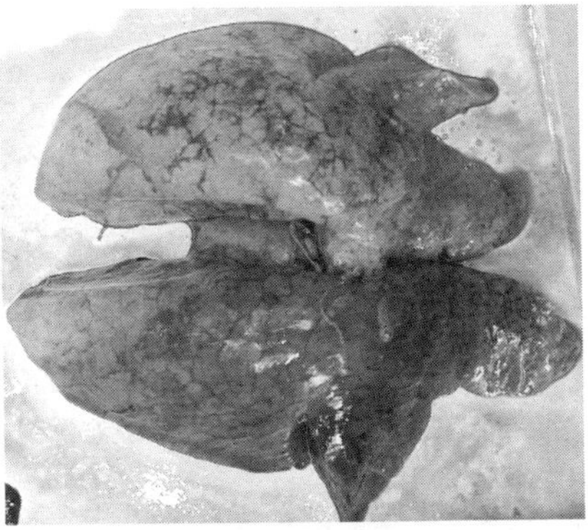

图 1-77　肺脏外观呈斑驳状，质地似橡皮（王小波供图）

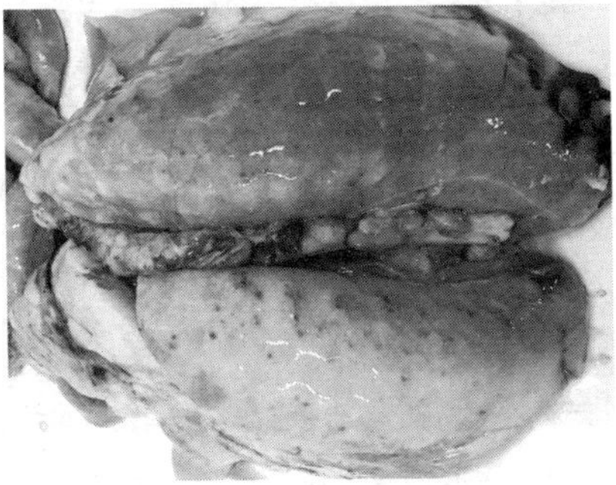

图 1-78　肺组织呈灰红色斑驳状（董世山，陈立功供图）

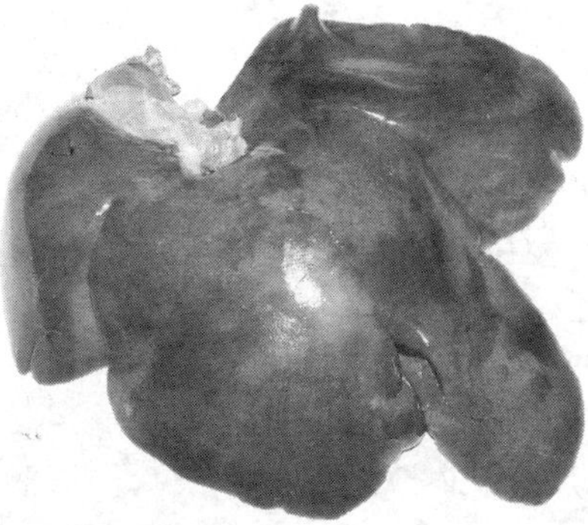

图 1-79　肝脏变性、坏死（董世山，陈立功供图）

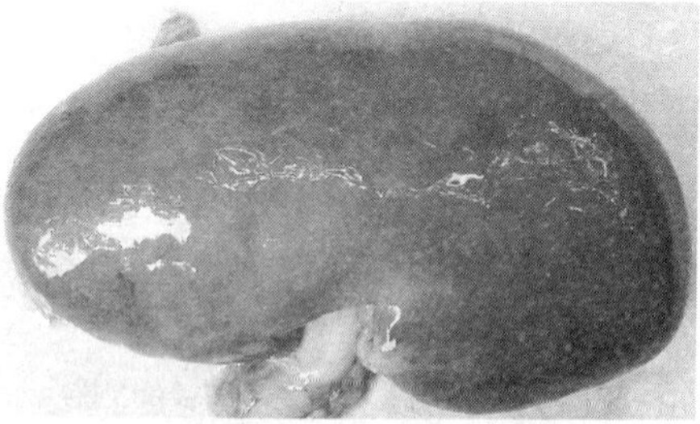

图 1-80　肾脏肿大、坏死（王小波供图）

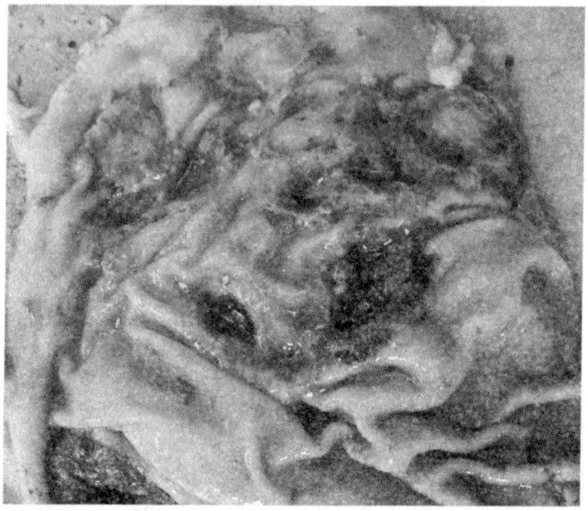

图 1-81　胃底黏膜出血、溃疡（王小波供图）

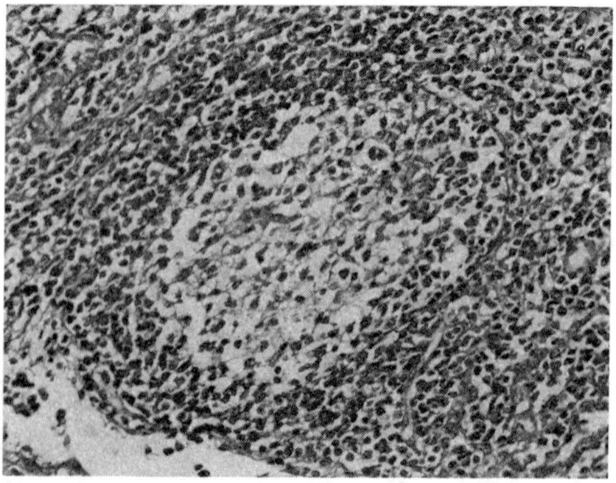

图 1-82　腹股沟浅淋巴结内淋巴细胞数量减少。HE×400（王小波供图）

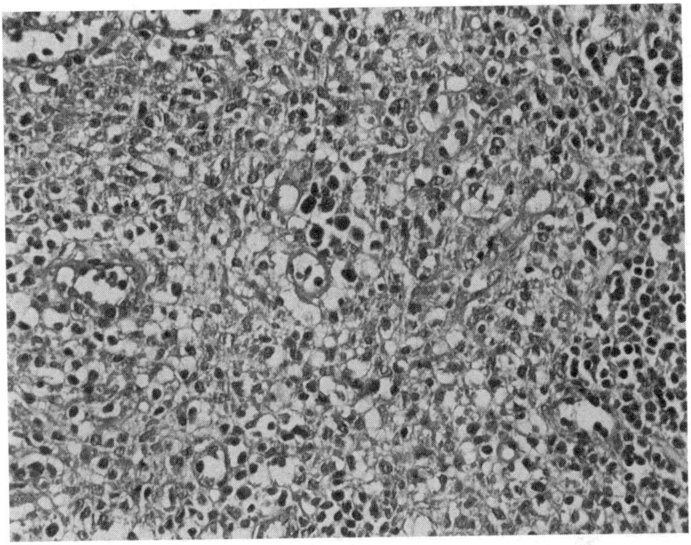

图 1-83　腹股沟浅淋巴结淋巴窦内巨噬细胞数量增多。HE×400（王小波供图）

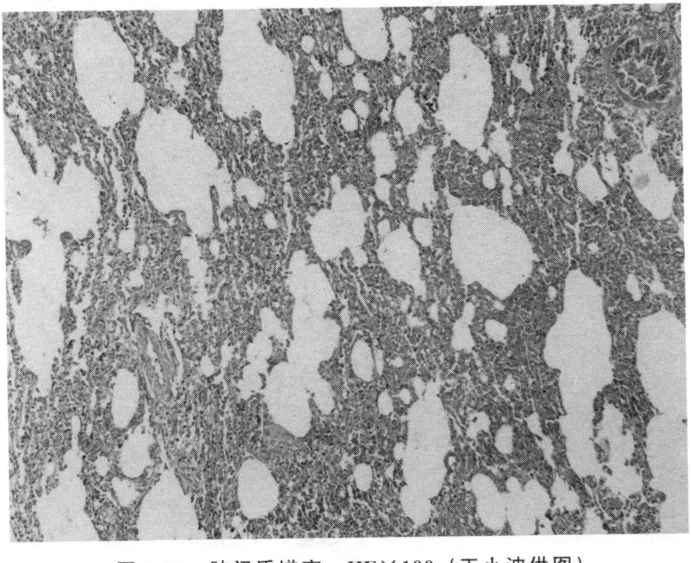

图 1-84　肺间质增宽。HE×100（王小波供图）

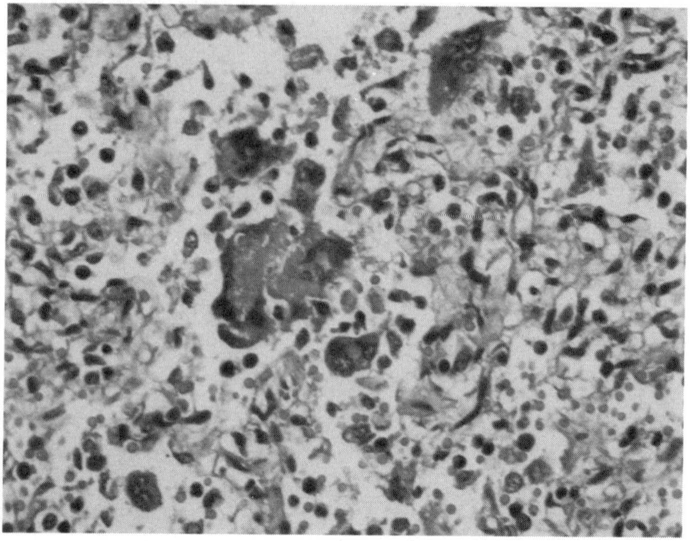

图 1-85　肺泡腔内可见多核巨细胞浸润。HE×400（王小波供图）

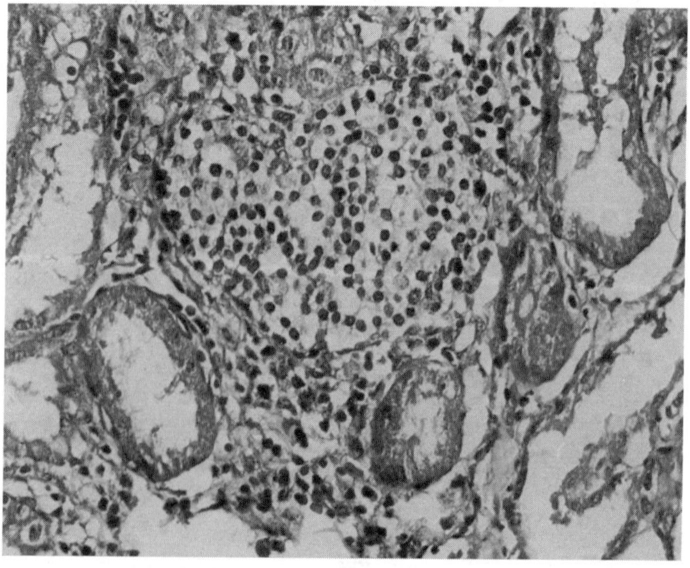

图 1-86　肾脏间质内炎性细胞浸润。HE×400（王小波供图）

2. PDNS

病猪除皮肤病变外，可见肾脏肿大、出血、坏死，呈花斑样变化（图 1-87）。

图 1-87　肾脏肿大、出血、坏死（董世山，陈立功供图）

【诊断要点】根据贫血、黄疸和生长迟缓的临床症状和淋巴组织、肺、肝、肾的特征性病变和组织学变化，可以作出初步诊断。病死或扑杀的猪，取肺、淋巴结等组织；待检活猪，用注射器取血 5mL，2～8℃保存，送实验室进行实时荧光定量 PCR、PCR 检测（要求送检病料新鲜，严禁反复冻融）。

目前，有猪圆环病毒 2 型和猪伪狂犬病病毒双重实时荧光定量 PCR 检测方法，可以同时检测两种病毒。也有猪圆环病毒 2 型和 3 型双重实时荧光定量 PCR 检测方法，同时检测 2 型和 3 型的圆环病毒。

【类症鉴别】应注意本病与非典型猪瘟的区别。

【防治措施】预防可用 PCV 2 商品化疫苗对断乳前仔猪进行免疫接种。免疫后 2～3 周采血检测抗体，做出免疫效果评价，也可使用 PCR 检测猪只体内 PCV 2 带毒量，从而对疫苗进行评价。平时加强猪场的饲养管理和兽医防疫卫生工作，一旦发现可疑病猪及时隔离、上报、扑杀，并加强消毒。同时也应做好后备猪及种猪的免疫接种工作。

六、猪伪狂犬病

伪狂犬病是由伪狂犬病病毒（Pseudorabies virus，PRV）引起的多种家畜和野生动物的一种急性传染病。猪是该病毒的自然宿主和贮存者，仔猪和其他易感动物一旦感染该病，死亡率高达100%，成年母猪和公猪多表现为繁殖障碍及呼吸道症状。

【病原】伪狂犬病病毒属于猪疱疹病毒，常存在于脑脊髓组织中。感染猪在发热期，其鼻液、唾液、奶、阴道等分泌物以及血液、实质器官中都含有病毒。伪狂犬病的病毒只有一个血清型，但不同毒株在毒力和生物学特征等方面存在差异。

【流行特点】本病一年四季都可发生，但以冬春和产仔旺季多发，传播途径主要是直接接触或间接接触，还可经呼吸道黏膜、破损的皮肤等发生感染。多为分娩高峰的母猪首先发病，窝发病率可达100%。发病猪主要是15日龄以内的仔猪，发病最早日龄是4日龄，发病率98%，死亡率85%。随着年龄的增长，死亡率可下降，成年猪轻微发病，但极少死亡。母猪多呈一过性或亚临床感染，妊娠母猪感染本病可经胎盘侵害胎儿，泌乳母猪感染本病1周左右乳中有病毒出现，可持续3～5d，此时仔猪可因哺乳而感染本病。

【临床症状】临床症状随年龄增长有差异。新生仔猪第一天还很好，从第二天开始发病（图1-88），3～5d达死亡高峰，常整窝死光。2周龄以内哺乳仔猪，病初发热、呕吐、下痢、厌食、精神不振、呼吸困难、呈腹式呼吸，继而出现神经症状，共济失调（图1-89），最后衰竭死亡。3～4周龄仔猪症状同上，病程略长，多便秘，病死率可达40%～60%。部分耐过猪常有后遗症，如偏瘫和发育受阻。2月龄以上猪，症状轻微或隐性感染，表现一过性发热、咳嗽、便秘，有的病

猪伪狂犬病
(图1-88~图1-93)

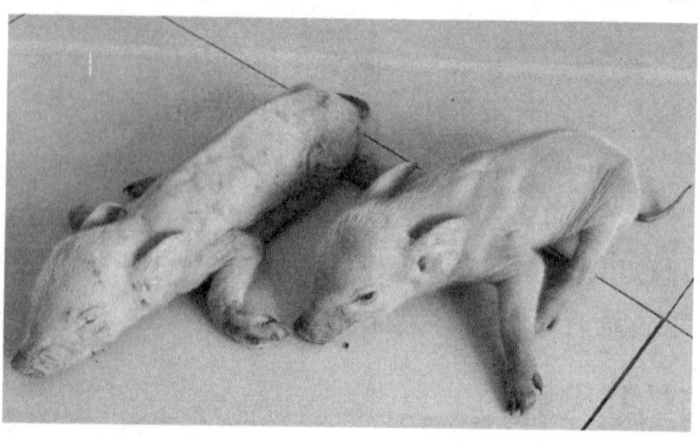

图1-88　新生仔猪俯卧不起（董世山，陈立功供图）

猪呕吐，多在3～4d恢复。若体温继续升高，病猪出现神经症状，震颤，共济失调，头向上抬，背拱起，倒地后四肢痉挛，间歇性发作。

图1-89　仔猪倒地、四肢划动（赵茂华供图）

怀孕母猪表现为精神不振，发热，咳嗽，流产，产木乃伊胎、死胎和弱仔，这些弱仔猪1～2d内出现呕吐和腹泻，运动失调，痉挛，角弓反张，通常在24～36h内死亡。

【病理特征】神经症状明显的病猪，死后脑膜明显充血、出血，脑脊髓液增多。上呼吸道内含有大量泡沫样水肿液，肺充血、水肿、出血（图1-90）。扁桃体、肝、脾坏死（图1-91）。肾脏肿大，表面见点状出血和灰白色坏死灶（图1-92）。流产胎儿的脑和臀部皮肤出血，肾和心肌出血，肝和脾有灰白色坏死灶。

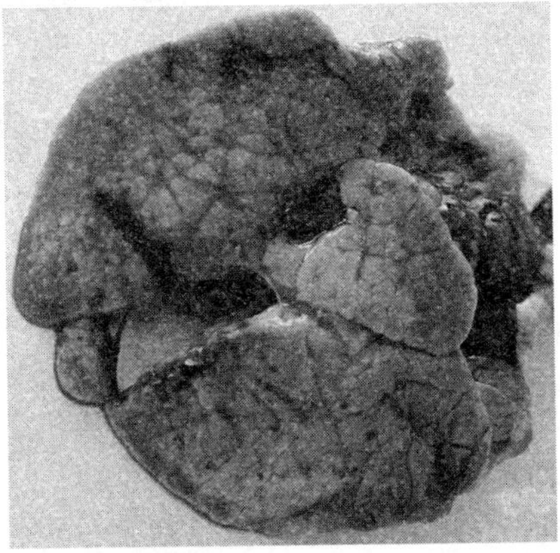

图1-90　仔猪肺脏出血（董世山，陈立功供图）

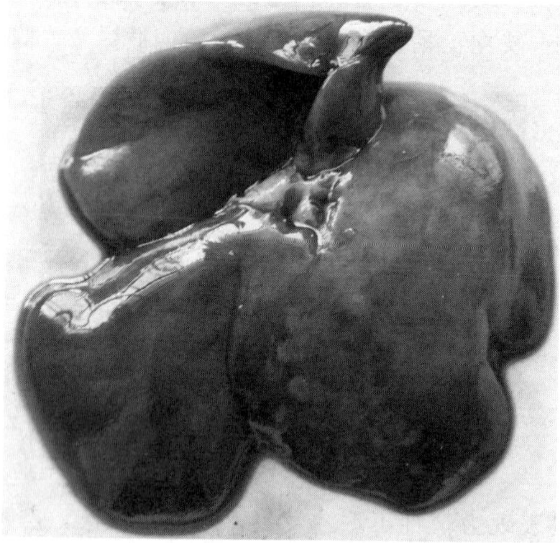

图 1-91　肝脏坏死（董世山，陈立功供图）

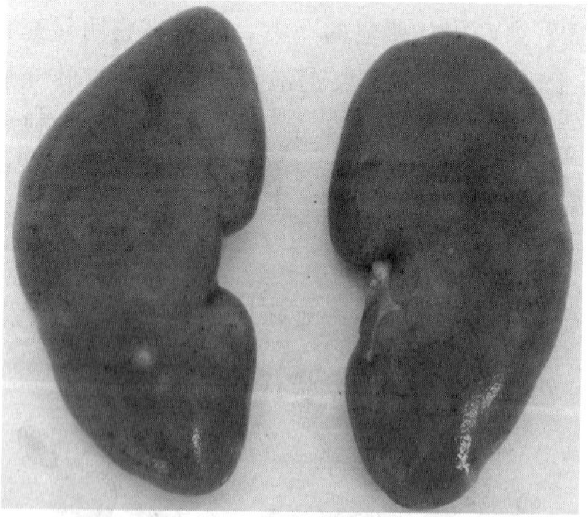

图 1-92　肾脏点状出血、灰白色坏死灶（董世山，陈立功供图）

【诊断要点】根据母猪的繁殖障碍、仔猪的神经症状和高死亡率可以作出初步诊断，必要时进行动物试验（图 1-93）。病死猪或扑杀猪，取大脑海马背侧皮层、中脑、脑桥、扁桃体、淋巴结等组织；待检活猪，用棉拭子取鼻腔分泌物，置于 50%甘油生理盐水中，或用注射器取血 5mL，2～8℃保存，送实验室通过实时荧光定量 PCR、PCR、DNA 斑点杂交等方法进行实验室诊断予以确诊。目前，有猪圆环病毒 2 型和猪伪狂犬病病毒双重实时荧光定量 PCR 检测方法，可以同时检测两种病毒。

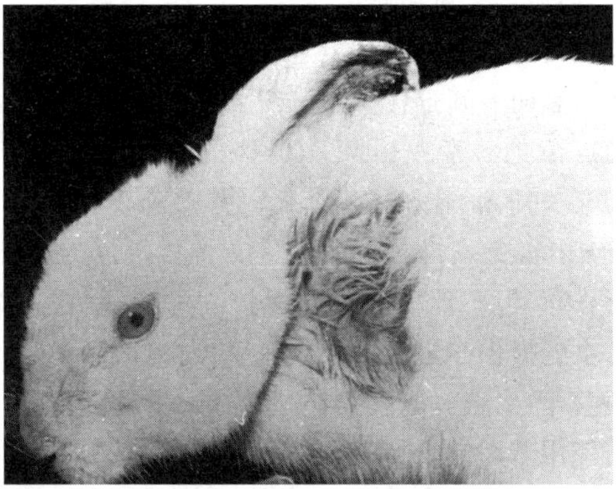

图 1-93 病料接种兔，接种部位奇痒（陈立功供图）

近年来新出现的伪狂犬毒株，基因组已发生较大的变异，已形成一个新的基因型；变异的伪狂犬病病毒对不同年龄猪的致病力均明显增强。

【类症鉴别】本病应注意与链球菌性脑膜炎、猪水肿病、猪食盐中毒和猪流感等相鉴别。

链球菌性脑膜炎发病猪除了有神经症状之外，还有皮肤出血、肺炎和多发性关节炎等症状，一般使用敏感抗生素效果良好。

猪水肿病多发于断奶期仔猪，眼睑肿胀、下颌水肿、叫声嘶哑，剖检可见胃壁和肠系膜水肿明显。

食盐中毒猪也有神经症状，但是具有清楚的食盐摄入太多的病史，口渴喜饮，体温不高。剖检有时可见出血性胃肠炎病变。

猪流行性感冒也出现明显的上呼吸道黏膜卡他性炎症变化，但是一般不会出现神经症状。

【防治措施】本病主要应以预防为主，对新引进的猪要进行严格的检疫，引进后要隔离观察、抽血检验，对检出阳性猪要隔离、淘汰。猪场定期严格消毒，最好使用 2％的氢氧化钠（烧碱）溶液或酚类消毒剂。猪场内严格灭鼠。

免疫接种：种猪群尽量只用灭活苗。目前，基因缺失苗免疫效果可靠，妊娠母猪及成年猪，每头1头份；3月龄以上仔猪及架子猪，每头1头份；乳猪，每头1头份。规模化猪场每年进行4次免疫监测。仔猪免疫2～3周后，采血检测抗体。

如果原来免疫的疫苗抗体阳性率很高，但是仍然出现母猪流产和仔猪神经症状，表明有新毒株感染，需要进行病原PCR鉴定和测序分析，选择新的疫苗进行免疫。新发毒株抗原性发生了较大变异，与Bartha疫苗的交叉中和能力显著降低；针对新发PRV，现有的PRV疫苗（Bartha K61）免疫母猪，通过母源抗体可以对仔猪提供一定的保护（免于死亡），但不能完全交叉保护（仍会发病）。Bartha疫苗直接免疫仔猪，也能提供一定的保护（免于死亡），但不能完全保护（仍有部分猪发病）。需要选择新发PRV基因缺失弱毒苗进行免疫。

由于目前使用基因缺失苗普遍，能够与野毒感染产生的抗体区分开来，因此，在检测抗体时，最好同时检测疫苗抗体gB和野毒抗体gI或gE，评价免疫效果。

目前，对该病没有特效药物可以治疗。

发生伪狂犬病时，应用基因缺失弱毒苗给新生仔猪及仔猪滴鼻，常常起到控制效果。应用弱毒疫苗给仔猪免疫时，一定要实测猪场断奶后仔猪的母源抗体衰减规律，确定仔猪免疫时机。同时，要注意阳性场与阴性场免疫程序的不同。

七、猪细小病毒病

猪细小病毒病是由猪细小病毒（PPV）引起易感母猪发生繁殖障碍的一种传染病。其特征为受感染的母猪，特别是初产母猪产出死胎、畸形胎、木乃伊胎或病弱仔猪，偶有流产，但母猪本身无明显症状；有时也导致公猪、母猪不育，因此也称为猪繁殖障碍病。

【病原】PPV无囊膜，但具有血凝活性，可凝集豚鼠、恒河猴、小鼠、大鼠、猫、鸡和人O型血的红细胞。毒株有强弱之分，强毒株感染母猪后可导致病毒血症，并通过胎盘垂直感染，引起胎儿死亡；弱毒株感染怀孕母猪后不能经胎盘感染胎儿，被用作疫苗株。

【流行特点】猪是 PPV 唯一已知的易感动物。病猪和带毒猪是主要的传染源。本病可水平传播和垂直传播。最常发生的感染途径是消化道、交配及胎盘感染。母猪流产时，死胎、木乃伊胎、子宫分泌物及活胎中均含有大量病毒。公猪带毒配种时，易传染病毒给母猪。本病常见于初产母猪。健康猪群中，病毒一旦传入，3 个月内几乎能导致 100%感染。感染群的猪只较长时间保持血清学反应阳性。

【临床症状】仔猪和母猪急性感染一般没有明显症状。性成熟母猪或不同怀孕期的母猪发病表现为繁殖障碍，以头胎母猪居多，比如多次发情而不孕，或产死胎、木乃伊胎、畸形胎及部分正常胎儿或少数弱胎。由于妊娠母猪感染时期不同，临床表现也有所差异，整个妊娠期感染均有可能发生流产，但以中、前期感染最易发生。感染的母猪可能重新发情而不分娩。在怀孕 30～50d 感染时，主要产木乃伊胎，怀孕 50～60d 感染多出现死胎（图 1-94），怀孕 70d 以上则多能正常产仔，无其他明显症状。本病还可引起产仔瘦小、弱胎。有时也可引起公、母猪不育。

猪细小病毒病
(图1-94~图1-96)

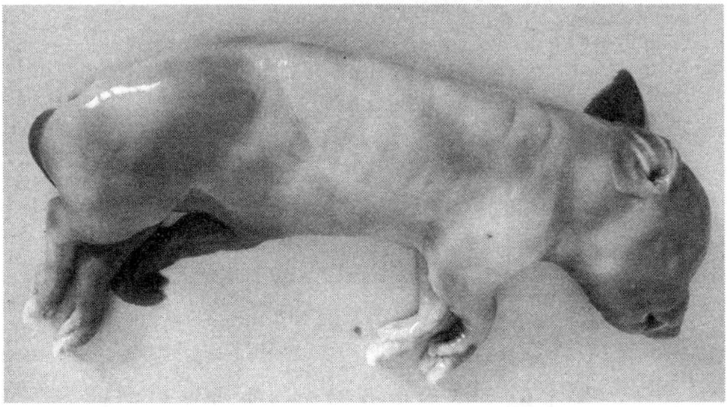

图 1-94　死胎水肿（陈立功供图）

【病理特征】肉眼可见怀孕母猪有轻度子宫内膜炎变化，胎盘部分钙化，胎儿在子宫内有被吸收和被溶解的现象。大多数死胎、死仔或弱仔皮肤和皮下充血或水肿（图 1-95），胸、腹腔积有淡红色或淡黄色渗出液。肝、肺、肾有时肿大脆弱或萎缩发暗，个别死仔、死胎皮肤出血，弱仔生后 10h 先在耳尖，后在颈、胸、腹部及四肢末端内侧出现淤血、出血斑，半日内皮肤全部变紫而死亡（图 1-96）。

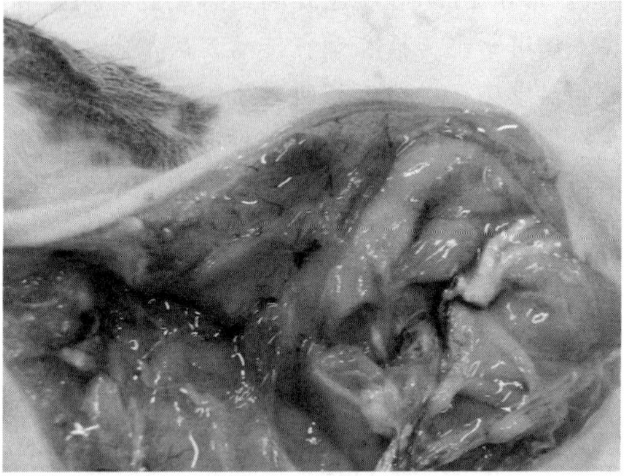

图 1-95　皮下水肿（陈立功供图）

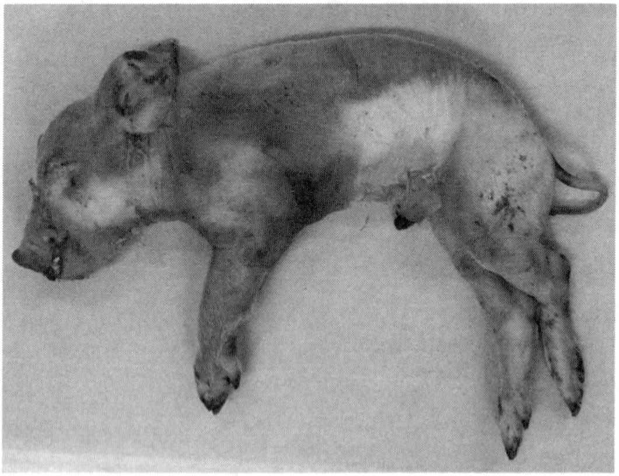

图 1-96　弱仔皮肤淤血（陈立功供图）

【诊断要点】根据流行特点、临床症状和病理特征，即可做出初步诊断。疑似感染仔猪取肠系膜淋巴结或肝脏；流产或死产胎儿取肾、肺、肝、脑、睾丸、淋巴结和胎盘等组织；待检活猪，用注射器取血5mL，2～8℃保存，送实验室进行PCR或实时荧光定量PCR检测（要求送检病料新鲜，严禁反复冻融）。

【类症鉴别】本病应注意与猪伪狂犬病、猪流行性乙型脑炎和猪布鲁氏菌病等相鉴别。

猪伪狂犬病引发的猪流产或死产时，胎儿个体大小相近，没有畸形胎，死胎常有软化现象。仔猪出生时孱弱，不久就会出现神经症状而死亡。剖检可见肝脏和脾脏有灰白色坏死点。

流行性乙型脑炎的病猪常发热，运动不协调。母猪流产胎儿大小不一致，有木乃伊胎，公猪有一侧性睾丸肿胀，数日后睾丸萎缩变硬，失去配种能力。

猪布鲁氏菌病导致母猪子宫和胎盘病变显著，子宫黏膜出现米粒大小的灰黄色脓肿。胎膜肿胀肥厚，覆盖纤维素和脓液。公猪发生睾丸炎和睾丸萎缩。

【防治措施】

1. 防止带毒猪传入猪场

在引进猪时应加强检疫，当血凝抑制试验抗体效价在 1∶256 以下或阴性时，方可准许引进。引进猪应隔离饲养 2 周后，再进行一次 HI 抗体测定，证实是阴性者，方可与本场猪混饲。

2. 主动免疫

对 4～6 月龄的公猪和母猪人工免疫接种两次猪细小病毒灭活疫苗，每次 2～5mL。仔猪的母源抗体可持续 14～24 周，在血凝抑制试验抗体效价≥1∶80 时可抵抗猪细小病毒感染。因此，在断奶时将仔猪从污染猪群移到没有本病污染的地区饲养，可以培育出血清阴性猪群。

3. 净化猪群

一旦发病，应将发病母猪、仔猪隔离或彻底淘汰。所有猪场环境、用具应严格消毒，并用血清学方法对全群猪进行检查，对阳性猪要坚决淘汰，并及时上报、扑杀，以防疫情进一步发展。

4. 对症治疗

目前，本病尚无有效的治疗方法。

八、猪痘

猪痘是一种急性、热性、接触性、病毒性传染病，特征是皮肤和黏膜上形成痘疹。

【病原】猪痘可由两种形态近似的病毒引起，一种是具有高度宿主特异性的猪痘病毒，仅可使猪发病，只能在猪源组织细胞内增殖；另一种是痘苗病毒，能使猪、牛等多种动物感染，能在牛、绵羊胚胎细胞内和鸡胚绒毛尿囊膜上增殖，在胞浆内形成包涵体。两种病毒无交叉免疫性。

【流行特点】本病多发生于4～6周龄的仔猪及断奶仔猪。病猪和痘苗毒引发的各种患病动物是传染源，通过损伤的皮肤和猪的吸血昆虫传播。本病多见于春秋两季。在猪舍潮湿卫生条件差、阴雨寒冷天气易发，与虱子、蚊、蝇等叮咬传染有关。

【临床症状】自然情况下，潜伏期一般为4～14d。病猪体温升高，食欲不振。头、颈部、腰背部、胸腹部和四肢内侧等处皮肤形成痘疹（图1-97），典型病灶开始为深红色的硬结节，突出于皮肤表面。一般见不到水疱阶段即转为脓疱，病变为中间凹陷，局部贫血呈黄色，很快结痂呈黄色痂皮，痂皮脱落后形成小白斑并痊愈，病程多为10～15d，多为良性经过，死亡率不高。若继发其他疾病时，或在口腔、咽喉、气管等黏膜部位发生痘疹时，常因败血症致猪死亡。

猪痘(图1-97)

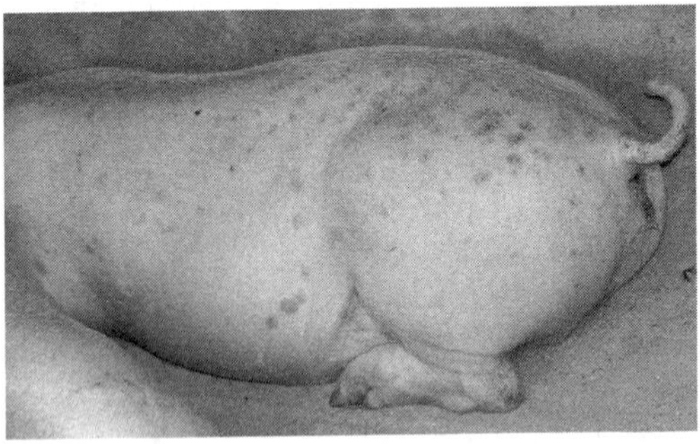

图1-97　皮肤痘疹（陈立功供图）

【病理特征】猪痘的眼观病变与临床所见基本相同，但死于痘疹的猪常伴发感染，全身布满痘疹或形成毛囊炎性疖疹和痈肿。此外，口腔、气管等黏膜均可形成痘疹。

【诊断要点】依据临床症状、流行情况和病理变化，一般可以确诊。或用痘疹制作涂片，在细胞的胞浆内发现病毒包涵体即可确诊。

【类症鉴别】本病易与口蹄疫、水疱病、猪水疱疹、水疱性口炎相混淆，但本病的痘疹不出现在蹄部，且无跛行。本病与湿疹也很相似，但湿疹无传染性，猪不发热。

【防治措施】

1.加强饲养管理，保持良好的环境卫生，搞好灭虱、灭蝇、灭蚊工作。严禁从疫区引进种猪，一旦发病，应立即隔离和治疗病猪。猪皮肤上的结痂等污物，要集中一起堆积发酵处理，污染的场所要严格消毒。

2.本病目前尚无疫苗预防，康复猪可获得较强的免疫力。

3.对病猪无有效的药物治疗，为了防止继发感染，可用敏感抗生素。局部病变可用0.1%高锰酸钾洗涤，擦干后涂抹紫药水或碘甘油等。

九、猪流行性感冒

猪流行性感冒是由猪流行性感冒病毒所引起猪的一种急性、高度接触性、传染性的呼吸道疾病，以突然发生、迅速传播为特征。

【病原】猪流行性感冒病毒呈多形性，囊膜上有血凝素（HA）和神经氨酸酶（NA）。病毒主要存在于病猪和带毒猪的呼吸道鼻液、气管和支气管的分泌物、肺脏和胸腔淋巴结中。有多种血清型，其中常见的有H1N1和H3N2两种。

【流行特点】该病是一种高度接触性传染病，传播极为迅速。不同年龄、性别和品种的猪对猪流感病毒均有易感性。康复猪和隐性感染猪可长时间带毒，是猪流感病毒的重要宿主和传染源。猪流感呈流行性发生，在常发生本病的猪场可呈散发性。天气骤变的晚秋、早春以及寒冷的冬季多发。一般发病率高，病死率很低。寒冷、潮湿、拥挤、贼风侵袭、营养不良和内外寄生虫侵袭等因素均可降低猪体抵抗力，促使本病发生和流行。如继发巴氏杆菌、肺炎链球菌等感染，则使病情加重。

【临床症状】病猪体温突然升到40～41.5℃，精神不振，食欲减退，结膜呈树枝状充血，咳嗽，腹式呼吸，鼻镜干燥，眼、鼻流黏液性分泌物（图1-98），粪便干硬。随病情发展，病猪精神高度沉郁，蜷腹吊腰，低头呆立，喜横卧圈内。整个猪群迅速感染，病猪多聚在一起，扎堆伏卧（图1-99），呼吸急促，咳嗽声接连不断。病程一般为

5～7d，如无其他疾病并发，通常发病后5～7d快速痊愈；如有继发感染，病情加重，可导致死亡。

猪流行性感冒
(图1-98~图1-104)

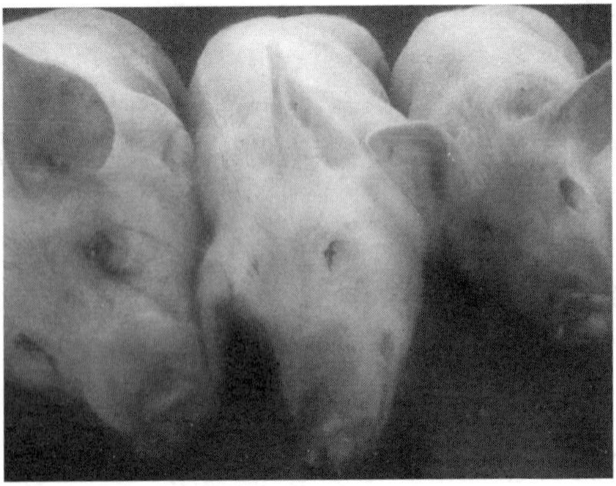

图 1-98　病猪鼻流黏液（张晓利供图）

图 1-99　病猪扎堆（赵茂华供图）

【病理特征】剖检可见鼻、喉、咽和气管黏膜充血、肿胀，表面覆有黏液（图1-100）。胸腔积水（图1-101），肺间质增宽（图1-102），肺病变区膨胀不全，周围有灰白色的气肿和出血点，切面有泡沫样液体流出（图1-103）。心肌出血（图1-104）。颈部和纵膈淋巴结充血、水肿。脾轻度肿大。

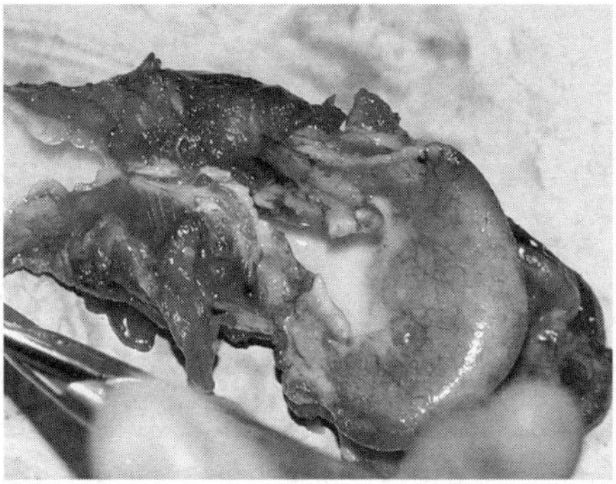

图 1-100　喉头充血，气管腔内充有泡沫样液体（董世山，陈立功供图）

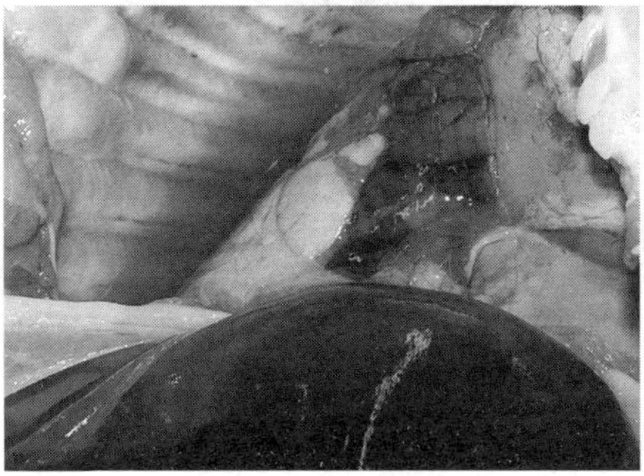

图 1-101　胸腔积液，肺脏颜色红紫、间质增宽（董世山，陈立功供图）

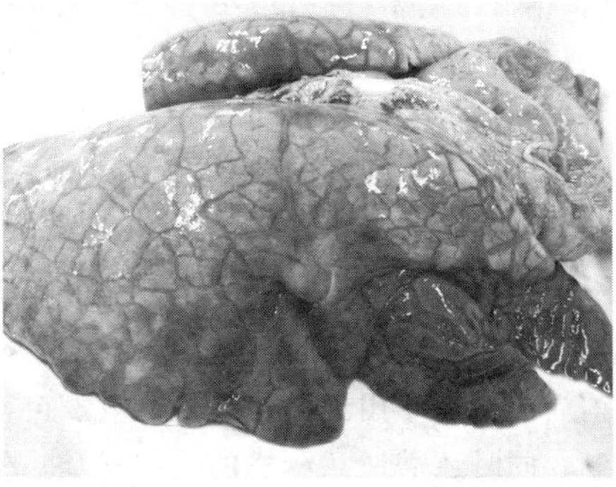

图 1-102　肺脏出血、水肿、间质增宽（董世山，陈立功供图）

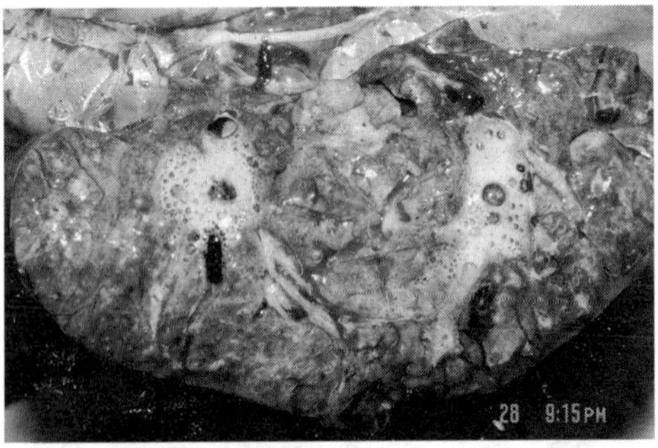

图 1-103　肺脏切面有泡沫样液体流出（董世山，陈立功供图）

图 1-104　心肌出血（董世山，陈立功供图）

【诊断要点】根据流行病学特点、典型症状和剖检变化，可初步诊断。病死猪或扑杀猪，取喉气管和肺等组织；待检活猪，用棉拭子取呼吸道分泌物或排泄物，置于50%甘油生理盐水中，2～8℃保存，送实验室采用实时荧光定量 RT-PCR 或 RT-PCR 检测（要求送检病料新鲜，严禁反复冻融）。

【类症鉴别】应注意与猪肺疫、急性猪气喘病相鉴别。

【防治措施】

1. 因我国目前尚无猪场专用预防本病的有效疫苗，本病主要依靠综合措施进行控制，同时还需注意严格的生物安全。A 型流感病毒存在种间传播，因此，应防止猪与其他动物，尤其是家禽的接触。

2. 平时应注意饲养管理和卫生防疫工作。在阴雨潮湿、秋冬气温发生骤然变冷时，应特别注意猪群的饲养管理，应注意猪舍保温，保持猪舍清洁、干燥，避免受凉和过分拥挤。

3. 一旦发病，应立即隔离病猪，加强护理，给予抗生素治疗，防止继发感染，对病猪用过的猪舍、食槽等应进行严格消毒。

十、猪传染性胃肠炎

猪传染性胃肠炎（TGE）是由冠状病毒引起的一种高度接触性胃肠道传染病，以腹泻、呕吐和脱水为特征。

【病原】猪传染性胃肠炎病毒属于冠状病毒科冠状病毒属。病毒粒子形态多呈球形、椭圆形，有囊膜，为单股正链 RNA 病毒。

【流行特点】本病只感染猪，各种年龄的猪均易感，10 日龄以内的乳猪发病率、死亡率最高。主要发生在秋冬和早春季节，发病急、传播快。病猪和带毒猪是传染源，粪便、乳汁和鼻液带毒，经消化道和呼吸道侵害易感猪。

【临床症状】

1. 哺乳猪

7～14 日龄以内哺乳仔猪呕吐、剧烈水样腹泻（图 1-105），精神沉郁，消瘦，发病后 2～7d 死亡。耐过仔猪生长发育受阻，甚至成为僵猪。

猪传染性胃肠炎
(图1-105~图1-111)

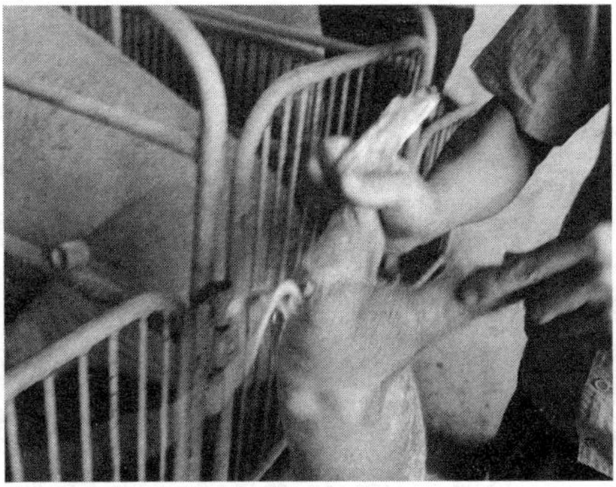

图 1-105　仔猪腹泻（王小波供图）

2.育肥猪

发病率接近100%，突然发生粥样或水样腹泻，食欲不振，运动无力，病情轻的猪拥挤在一起，病情较重的猪散在、肌肉颤抖，病程约7d，腹泻停止而康复，很少死亡，但增重迟缓。

3.成猪

感染后常不发病。部分猪表现轻度水样腹泻或一时的软便，对体重无明显影响。

4.母猪

妊娠母猪症状不明显。哺乳母猪发热，泌乳停止，呕吐，食欲不振，严重腹泻。

【病理特征】特征病变是轻重不一的卡他性胃肠炎。剖检见病死仔猪明显脱水（图1-106），胃常膨满，胃内充满未消化的凝乳块（图1-107）；胃底黏膜轻度充血、出血（图1-108）；小肠充血，肠管扩张，肠内充满泡沫状灰白色至黄绿色液体（图1-109），肠壁变薄、发亮，呈透明或半透明状态（图1-110）。镜检可见空肠绒毛缩短，肠黏膜上皮呈扁平或立方上皮（图1-111）。

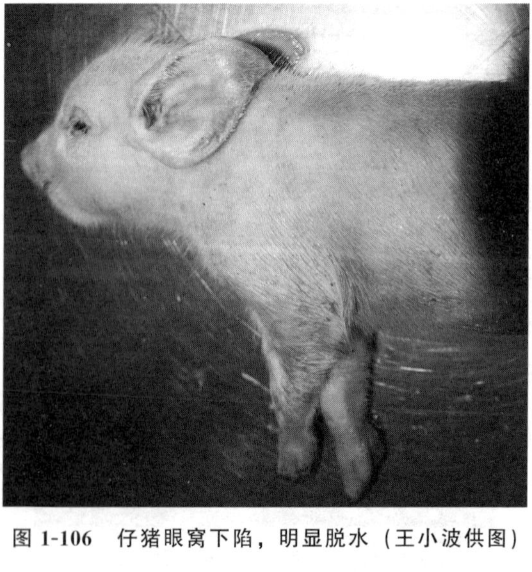

图1-106　仔猪眼窝下陷，明显脱水（王小波供图）

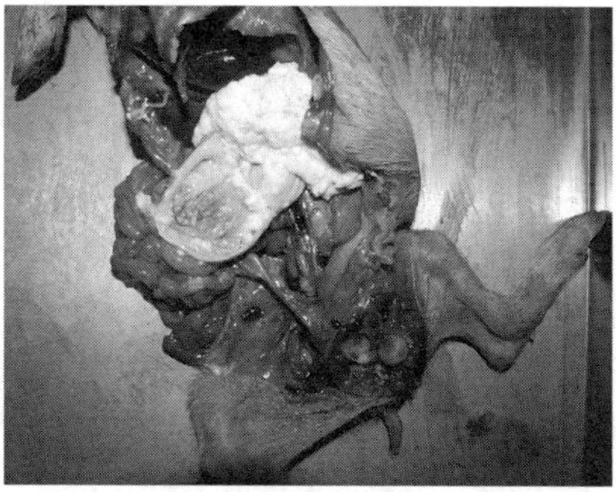

图 1-107　胃内充满凝乳块（王小波供图）

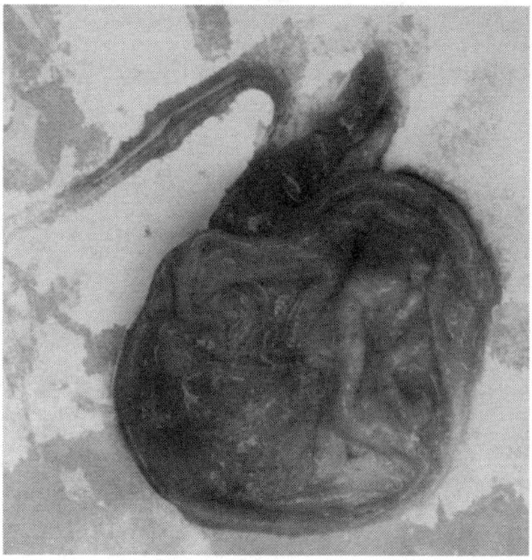

图 1-108　胃黏膜出血、溃疡（王小波供图）

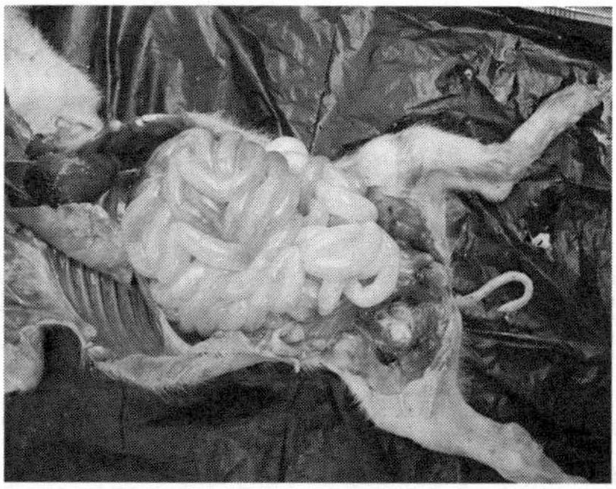

图 1-109　小肠内充满泡沫状黄色液体（王小波供图）

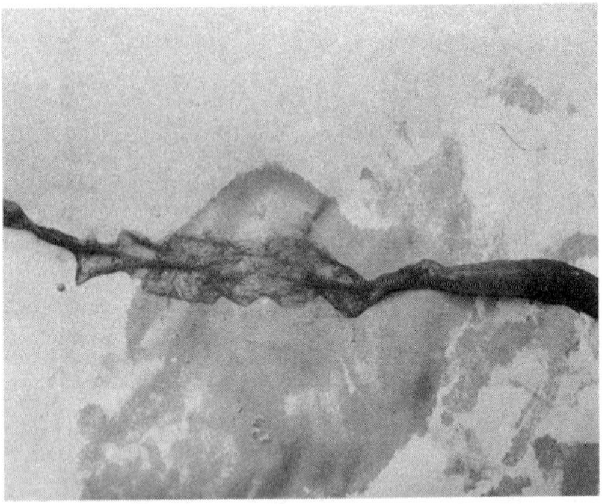

图 1-110　肠壁变薄，几乎透明（王小波供图）

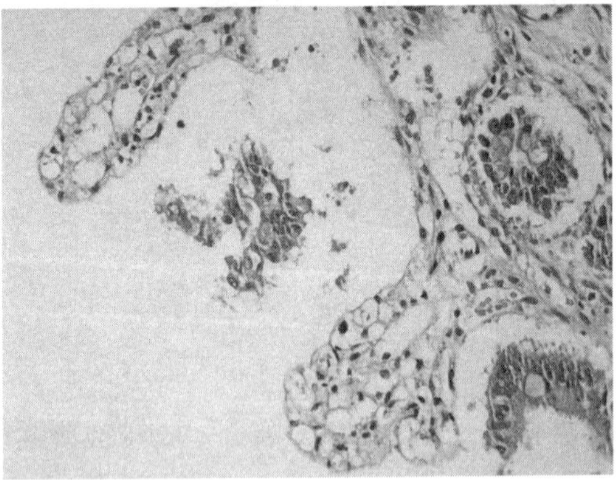

图 1-111　空肠绒毛显著缩短，肠绒毛上皮变为立方形，并伴发空泡变性和坏死。HE×400（王小波供图）

【诊断要点】根据流行病学特点、典型症状和剖检变化，可初步诊断。确诊需要采集肠内容物和肠系膜淋巴结。待检活猪，取排泄物于离心管中，2～8℃保存，送实验室采用实时荧光定量 RT-PCR、RT-PCR 等方法检测。也可以采用实时荧光定量 RT-PCR 的方法同时检测猪传染性胃肠炎病毒、猪流行性腹泻病毒、猪轮状病毒（要求送检病料新鲜，严禁反复冻融）。

【类症鉴别】本病应与猪流行性腹泻、猪轮状病毒病、仔猪黄痢、仔猪白痢、仔猪红痢、猪副伤寒、猪痢疾等腹泻性疾病相鉴别。

猪流行性腹泻发病日龄较早，出生 3d 就可能出现腹泻症状，日龄越小死亡率越高。临床症状与传染性胃肠炎很难区分，需要做病原学诊断。

轮状病毒性腹泻发病严重程度较传染性胃肠炎轻，寒冷潮湿季节多发，发病率高，但是死亡率较低。确诊需要进行病原学实验室诊断。

仔猪白痢常发于 10～30 日龄仔猪，排白色糊状稀便。病变特点是小肠卡他性炎症。肠壁变薄现象不明显。敏感抗生素治疗有效。

仔猪黄痢多发于 1 周龄以内的仔猪，排黄色稀便，小肠急性卡他性炎症，敏感抗生素治疗有效。

仔猪红痢多见于 3 日龄以内的仔猪，排红色黏粪。剖检可见小肠出血、坏死，肠道内容物红染，坏死段肠道浆膜下有小气泡出现。

仔猪副伤寒多发于断奶后仔猪，一月龄以内的猪很少发病。急性副伤寒时，开始便秘，之后腹泻，排出恶臭血便。耳朵和腹下以及四肢皮肤深红色，之后变为青紫色。慢性病猪，便秘与腹泻反复交替，粪便灰白色、浅黄色或暗绿色。皮肤出现湿疹。剖检可见盲肠、结肠有溃疡灶和伪膜，肝脏、淋巴结和肺脏出现灰白色坏死点。

猪痢疾多发于 2～3 月龄的猪，排出混有血液的粪便或水样血便，剖检可见大肠出血性肠炎或纤维素坏死性肠炎。

【防治措施】

1. 加强饲养管理，对猪舍进行严格消毒，保持适当的饲养密度，确保猪舍干燥、通风。

2. 应用弱毒疫苗或灭活疫苗接种怀孕母猪可产生较高的抗体水平，不仅对母猪产生保护力，且其母源抗体对哺乳仔猪保护力也较高。生产中，一般与流行性腹泻联合免疫。

3. 病猪应立即隔离，并对猪舍、用具等进行彻底消毒。

4. 治疗本病无特效药物，但是，可以考虑使用高免血清或高免卵黄抗体进行早期治疗，能够降低死亡率。补充葡萄糖氯化钠溶液，供给清洁饮水和易消化的饲料，可使月龄较大的病猪加速恢复。应用口服补液盐供猪自饮，也有一定疗效。

十一、猪流行性腹泻

猪流行性腹泻（PED）是由病毒引起的一种以水样腹泻、呕吐和脱水为特征的消化道传染病。临床症状与传染性胃肠炎非常相似，但病原不同。

【病原】猪流行性腹泻病毒属于冠状病毒科冠状病毒属，主要存在于小肠上皮细胞及粪便中。

【流行特点】本病仅发生于猪，各种年龄的猪都能感染发病。哺乳仔猪、架子猪或育肥猪的发病率很高，尤以哺乳仔猪受害最为严重，母猪发病率变动很大，为15%～90%。本病多发生于寒冷季节，主要通过消化道感染。如果一个猪场陆续有不少窝仔猪出生或断奶，病毒会不断感染失去母源抗体的断奶仔猪，使本病呈地方流行性，在这种猪场，猪流行性腹泻可造成5～8周龄仔猪的断奶期顽固性腹泻。

【临床症状】病猪临床表现与猪传染性胃肠炎十分相似。病初，病猪体温正常或稍升高，精神沉郁，食欲减退，排灰黄色或灰色水样便（图1-112）。呕吐多发生于哺乳和吃食后。日龄越小，症状越重。腹泻后3～4d，1周龄内仔猪严重脱水而死亡，死亡率可达50%以上。断奶猪、母猪常呈现精神委顿、厌食和持续腹泻4～7d，之后逐渐恢复正常。少数猪恢复后生长发育不良。肥育猪死亡率1%～3%。成年猪症状较轻，有的仅表现呕吐，重者水样腹泻3～4d可自愈。

猪流行性腹泻
(图1-112~1-114)

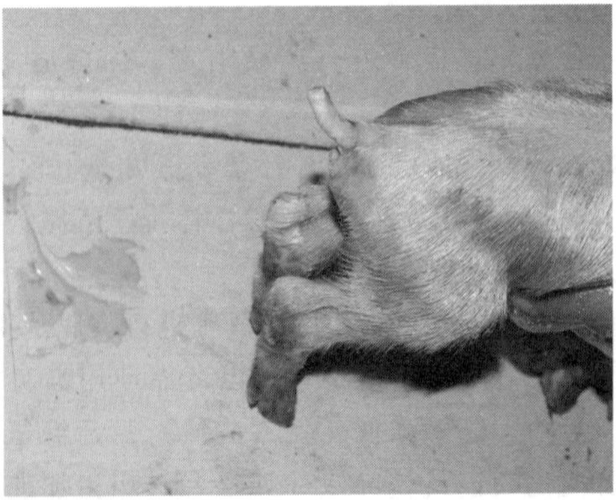

图1-112　病猪腹泻，尾和后肢被严重污染（陈立功供图）

【病理特征】尸体消瘦，脱水，皮下干燥，常见卡他性胃肠炎，胃黏膜淤血（图 1-113），肠管扩张，内充满淡黄色液体（图 1-114），肠系膜充血，肠系膜淋巴结水肿。

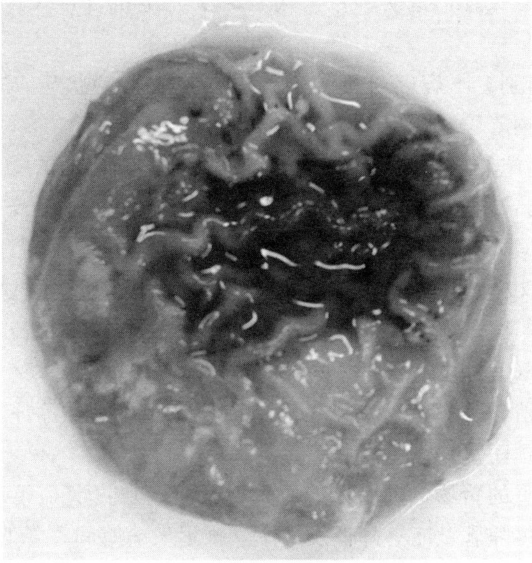

图 1-113　胃黏膜严重淤血（董世山，陈立功供图）

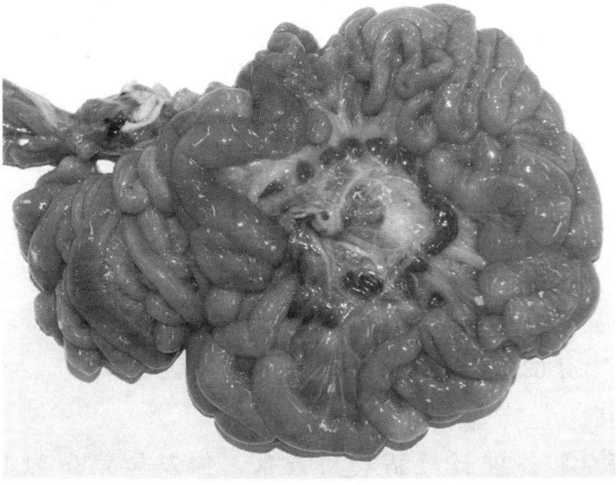

图 1-114　小肠内含大量淡黄色浆液（董世山，陈立功供图）

【诊断要点】本病的流行病学和临床症状与猪传染性胃肠炎无显著差别，只是病死率比猪传染性胃肠炎稍低，在猪群中传播的速度较缓慢。剖检猪取肠内容物和肠系膜淋巴结；待检活猪，取排泄物于离心管中。2～8℃保存，送实验室采用实时荧光定量 RT-PCR 或 RT-PCR 检测。

【类症鉴别】本病应与猪传染性胃肠炎、猪轮状病毒病、仔猪黄痢、仔猪白痢等腹泻性疾病相鉴别。

【防治措施】本病应用抗生素治疗无效。目前常用的疫苗有猪传染性胃肠炎、猪流行性腹泻、猪轮状病毒（G5 型）三联活疫苗（弱毒华毒株＋弱毒 CV777 株＋NX 株），猪传染性胃肠炎、猪流行性腹泻二联活疫苗（HB08 株＋ZJ08 株），猪传染性胃肠炎、猪流行性腹泻二联活疫苗（WH-1R 株＋AJ1102-R 株），猪传染性胃肠炎、猪流行性腹泻二联活疫苗（SCJY-1 株＋SCSZ-1 株），猪传染性胃肠炎、猪流行性腹泻二联灭活疫苗。发病猪场应该做病原 RT-PCR 检测并测序，筛选合适的毒株进行预防。

发病严重的猪场，可以在产后先给仔猪灌服高免血清或高免卵黄抗体，稍后再哺乳，能够降低发病率，推迟发病时间，降低死亡率。

返饲是一种原始的免疫方法。其原理是将感染仔猪的病毒通过口服的方法感染怀孕母猪，使其产生免疫（类似于接种口服弱毒苗），从而使得新生仔猪可以通过母乳获得高滴度的母源抗体，以抵抗病毒的感染。对于正在发病或发病严重的猪场，采取正确的返饲方式，可快速有效终止 PED 流行。

十二、猪轮状病毒病

猪轮状病毒病是由猪轮状病毒引起的一种急性肠道传染病，主要发生于仔猪，临床以厌食、呕吐、腹泻、脱水为特征。

【病原】猪轮状病毒属于呼肠孤病毒科、轮状病毒属，可分为 A、B、C、D、E、F 6 个群，其中 C 群和 E 群主要感染猪，A 群、B 群病毒也可感染猪。

【流行特点】各种日龄猪均可发病，但发病猪多为 2～6 周龄，10～35 日龄仔猪发病数量最多。日龄越小，发病率一般为 50%～

80%，死亡率为1%～10%。本病多发生在晚秋、冬季和早春，粪-口途径是主要的传播途径，但也能经呼吸道和垂直传播。

【临床症状】病猪精神沉郁、食欲不振、不愿活动，乳猪吃奶后呕吐，严重腹泻，粪便呈水样、半固体状、糊状或乳清样并含有絮状物。粪便呈黄色（图1-115）、黄绿色、灰白色或黑色，一般持续4～8d，脱水严重时，体重可减轻30%。日龄越小，发病程度和死亡率越高。中猪和大猪多为隐性感染，不表现症状。

猪轮状病毒病
(图1-115)

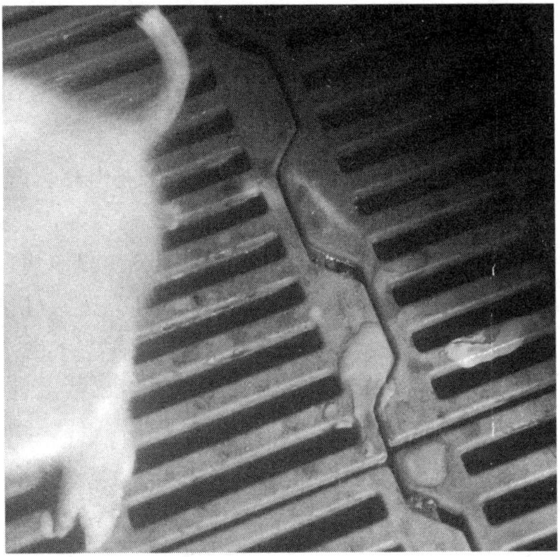

图1-115　病猪排黄色稀粪便（陈立功供图）

【病理特征】剖检病变主要限于消化道。胃内充满凝乳块和乳汁。肠管菲薄、半透明，肠内容物为浆液性或水样、灰黄色或灰黑色，肠系膜淋巴结肿大、水肿。镜检常见空肠、回肠绒毛短缩，隐窝伸长。

【诊断要点】根据流行特点、临床症状和病理特征，即可作出初步诊断。剖检猪取肠内容物和肠系膜淋巴结；待检活猪，取排泄物于离心管中，2～8℃保存，送实验室采用实时荧光定量RT-PCR或RT-PCR检测。

【类症鉴别】本病应与猪传染性胃肠炎、猪流行性腹泻、仔猪黄痢、仔猪白痢等腹泻性疾病相鉴别。

【防治措施】预防本病目前尚无有效的疫苗，主要依靠加强饲养管理，提高猪抵抗力。主动免疫很难在短时间内产生较强的免疫力。免疫母猪所产的仔猪吃到初乳，产生被动免疫，或新生仔猪口服高免血清或高免卵黄抗体也能得到保护。

病猪应立即隔离，加强护理，清除粪便及其污染的垫草，消毒被污染的环境和用具。适当对症治疗，内服收敛剂，使用抗菌药物防止继发感染。

十三、猪流行性乙型脑炎

流行性乙型脑炎又称日本乙型脑炎，是由流行性乙型脑炎病毒引起的一种人畜共患传染病。蚊子是本病的传播媒介。

【病原】流行性乙型脑炎病毒在感染猪的血液内存留时间很短，主要存在于中枢神经系统、脑脊髓液和肿胀的睾丸内。流行地区的吸血昆虫，特别是库蚊属和伊蚊属的昆虫体内常能分离出该病毒。

【流行特点】各种日龄猪均可发病，其中对公猪、母猪危害较大。本病多发生在蚊虫滋生多的夏秋季，蚊子是传播媒介也是贮存宿主，终身带毒且可经卵传代。猪群的感染率高而发病率低。目前本病多为隐性感染、呈散发性。

【临床症状】病猪突然发病，体温升高至 41℃左右，呈稽留热，喜卧，食欲下降，饮水增加，尿深黄色，粪便干结混有黏液膜。部分病猪出现神经症状，后肢轻度麻痹，或关节肿胀疼痛而出现跛行。妊娠母猪患病后常发生流产，出现死胎或木乃伊胎。患病公猪常发生睾丸炎，多为一侧性，初期睾丸肿胀，触诊有热痛感，数日后炎症消退，睾丸渐渐缩小、变硬，性欲减退，精液品质下降，失去配种能力而被淘汰。

【病理特征】特征性病理变化主要见于生殖器官。流产母猪子宫内膜充血、出血、水肿。流产胎儿有死胎、木乃伊胎，死胎大小不一、黑褐色，小的干缩而硬固，中等大的呈茶褐色、暗褐色。发育到正常大小的死胎，因脑水肿而头部肿大，皮下弥散性水肿，腹水增多，脑、脊髓膜充血、出血，肝和脾脏见坏死灶。公猪见一侧或两侧睾丸肿胀，阴囊皱襞消失而发亮；慢性病例见睾丸萎缩、硬化和粘连等病变。

【诊断要点】根据流行特点、特征性症状和病变可以作出初诊。病死或扑杀猪，取脑海马回部组织；待检活猪，用注射器取血5mL，2～8℃保存，送实验室采用实时荧光定量RT-PCR或RT-PCR检测（要求送检病料新鲜，严禁反复冻融）。

【类症鉴别】要注意与布鲁氏菌病、猪细小病毒病、猪伪狂犬病、猪繁殖与呼吸综合征等疾病相鉴别。

布鲁氏菌病感染没有季节性，病猪不发热，没有神经症状，无木乃伊胎。

伪狂犬病猪流产胎儿大小均匀，母猪出现流产的同时，哺乳仔猪出现兴奋、痉挛、麻痹、意识障碍等神经症状；公猪不出现睾丸肿大。

猪细小病毒病没有季节性，主要是头胎母猪流产，流产胎儿大小不一致，存活的胎儿常出现畸形。

【防治措施】主要从猪群的免疫接种、消灭传播媒介等方面入手。

1. 消灭蚊虫

这是防控本病流行的根本措施。要注意消灭蚊幼虫滋生地，疏通沟渠，填平洼地，排除积水。

2. 免疫接种

后备母猪配种前应进行基础免疫，每年应在蚊虫流行前1个月（一般在4月初）进行乙型脑炎弱毒疫苗免疫注射，间隔两周再注射一次（或7月份再免疫一次）。

3. 隔离病猪

猪圈及用具、被污染的场地要彻底消毒。死胎、胎盘和阴道分泌物都必须妥善处理。

十四、猪脑心肌炎

猪脑心肌炎是由病毒引起猪、某些啮齿类动物和灵长类动物的一种以脑炎和心肌炎为特征的人畜共患病。

【病原】猪脑心肌炎病毒属于小核糖核酸病毒科、猪肠道病毒属，分为11个血清型，各血清型之间存在有限的交叉反应。病毒能长期存在于鼠类的肠道中，也能侵害人类的中枢神经系统。

【流行特点】啮齿类动物是本病的贮存宿主。仔猪易感性强，5～

20 周龄猪可发生致死性感染。

【临床症状】病猪出现短暂（24h 内）的发热，体温达 41～42℃。大部分病猪死前没有明显症状，急性发作的猪可见短暂的精神沉郁、拒食、震颤、步态蹒跚、麻痹（图 1-116）、呼吸困难等症状，发生角弓反张后很快死亡。繁殖母猪多为亚临床感染，发热、食欲减退后出现流产、死胎、木乃伊胎或产下弱仔。

猪脑心肌炎
(图1-116、图1-117)

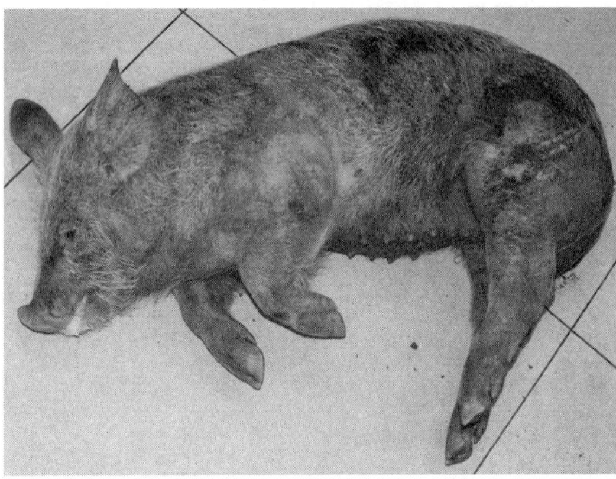

图 1-116　病猪呕吐、四肢麻痹（陈立功供图）

【病理特征】病猪全身淤血，呈暗红色或红褐色，腹下部、四肢和股部内侧皮肤常见瘀斑或褐色结痂。剖检仔猪心肌呈弥散性、灰白色，心肌柔软，右心扩张，心室肌可见许多散在的白色病灶，呈线状或圆形，或为界限不清的大片灰白色区，偶尔可见白垩样斑（图 1-117）。胸腔和腹腔内有深黄色液体，肺脏和胃大弯水肿，肾皱缩，被膜有出血点。脾脏萎缩，仅为正常脾脏的一半。肾门淋巴结、胃黏膜和膀胱充血，胸腺有小出血点。

【诊断要点】根据症状和病理变化，结合流行情况，可以初步诊断。确诊需进行实验室检查。

【类症鉴别】本病应与白肌病、猪水肿病等相鉴别。

【防治措施】本病目前尚无有效的治疗药物和疫苗，主要靠综合性防治。应当注意防止野生动物，特别是啮齿类动物偷食污染的饲料和水源。猪群发现可疑病猪时，应立即隔离消毒、诊断。病死动物要迅

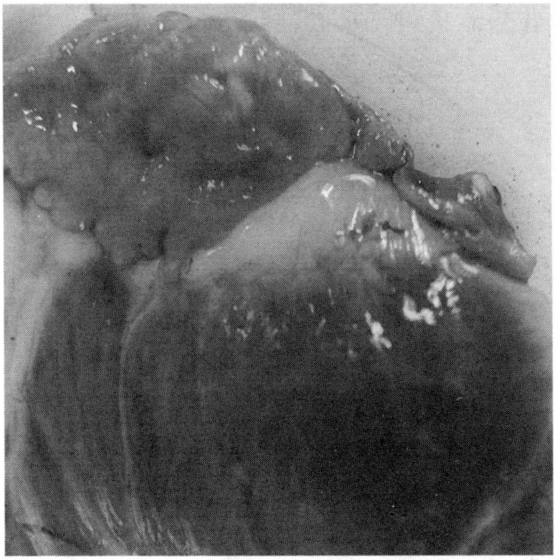

图 1-117 心肌坏死（陈立功供图）

速作无害化处理，被污染的场地应用含氯消毒剂彻底消毒，以防止人感染。耐过的猪要尽量避免打扰，以防因心脏的后遗症而导致死亡。

十五、仔猪先天性震颤

仔猪先天性震颤（Congenital tremor，CT）是仔猪出生后不久，出现全身或局部肌肉阵发性震颤的一种疾病，又叫仔猪先天性肌肉阵痉，俗称“仔猪跳跳病”或“仔猪抖抖病”。

【病原】本病的病原体为猪非典型瘟病毒（Atypical porcine pestivirus，APPV）。APPV 为黄病毒科、瘟病毒属成员，该病毒属还包括牛病毒性腹泻病毒 1 型和 2 型（BVDV-1 和 BVDV-2）、猪瘟病毒（CSFV）和边界病病毒（BDV）及之后发现的其它的瘟病毒（Ho Bi-like pestivirus）。

【流行特点】本病仅发生于新生仔猪，母猪在妊娠期间无明显症状。病毒主要经胎盘传染给仔猪。本病多数呈散发性，无明显的传染性，一般只发生在头胎母猪，以后配种怀孕产仔猪发病率降低。

【临床症状】母猪在产仔前后无明显临床表现。仔猪出生数小时、数天后，出现两侧骨骼肌群有节律性的震颤，轻者仅见头部、肋部和后肢微颤；重者挛缩猛烈，状似跳跃。病猪难以站立和行走（图 1-118、图 1-119）。严重发病的仔猪不能吃奶（图 1-120），常因饥饿而死。部分仔猪震颤随时间延长渐渐变弱，至 3～4 周时消失。

仔猪先天性震颤
(图1-118~图1-125)

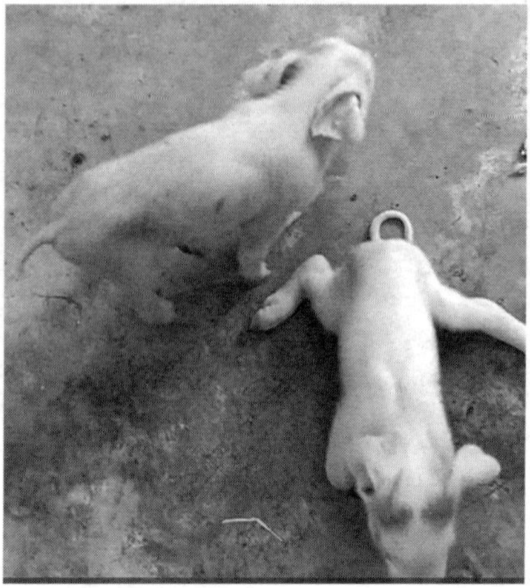

图 1-118　病猪难以站立和行走（董世山，陈立功供图）

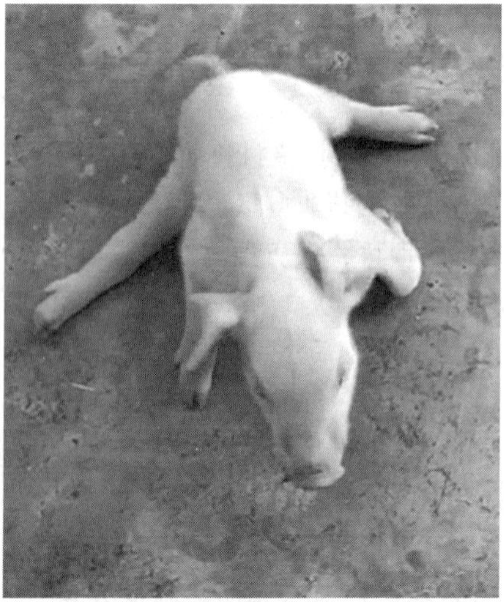

图 1-119　病猪不能站立（董世山，陈立功供图）

图 1-120 发病仔猪不能哺乳（赵茂华供图）

【病理特征】本病无明显的眼观病变（图 1-121～图 1-125）。常见的组织学变化是中枢神经系统有明显的髓鞘形成不全和髓鞘缺失，尤其是脊髓，在所有水平的横切面都显示白质和灰质的减少。

图 1-121 肺脏未见明显异常（董世山，陈立功供图）

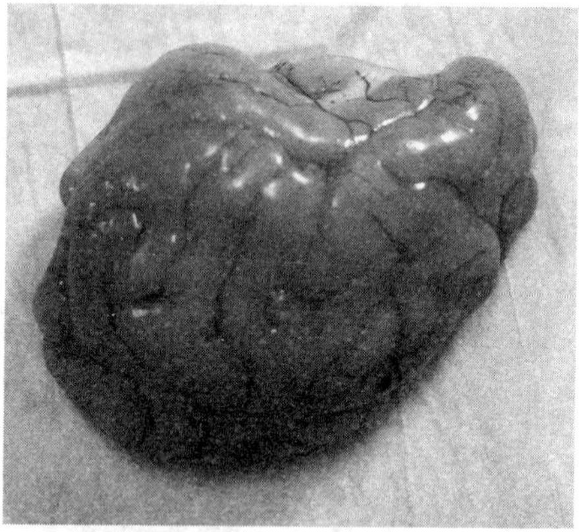

图 1-122　脑未见明显异常（董世山，陈立功供图）

图 1-123　肾脏未见明显异常（董世山，陈立功供图）

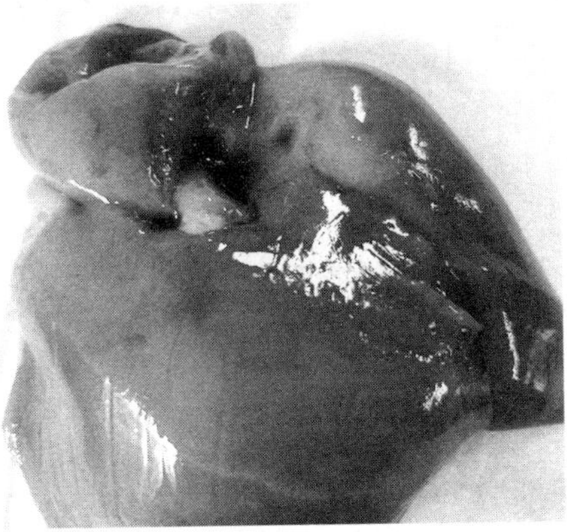

图 1-124 肝脏未见明显异常（董世山，陈立功供图）

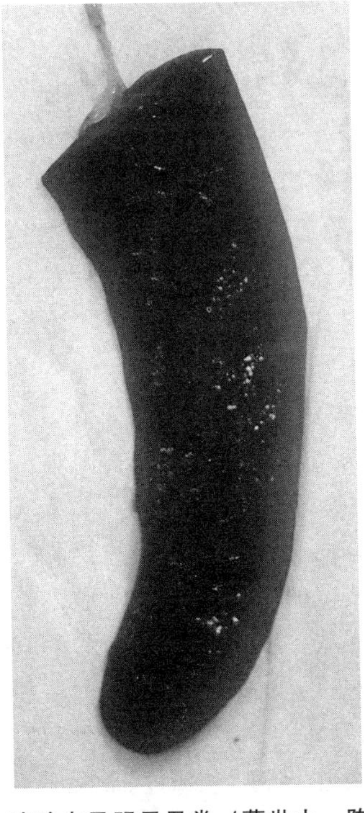

图 1-125 脾脏未见明显异常（董世山，陈立功供图）

【诊断要点】根据临床症状和病史可以作出初步诊断。必要时采集仔猪脑和脊髓进行病理组织学检查确诊。可以采集病料和血清进行RT-PCR检测。

【防治措施】本病无特效药物治疗，可以采用人工哺乳的方法，防止仔猪饿死。妊娠母猪应避免暴露于病猪。为避免公猪通过配种将本病传给母猪，应注意查清公猪的来历。不从有先天性震颤的猪场引进种猪。

十六、猪水疱性口炎

水疱性口炎是由水疱性口炎病毒引起的一种人畜共患的急性、热性、高度接触性传染病，以患病动物的口腔黏膜（舌、唇、齿龈）和蹄冠、趾间皮肤发生水疱为特征。OIE将其列为A类动物疫病。

【病原】水疱性口炎病毒（Vesicular stomatitis virus，VSV）呈子弹状或圆柱状，是一种有囊膜的单股RNA病毒。应用中和试验和补体结合试验，将水疱性口炎病毒分为两个血清型，其代表株分别为印第安纳株和新泽西株（含3个亚型），两者无交叉免疫性。

【流行特点】本病有明显的季节性，多见于夏季及秋初（7～8月），秋末则趋平息。幼龄猪比成年猪易感。病猪和患病的野生动物是主要传染源。病猪的水疱液、唾液中存在大量病毒，可通过损伤的皮肤、黏膜、污染的饲料和饮水经消化道发生感染。还可通过双翅目的昆虫（白蛉及伊蚊）为媒介叮咬而感染。

【临床症状】病猪体温升高1～2d后，在口腔、舌、鼻盘和蹄叉部出现特征性的水疱。病猪口流清涎，采食困难。病程较长时，舌面部的溃疡常有增生性变化。蹄部病变严重时，蹄冠部常见大面积溃疡，严重时，蹄壳脱落，露出鲜红出血面。一般情况下，水疱在短时间内破裂、糜烂，其周边残留的黏膜呈不规则形、灰白色。有的病例，病变还可累及四肢部的皮肤，在皮肤上形成水疱和溃疡。

【病理特征】病理变化如临诊上所见的口腔和蹄部的变化。

【诊断要点】根据发病的季节性、发病率和病死率均很低，以及典型的水疱病变，一般可作出初步诊断。必要时可进行人工接种试验、病毒分离和血清学试验等进行确诊。

【类症鉴别】猪发生本病时，应与猪口蹄疫、猪水疱病及猪水疱疹相鉴别。

【防治措施】本病发生后，应封锁疫点，隔离病畜，对污染用具和场所进行严格消毒，以防疫情扩大。

本病目前尚无特异性治疗药物，一般采用局部的对症治疗。可用0.1%高锰酸钾溶液或1%硼酸溶液冲洗唇鼻部及口腔，黏膜破溃面涂碘甘油等或消炎软膏。蹄部可用3%臭药水等冲洗并涂以抗生素软膏。应用抗生素防止继发感染。喂给病猪流质稀食，给予洁净饮水。同时，要加强对猪只的护理工作，保持猪舍地面清洁、干燥。

十七、猪水疱病

猪水疱病是由一种肠道病毒引起的急性、热性、接触性传染病，临床上以口腔黏膜、蹄部、腹部和乳头皮肤发生水疱为特征。OIE将其列为A类动物疫病，我国政府将其列为一类动物传染病。

【病原】猪水疱病病毒（SVDV）属于小核糖核酸病毒科肠道病毒属，与人的肠道病毒柯萨奇B5有抗原关系。本病毒无血凝性。病毒对环境和消毒药有较强抵抗力，在污染的猪舍内可存活8周以上。

【流行特点】本病仅发生于猪。各种日龄、品种猪均可发病。一年四季都可发生，但以冬春季节发生较多。在潮湿天气、饲养密度大、卫生条件差的环境更易发病。发病率可高达70%～80%，但死亡率低。病毒通过病猪的粪、尿、水疱液、奶排出体外。经损伤的皮肤和黏膜、消化道、呼吸道传染。

【临床症状】临床上一般将本病分为典型、温和型和亚临床型。

1.典型水疱病

特征性的水疱常见于主趾和附趾的蹄冠上。部分猪体温升高至40～42℃，上皮苍白肿胀，在蹄冠和蹄踵的角质与皮肤结合处首先见到水疱。在36～48h，小疱明显凸出，大小如黄豆至蚕豆大不等，里面充满水疱液，继而水疱融合，很快发生破裂，形成溃疡，真皮暴露，形成鲜红颜色。病变常环绕蹄冠皮肤发的蹄壳，导致蹄壳裂开，严重时蹄壳脱落。病猪疼痛剧烈，跛行明显，严重病例，由于继发细菌感染，局部化脓，导致病猪卧地不起或呈犬坐姿势。严重者用膝部爬行，食欲减退，精神沉郁。水疱有时也见于鼻盘、舌、唇和母猪的乳头上。仔猪多数病例在鼻盘上发生水疱。一般情况下，如无并发其他疾病，不易引起死亡，病猪康复较快，病愈后两周，创面可痊愈，如蹄壳脱落，则相当长的时间才能恢复。初生仔猪发生本病可引起死亡。有的病猪偶可出现中枢神经系统紊乱的症状，表现为前冲、转圈，用鼻摩擦或用牙齿咬用具，眼球转动，个别出现强直性痉挛。

2. 温和型水疱病

只见少数猪出现水疱，传播缓慢，症状轻微。

3. 亚临床型水疱病

不表现任何临床症状，但能排出病毒。

【病理特征】本病的肉眼病变主要在蹄部，约有10%的病猪口腔、鼻端也有病变，口腔水疱通常比蹄部出现晚。病理剖检通常内脏器官无明显病变，仅见局部淋巴结出血和偶见心内膜有条纹状出血。

【诊断要点】根据只发生于猪，在口、鼻、蹄，有时在乳房（母猪）皮肤出现水疱及其破溃后的烂斑的特征性症状和基本没有眼观内脏病变可以作出初诊。必要时采水疱皮、水疱液或痊愈猪血清，送检后进行病毒分离或作血清学试验确诊。

【类症鉴别】要注意与猪口蹄疫、猪水疱性口炎等相鉴别。

【防治措施】控制本病的重要措施是防止将病带到非疫区。不从疫区调入猪只和猪肉产品。运猪和饲料的交通工具应彻底消毒。屠宰的下脚料和泔水等要经煮沸后方可喂猪，猪舍内应保持清洁、干燥，平时加强饲养管理，减少应激，加强猪只的抵抗力。

加强检疫、隔离、封锁制度：检疫时应做到两看（看食欲和跛行），三查（查蹄、口、体温）。隔离应至少7d未发现本病方可并入或调出，发现病猪就地处理，对其同群猪同时注射高免血清，并上报、封锁疫区。封锁期限一般以最后一头病猪恢复后14d才能解除，解除前应彻底消毒一次。

免疫预防：我国目前制成的猪水疱病灭活疫苗，平均保护率达96.15%。免疫期5个月以上。在商品猪中应用，可控制疫情、减少发病，避免大的损失。

常用消毒药：0.5%农福、0.5%菌毒敌、5%氨水、0.5%次氯酸钠等均有良好消毒效果。或将氧化剂、酸、去垢剂混合应用，即碘化物、酸、去垢剂适当混合消毒也有效。对于畜舍消毒还可用高锰酸钾、去垢剂的混合液。

十八、猪巨细胞病毒感染

猪巨细胞病毒感染又称猪包涵体鼻炎，是猪的一种以鼻甲黏膜、黏液腺、泪腺、唾液腺等组织受侵为特征的病毒性传染病。

【病原】猪巨细胞病毒（PCMV）又称为猪疱疹病毒Ⅱ型，可在3～5周龄乳猪的肺巨噬细胞中生长，出现巨细胞，感染细胞可比正常细胞大6倍左右。

【流行特点】宿主仅限于猪，特别是1～3周龄仔猪最易经鼻感染。本病常在2～5周龄仔猪并群时暴发流行，对未获得母源抗体仔猪，常呈致命性全身感染。病毒主要存在于鼻、眼分泌物、尿液、睾丸及子宫颈液中，经呼吸道传播。妊娠母猪可传播给胎儿。

【临床症状】暴发时主要症状为食欲减退，精神沉郁，不断打喷嚏、咳嗽，鼻分泌物增多，流泪，甚至形成泪斑。一窝中仔猪发病率为25%，死亡率一般不超过20%。未发病猪增重缓慢，并有可能持续排毒。

怀孕母猪有病毒血症时常表现精神委顿和食欲不振。母猪分娩时可产下死胎或新生猪生后不久即死亡，幸存者表现为发育迟缓，苍白、贫血，下颌部及四肢关节水肿。

【病理特征】胎儿和新生仔猪的剖检可见鼻黏膜淤血、水肿，呈暗红色，并有广泛的点状出血和大量小灶状坏死。肺间质水肿，尖叶和心叶有肺炎病灶，局部呈紫色实变。心包和胸膜积水。肾肿大、出血。颌下淋巴结、耳下淋巴结肿胀、点状出血。喉和跗关节的周围皮下明显水肿。仔猪和胎儿的全身感染可见广泛性出血和水肿。胎猪感染后无特定的肉眼病变，表现繁殖障碍的特征，即死产、木乃伊胎、胚胎死亡和不育。

【诊断要点】根据流行特点、临床症状和病变特征，即在鼻黏膜组织切片或涂片中的巨化细胞内看到嗜碱性核内包涵体，即可作出初步诊断。确诊需要进行病毒学试验。

【类症鉴别】本病要与猪传染性萎缩性鼻炎相鉴别。传染性鼻炎只是鼻部变形，全身症状不明显，也很少引起死亡。

【防治措施】在良好的饲养管理条件下，本病对猪群影响不会很大。但当引入新猪群时，因为在循环抗体存在的条件下激发潜伏感染，或在易感猪群中引起的原发性感染，对猪场有很大威胁。要建立无猪巨细胞病毒猪群可采用剖腹产，然而病毒可通过胎盘感染，所以要加强仔猪的抗体监测，建立阴性猪群，一般至少 70d 时仍为阴性才算安全。目前，本病尚无特效疗法。暴发后，可用抗菌药物防治继发的细菌感染。

第二章　猪细菌病

一、猪炭疽

炭疽是由炭疽杆菌引起的各种家畜、野生动物和人类共患的急性败血性传染病。在临床上表现为败血症症状；剖检变化为血液凝固不良，脾脏显著肿大，皮下及浆膜下有出血性胶样浸润。猪多散发，亚急性或慢性经过。

【病原】炭疽杆菌为芽孢杆菌属细菌，革兰氏阳性，竹节状（图 2-1）。濒死动物血液中有大量菌体存在，体内菌体不形成芽孢；体外暴露于空气后可形成芽孢。菌体对外界理化因素抵抗力不强，但芽孢的抵抗力特别强大。

【流行特点】多发生于炎热的夏季，在雨水多、洪水泛滥、吸血昆虫多时更为常见。现多为散发。猪的易感性比牛、羊低。主要传染源是病畜，其排泄物、分泌物及尸体中的病原体一旦形成芽孢，污染土壤、水源等而成为长久的疫源地，一般难以根除。本病主要经消化道感染，猪常因采食含有大量细菌或活芽孢的饲料、饮水而发病。

【临床症状】猪炭疽主要类型：咽型、肠型、败血型和隐性型。

咽型病猪表现颈部水肿和呼吸困难，体温可升高达 41.7℃，但不稽留。多数猪在水肿出现后 24h 内死亡。

肠型的可见急性消化紊乱，表现呕吐、停食及血痢，随后可能死

猪炭疽(图2-1)

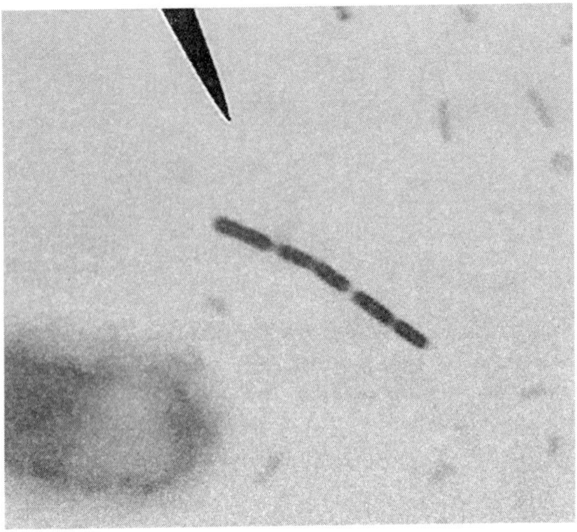

图 2-1　炭疽杆菌。革兰氏染色×1000（陈立功供图）

亡，症状较轻者常自愈。

败血型极少见，病猪体温高达 42℃，可视黏膜和皮肤出现大片蓝紫色斑，1～2d 死亡；最急性型可能不出现任何症状即死亡。

隐性型生前无症状，多见于屠宰场的宰后检验。

【病理特征】咽型炭疽：急性病例可见咽喉和颈部肿胀，皮下呈出血性胶样浸润，头颈部淋巴结，尤其是颌下淋巴结急剧肿大，切面严重充血、出血，呈樱桃红色，中央有稍凹陷的黑色坏死灶。扁桃体充血、出血或坏死。慢性病例常在宰后检验时发现，颌下淋巴结肿大、变硬，切面干燥有砖红色或灰黄色坏死灶。

肠型炭疽：小肠多见局灶性出血性坏死性肠炎。肠系膜淋巴结肿大。腹腔有红色浆液，脾脏质软、肿大。肝脏充血或有出血性坏死灶。肾脏充血，皮质有小出血点。

败血型炭疽：尸体迅速腐败，鼻孔、肛门等处流出暗红色、凝固不良的血液。脾脏严重肿大、变黑。

隐性型炭疽：颌下淋巴结常见不同程度的肿大，切面呈砖红色，散在细小、灰黄色坏死灶；周围组织有黄红色胶样浸润。

【诊断要点】临床诊断时，对死因不明或临床上出现高热、病情发展急剧、死后天然孔出血的病猪，应首先怀疑为炭疽。在排除炭疽前不得剖检死亡动物，防止炭疽杆菌遇空气后形成芽孢。此时应采集发病猪的血液进行实验室检查。

【类症鉴别】本病要与急性猪肺疫、猪瘟、猪恶性水肿、猪副伤寒等病相鉴别。

急性猪肺疫与咽型炭疽很相似，但是急性猪肺疫临床表现极度呼吸困难，口、鼻流出泡沫性分泌物，剖检可见明显的急性肺水肿或纤维素性肺炎，小肠没有出血性肠炎病变。

猪瘟病猪全身淋巴结受累，大理石样外观明显，属于出血性淋巴结炎变化；淋巴结比较干燥、质脆，有出血性坏死。

猪丹毒虽然也会引起脾脏肿大，但是脾髓一般不软化，与败血型炭疽区别明显。

【防治措施】疫区及受威胁地区，可考虑用无毒炭疽芽孢苗 0.5mL 或第Ⅱ号炭疽芽孢苗 1mL，耳根或后腿内侧皮下注射，两周后产生免疫力，免疫期为 1 年。屠宰场、肉联厂应加强屠宰猪只的检验，特别是做好放血后的头部检疫。发现病猪应及时上报疫情，采取严格封锁、隔离、消毒、毁尸等措施，尽快扑灭疫情。

二、布鲁氏菌病

布鲁氏菌病简称“布病”，是由布鲁氏菌属细菌引起的急性或慢性的人畜共患传染病，特征是生殖器官和胎膜发炎，引起流产、不育和各种组织的局部病灶。

【病原】猪布鲁氏菌病病原主要是猪布鲁氏菌，为革兰氏阴性、细小的球杆菌或短杆菌。猪布鲁氏菌主要有 4 个生物型。本菌对外界因素抵抗力较强，在污染的土壤、水、粪尿及饲料等中可生存一至数月，对热和消毒药的抵抗力不强，常用消毒药能迅速将其杀死。

【流行特点】本病可感染多种动物，接近性成熟阶段的较为易感，一般呈散发。病猪和带菌猪是主要传染源，病原菌可随精液、乳汁、脓液，特别是流产胎儿、胎衣、羊水等排出体外，主要经消化道感染，也可经结膜、阴道、皮肤感染。母猪感染后一般只发生一次流产，流产两次的少见。

【临床症状】母猪多在初次妊娠后第 4～12 周流产，一般产后 8～10d 可以自愈。少数个体因胎衣滞留引起子宫炎和不育。公猪多见睾丸炎（图 2-2）和附睾炎。

布鲁氏菌病(图2-2)

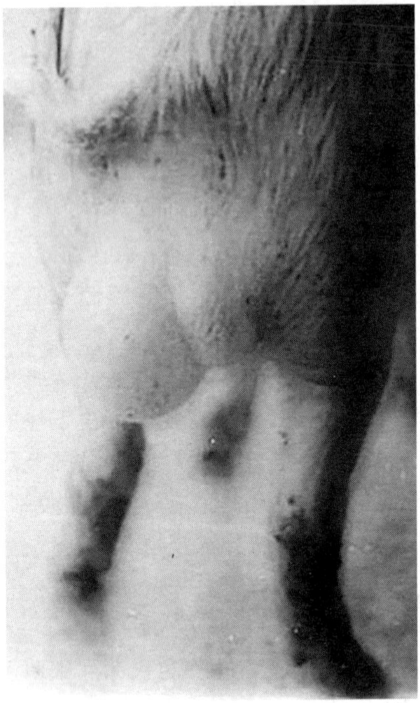

图 2-2　病猪左侧睾丸肿大，右侧睾丸萎缩（陈立功供图）

【病理特征】母猪子宫黏膜上散在淡黄色、质地硬实的小结节，切开有少量干酪样物质。流产或正产胎儿皮下水肿、出血，在脐带周围尤为明显。胎衣充血、出血和水肿。公猪睾丸、附睾和前列腺肿大。此外，还有皮下脓肿、关节炎、肾脓肿等多发性脓肿病变。

【诊断要点】结合临床症状、流行病学、病理变化以及细菌分离、鉴定和血清学试验等方法可以作出诊断。

【类症鉴别】本病应与猪细小病毒病、猪繁殖与呼吸综合征、猪流行性乙型脑炎、猪伪狂犬病、猪钩端螺旋体病、猪衣原体病、猪弓形虫病等相鉴别。

【防治措施】患病动物一般不予治疗，采用定期检疫，阳性动物淘汰处理，立即扑杀并深埋或火化，按时消毒，防止疫病传入以及免疫接种等综合性防疫措施。

三、破伤风

破伤风俗称“强直症”“锁口风”“脐带风”等，是由破伤风梭菌经伤口感染后产生外毒素引起的一种急性、中毒性传染病，其特征是病猪对外界刺激的反射兴奋性增高，肌肉持续性痉挛。在自然感染时，通常是由小而深的创伤传染而引起，小猪常在去势后发生。

【病原】破伤风梭菌，又称强直梭菌，是一种大型、革兰氏染色阳性、能形成芽孢的专性厌氧菌，芽孢在菌体的一侧，似鼓槌状（图 2-3）。早期培养物革兰氏染色阳性，48h 后多呈革兰氏阴性反应。

破伤风
(图2-3、图2-4)

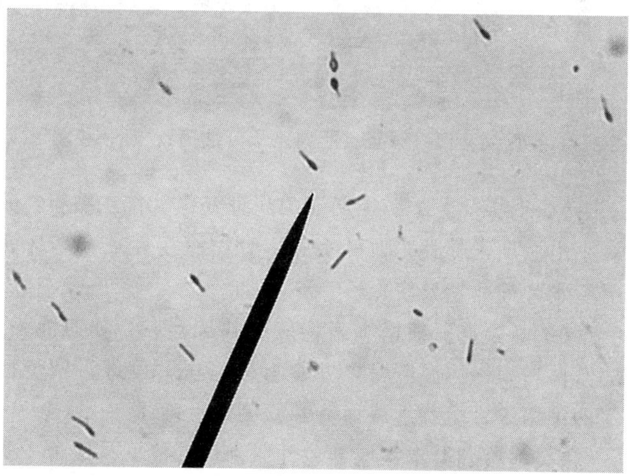

图 2-3　破伤风梭菌。革兰氏染色×1000（陈立功供图）

【流行特点】各种动物均有易感性，其中以奇蹄兽最易感，牛、羊和猪次之。易感动物不分年龄、品种和性别，均可发生。破伤风梭菌广泛存在于自然界中，主要通过各种创伤，如断脐、阉割、钉伤等感染。本病无季节性，常表现零星散发。

【临床症状】初发病时局部肌肉或全身肌肉呈轻度强直，行动不便，吃食缓慢。接着四肢僵硬，腰部不灵活，两耳竖立，尾部不灵活，瞬膜露出，牙关紧闭，流口水，肌肉发生痉挛（图 2-4）。当强行驱赶时，痉挛加剧，并嘶叫，卧地不能起立，出现角弓反张，很快死亡。

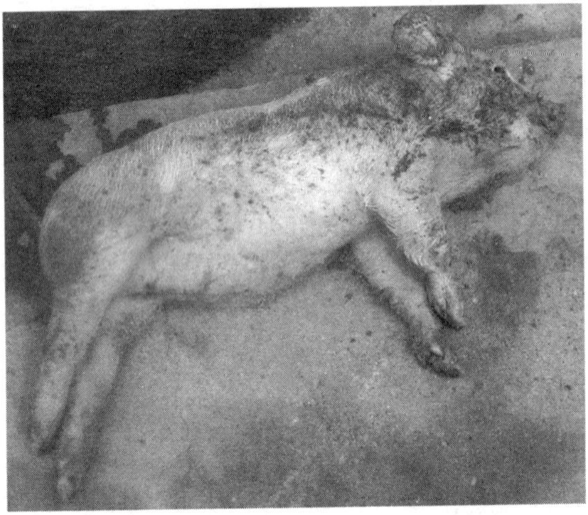

图 2-4　濒死病猪四肢强直，肌肉痉挛（抽搐），耳朵和尾巴竖立（陈立功供图）

【病理特征】本病无明显的病理变化，仅在黏膜、浆膜及脊髓等处有小出血点，肺脏充血、水肿，骨骼肌变性或具有坏死灶，肌间结缔组织水肿等非特异变化。

【诊断要点】根据本病特殊的临床症状，如肌肉强直、神志清醒、应激性增高、体温正常，并多有创伤史，可进行初步诊断。通过实验室的细菌学、生物学或血清学检测进行确诊。

【类症鉴别】本病应与急性肌肉风湿症、马钱子中毒、狂犬病等相鉴别。

【防治措施】

1. 预防本病发生主要是避免引起创伤，如发生外伤，立即消毒伤口，同时可注射破伤风明矾类毒素或破伤风抗毒素预防。

2. 治疗破伤风时，首先将病猪放在安静、光线柔和的室内，以减少刺激。对感染创伤进行有效的防腐消毒，彻底消除脓汁、坏死组织等，并用3%过氧化氢、2%高锰酸钾或5%碘酊消毒创伤。初期可皮下或静脉注射破伤风抗毒素5000～20000IU。如病情严重，可用同样剂量重复注射一次或数次。为清除病菌繁殖，初期可注射青霉素或磺胺类药物。对症治疗时可用硫酸镁或氯丙嗪等药物镇静、抗惊厥。

四、猪丹毒

猪丹毒是由猪丹毒杆菌引起的一种急性、热性传染病，临床与病变特征为高热、急性败血症、皮肤疹块（亚急性）、皮肤坏死、多发性非化脓性关节炎和心内膜炎（慢性）。

【病原】猪丹毒杆菌是革兰氏阳性菌，分为1、1a，有29个血清型。猪丹毒杆菌抵抗力很强，对热较敏感，一般化学消毒药对猪丹毒杆菌有较强的杀伤力。

【流行特点】本病主要发生于3～12月龄猪，常为散发或地方性流行，有一定的季节性，北方以炎热、多雨季节多发，南方以冬、春季节流行。病猪和带菌猪是本病的主要传染源。主要经消化道和破损皮肤传染给易感猪；此外，本病也可通过蚊、蝇、虱等吸血昆虫传播。

【临床症状】通常分为最急性型、急性败血型、亚急性型（疹块型）、慢性型四型。

1.最急性型

流行初期第一批发病死亡的猪，发病前无任何症状，前日晚吃食良好，第二天早晨发现猪只死亡，全身皮肤发绀，其他猪相继发病死亡。

2.急性败血型

暴发之日起第3～4d出现，病猪精神高度沉郁，不食不饮，体温42～43℃，高热不退，可稽留3～5d。结膜充血，眼睛清亮，粪便干硬，附有黏液。

3.亚急性型（疹块型）

病程1～2周，体温41℃以上，精神不振，口渴，便秘，皮肤上出现方形、菱形或圆形疹块，稍凸起于皮肤表面，初期疹块局部温度升高，充血，指压褪色，后期淤血，呈紫黑色，疹块出现1～2d后体温下降，病情好转，经1～2周自行康复；病情恶化可转为败血型而亡。

4. 慢性型

常有慢性浆液性纤维素性关节炎、慢性疣状心内膜炎和皮肤坏死，前两者往往在同一病猪身上同时存在，皮肤坏死多单独发生。

【病理特征】

1. 最急性型

流行初期第一批发病突然死亡的猪，全身皮肤紫红色（图 2-5），脾切面白髓周围出现“红晕”。

猪丹毒
(图2-5~图2-16)

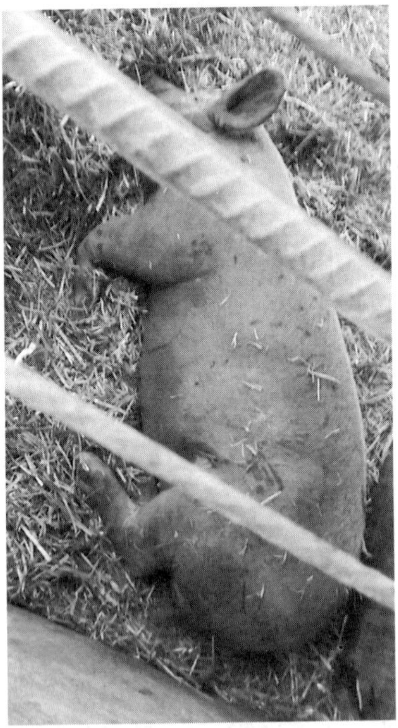

图 2-5　病死猪皮肤呈紫红色（董世山，陈立功供图）

2. 急性败血型

以败血症为特征，全身皮肤出现红斑，指压褪色，微隆起于周围正常皮肤的表面，病程稍长者，红斑上出现小水疱，水疱破裂干涸后，形成黑褐色痂皮。肾脏肿大，被膜易剥离，有出血点，在暗红色的背景上有灰白色、黄白色大小不一的斑点（图 2-6、图 2-7）。胃、小肠黏膜肿胀、充血、出血（图 2-8），全身淋巴结充血、肿胀、出血（图 2-9）。脾脏高度肿大，呈樱桃红色，心内膜有小出血点（图 2-10）。

图 2-6 肾脏肿大，呈紫红色（董世山，陈立功供图）

图 2-7 肾脏紫红色、出血（董世山，陈立功供图）

图 2-8　胃黏膜出血（董世山，陈立功供图）

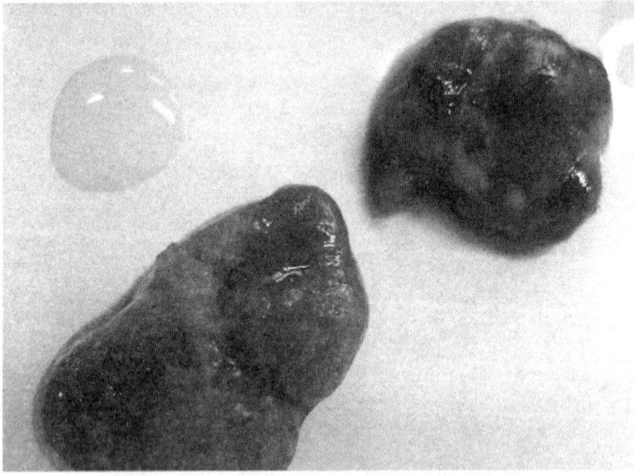

图 2-9　淋巴结肿大、出血（董世山，陈立功供图）

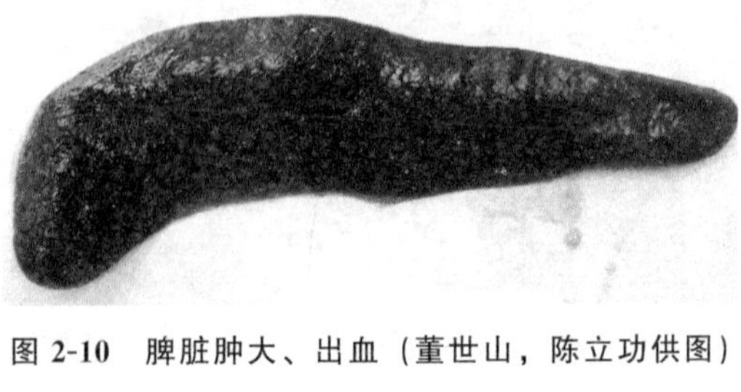

图 2-10　脾脏肿大、出血（董世山，陈立功供图）

3. 亚急性型

特征是皮肤上出现疹块，形状呈方形、菱形或不规则形（图 2-11）。

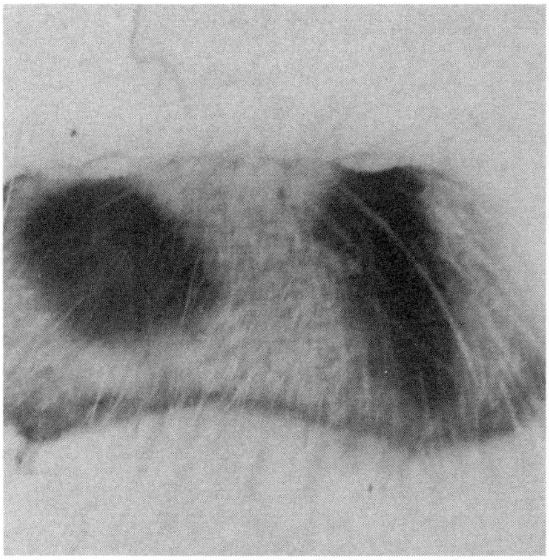

图 2-11　亚急性型皮肤疹块（陈立功供图）

4. 慢性型

病变主要特征为心脏二尖瓣等瓣膜处有溃疡性心内膜炎，形成疣状团块，如菜花状（图 2-12）；腕关节和跗关节呈现慢性关节炎（图 2-13、图 2-14），关节囊肿大，有浆液性渗出物；皮肤坏死，生长缓慢（图 2-15、图 2-16）。

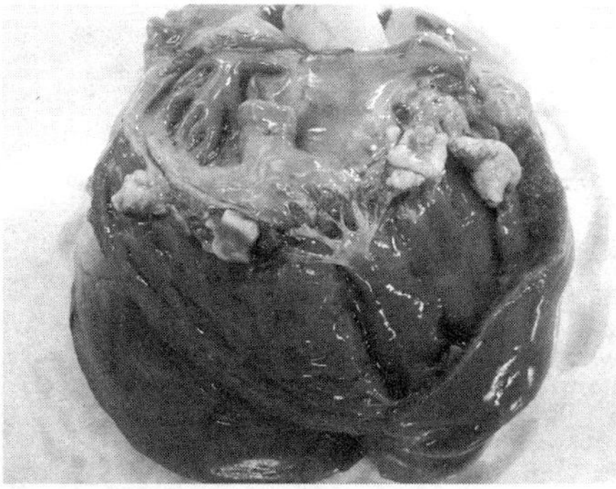

图 2-12　心脏瓣膜有疣状物质，菜花状外观（董世山，陈立功供图）

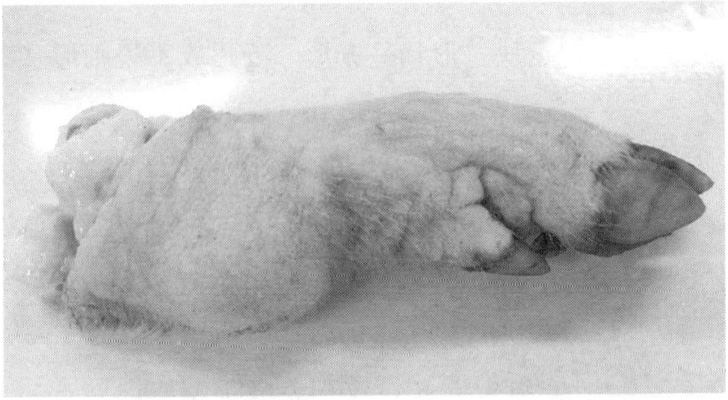

图 2-13　慢性关节炎（1）（陈立功供图）

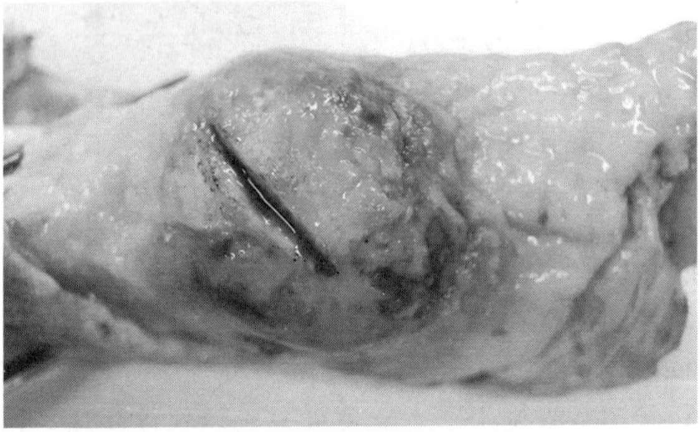

图 2-14　慢性关节炎（2）（陈立功供图）

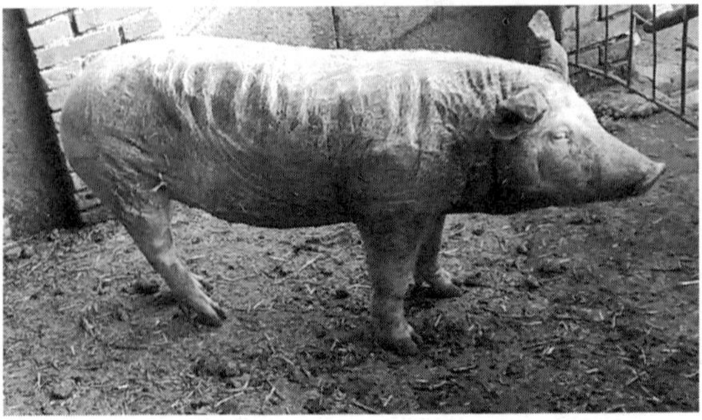

图 2-15　皮肤坏死（董世山，陈立功供图）

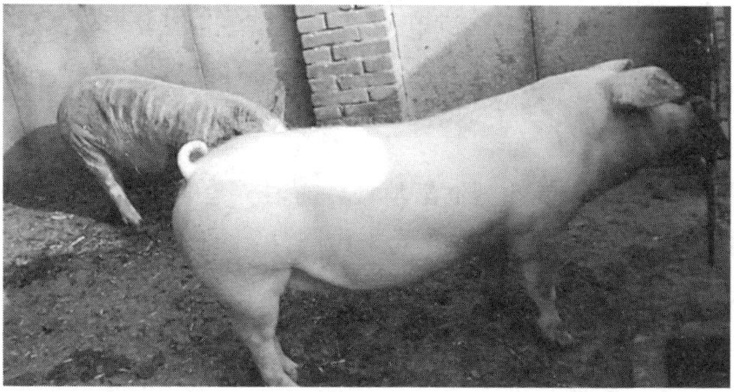

图 2-16 皮肤坏死，生长缓慢（董世山，陈立功供图）

【诊断要点】根据流行病学、临床症状、病理变化可作出初步诊断，进一步确诊，可做细菌学检查、动物接种实验及血清学试验。

【类症鉴别】诊断时应注意与猪链球菌病、猪肺疫、猪瘟、猪副伤寒、猪弓形虫病相鉴别。

猪链球菌病败血型与猪丹毒类似，需要实验室化验确诊进行鉴别。

猪肺疫主要是呼吸高度困难，口、鼻流出泡沫性液体，但是皮肤没有红斑。剖检可见肺脏明显充血、水肿，脾脏不肿大。

猪瘟皮肤上出血点较多，指压不褪色。剖检可见明显的浆膜出血和脾脏边缘梗死。

急性副伤寒多发于 2～4 月龄猪，阴雨潮湿季节多见，胸腹部皮肤呈蓝紫色。剖检可见肠系膜淋巴结显著肿大，肝脏有灰白色点状坏死。

【防治措施】

1. 加强饲养管理，做好定期消毒工作，增强机体抵抗力。定期用猪丹毒弱毒菌苗或猪瘟、猪丹毒、猪肺疫三联冻干疫苗免疫接种。仔猪在 60～75 日龄时皮下或肌内注射猪丹毒氢氧化铝甲醛菌苗 5mL，3 周后产生免疫力，免疫期为半年，以后每年春、秋两季各免疫一次。

2. 治疗时，首选药物为青霉素，对败血症猪最好首先用青霉素注射剂，按每千克体重 2 万～3 万 IU 静脉注射，每天 2 次。近年有报道磺胺嘧啶钠治疗效果更好。

五、猪巴氏杆菌病

猪巴氏杆菌病又称猪肺疫或猪出血性败血症，是由多杀性巴氏杆菌引起的一种传染病。特征是最急性型呈败血症变化，急性型呈纤维素性胸膜肺炎症状，慢性型逐渐消瘦，有时伴有关节炎。

【病原】多杀性巴氏杆菌为革兰氏阴性菌，分16个血清型，各型之间不能交叉保护。

【流行特点】本菌对多种动物和人均有致病性，多为散发；病猪和带菌猪是主要传染源，健康猪也可能带菌。主要经消化道和呼吸道传染。以冷热交替、气候剧变、闷热、潮湿、多雨时期多发。

【临床症状】根据其病程，临床上可分为最急性型、急性型和慢性型三种类型。

1.最急性型呈败血性经过，体温41～42℃，呼吸困难，不食，口、鼻黏膜发绀。耳根、颈部、腹部等皮肤出现红斑，咽喉红肿（图2-17、图2-18），多在数小时到一天内死亡。

猪巴氏杆菌病
(图2-17~图2-22)

图2-17　头、颈部皮肤呈蓝紫色，咽喉部明显肿胀
（董世山，陈立功供图）

2.急性型呈纤维素性胸膜肺炎症状。体温40～41℃，呼吸困难，有短而干的咳嗽，流鼻涕，气喘，有液性或脓性结膜炎，皮肤出现红紫斑。病初便秘，后下痢，往往在2～3d内死亡，不死的转为慢性。

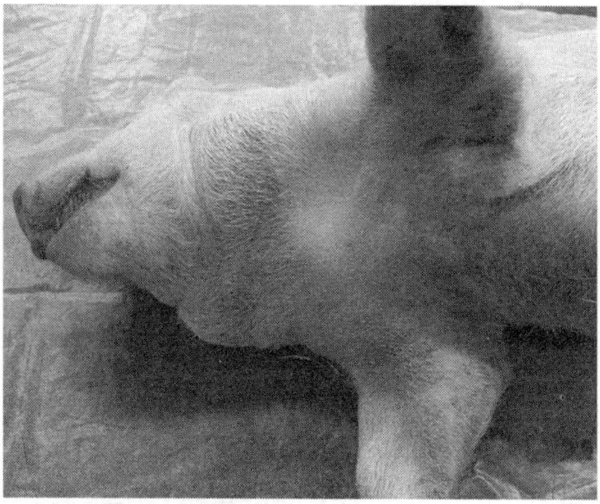

图 2-18　头、颈部、胸部皮肤呈蓝紫色，咽喉部明显肿胀，急性死亡（董世山，陈立功供图）

3. 慢性型主要表现为慢性肺炎或慢性胃肠炎。病猪食欲不振，时发腹泻，消瘦；或持续性咳嗽，呼吸困难，鼻孔不时流出黏性或脓性分泌物。治疗不当，于发病后 2～3 周衰竭死亡。

【病理特征】

1. 最急性型可见全身黏膜、浆膜和皮下组织、心内膜处有大量出血斑点。典型病变为咽喉部水肿，其周围组织发生出血性浆液浸润，肺部淤血、出血和水肿（图 2-19），淋巴结肿大、呈浆液性出血性炎症。

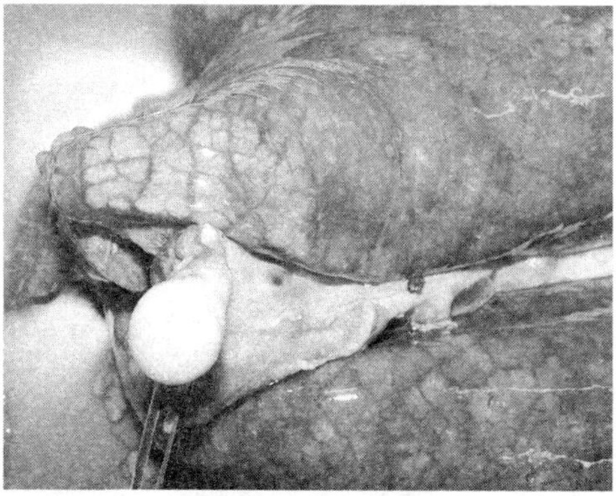

图 2-19　肺淤血、水肿、气管内充满泡沫样渗出物（董世山，陈立功供图）

2.急性型主要变化是纤维素性胸膜肺炎，有各期肺炎病变（图2-20、图2-21）和坏死灶，肺脏切面呈大理石样。

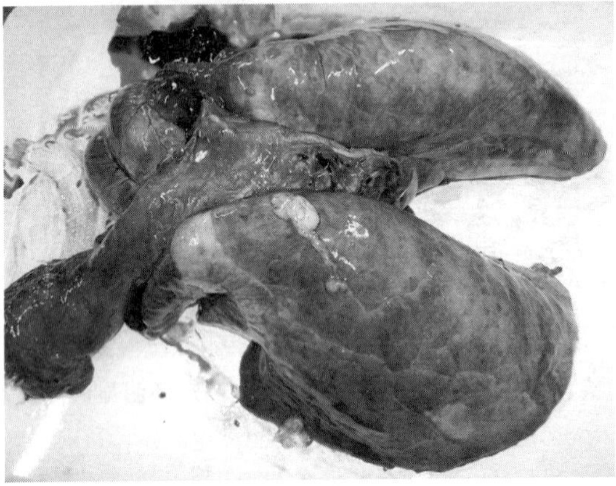

图2-20　红色肝变期（初期）肺充血、水肿，红色肝变（1）
（董世山，陈立功供图）

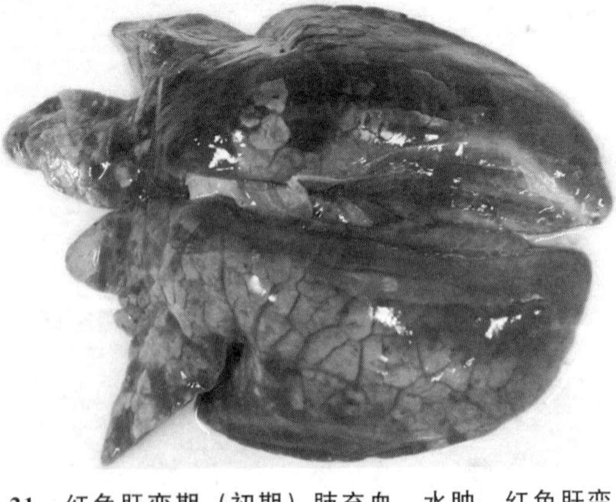

图2-21　红色肝变期（初期）肺充血、水肿，红色肝变（2）
（董世山，陈立功供图）

3.慢性型肺脏肝变（图2-22），有坏死或化脓灶。胸膜及心包有纤维素性絮状物附着，肋膜变厚，常与病肺粘连，有时有化脓性关节炎。

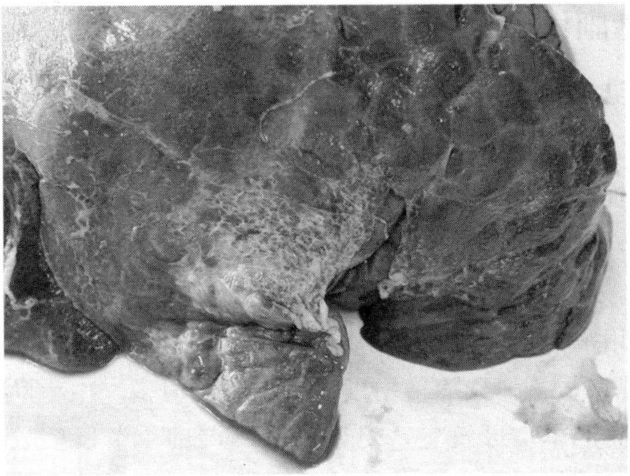

图 2-22 肺肝变，浆膜覆有纤维素性渗出物（董世山，陈立功供图）

【诊断要点】根据流行特点、临床症状和病理变化可作出初步诊断，但确诊需要进行细菌分离鉴定。

【类症鉴别】诊断时应注意与猪链球菌病、猪丹毒、猪支原体肺炎、猪传染性胸膜肺炎、猪副伤寒、猪弓形虫病相鉴别。

猪传染性胸膜肺炎的病变只是表现在呼吸系统，肺炎肝变区呈紫红色，比较均匀。

猪肺疫时病变不仅限于呼吸系统，肺炎区也表现红色肝变和灰色肝变混合存在。

猪支原体肺炎主要表现气喘、咳嗽，病程较慢。剖检可见肺脏两侧对称出现界限明显的肉变区。

【防治措施】

1. 加强饲养管理，消除可能降低抵抗力的因素，每年春秋定期用猪肺疫氢氧化铝甲醛菌苗或猪肺疫口服弱毒菌苗进行两次免疫接种。或皮下注射 5mL，注射后 14d 产生免疫力，后者可按瓶签要求应用，注射后 7d 产生免疫力。

2. 治疗最急性和急性病猪，早期用抗血清治疗，效果较好。泰乐菌素、磺胺类及四环素等药物有一定疗效。

3. 药物控制，每吨饲料添加 8.8%泰乐菌素 1.14kg，同时每吨水添加 10%盐酸多西环素 500g，连续使用 15d 可有效控制猪巴氏杆菌病。

六、猪副伤寒

猪副伤寒又称猪沙门氏菌病，是由沙门氏菌属细菌引起仔猪的一种传染病，急性型呈败血症变化，亚急性型和慢性型以顽固性腹泻和肠道的固膜性肠炎为特征。

【病原】沙门氏菌为革兰氏染色阴性菌，对干燥、腐败、日光等有一定抵抗力，在外环境中可生存数周或数月，但对化学消毒剂的抵抗力不强，常用消毒药均能将其杀死。

【流行特点】各种日龄猪均可感染本病，但多发生于断乳至4月龄的仔猪。一年四季均可发生，但以多雨潮湿的季节发生较多。病猪和带菌猪是主要的传染源，主要经消化道传播，仔猪采食被病原体污染的饲料、饮水后而发病。

【临床症状】

1.急性型（败血型）多见于断奶前后的仔猪，精神沉郁，食欲不振或废绝，体温41～42℃，鼻、眼有黏性分泌物，病初便秘，后下痢，粪色淡黄，恶臭。颈、耳、胸、腹部皮肤紫红色或蓝紫色（图2-23）。

猪副伤寒
(图2-23~图2-26)

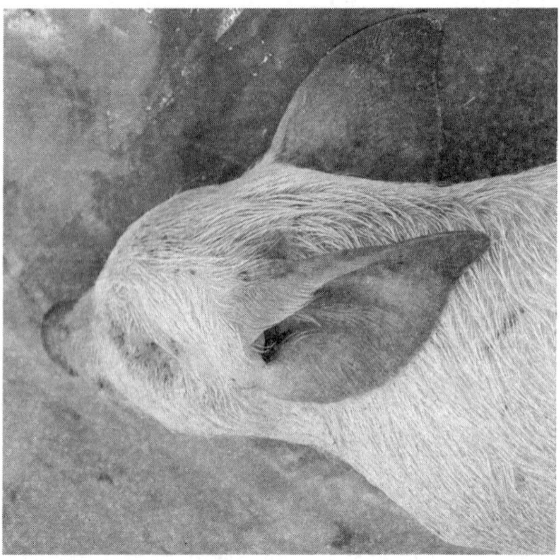

图 2-23　耳部皮肤淤血、发紫（董世山，陈立功供图）

2. 慢性型最常见，持续下痢，粪便呈糊状（图 2-24），病猪日渐消瘦、衰弱，被毛粗乱无光，行走摇晃，最后衰竭而死。不死的病猪生长发育停滞，成为僵猪。

图 2-24　排出糊状便（肖海君供图）

【病理特征】

1. 急性病例全身淋巴结肿大，紫红色，切面外观似大理石状。心外膜、肾脏及胃黏膜出血。肝脏肿大、淤血、出血，被膜下有灰黄色的副伤寒结节，镜检结节为肝细胞变性、坏死形成的坏死性副伤寒结节（图 2-25）。病程稍长的病例大肠黏膜有糠麸样坏死物。

2. 慢性病例典型病变是盲肠、结肠有浅平溃疡或坏死，周边呈堤状，中央稍凹陷，表面附有糠麸样假膜（图 2-26），多数病灶汇合形成弥漫性纤维素性坏死性肠炎，坏死灶表面干枯结痂，不易脱落。

【诊断要点】急性病例诊断较困难。慢性病例根据症状和病理变化，结合流行病学即可作出初步诊断，确诊需要进行细菌学检查。

【类症鉴别】应注意与猪瘟、猪圆环病毒感染、猪传染性胃肠炎、猪肺疫、猪痢疾、猪增生性肠炎等病相鉴别。

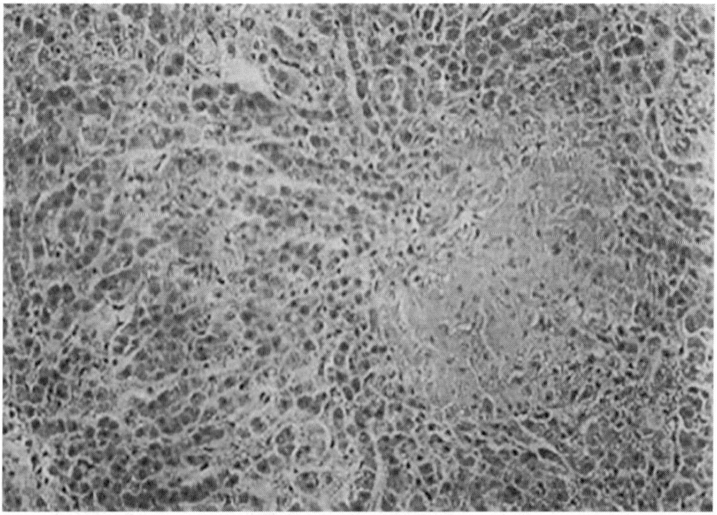

图 2-25 肝点状坏死。HE×100（董世山，陈立功供图）

图 2-26 慢性型结肠黏膜附有糠麸状假膜（董世山，陈立功供图）

【防治措施】采取良好的兽医生物安全措施，实行全进全出的饲养方式，控制饲料污染，消除发病诱因，是预防本病的重要环节。对1月龄以上的仔猪肌内注射仔猪副伤寒弱毒冻干疫苗进行预防。病猪隔离饲养，最好根据药敏试验结果，选用敏感抗生素治疗。污染的圈舍用20%石灰乳或2%氢氧化钠消毒。治愈的猪仍可带菌，不能与无病猪群混养。

七、猪大肠杆菌病

猪大肠杆菌病是由致病性大肠杆菌感染仔猪引起的急性传染病，主要表现为仔猪黄痢、仔猪白痢和仔猪水肿病。

【病原】猪大肠杆菌是革兰氏阴性、中等大小的杆菌。致仔猪黄痢的大肠杆菌能产生肠毒素。各地分离的大肠杆菌菌株对抗生素的敏感性差异很大，极易产生耐药性。

【流行特点】

1. 仔猪黄痢

多发生于出生后几小时到7日龄以内的仔猪，1～3日龄最常见，无明显季节性，一经传入，经久不断，产仔旺季较淡季严重。

2. 仔猪白痢

该病是10～30日龄仔猪多发的急性肠道传染病，常与应激因素有关，如母乳品质低劣、仔猪圈舍卫生不良、阴冷潮湿、气候突变等。

3. 仔猪水肿病

多为散发或地方流行，多发生于断奶不久的仔猪，体格健壮、生长快的仔猪最为常见。带菌母猪和发病仔猪是主要传染源，经消化道传播。

【临床症状】

1. 仔猪黄痢

病猪剧烈腹泻，排糊状（图2-27）或半透明的黄色液体，迅速脱水、昏迷致死（图2-28）。

2. 仔猪白痢

病猪多突然发生腹泻，粪便呈浆状、糊状，灰白色或黄白色（图

2-29），有腥臭味，肛门周围常被粪便污染，有时可见吐奶。病猪逐渐消瘦（图 2-30），发育迟缓，病程 3～7d，多数能自行康复。

猪大肠杆菌病
(图2-27~图2-37)

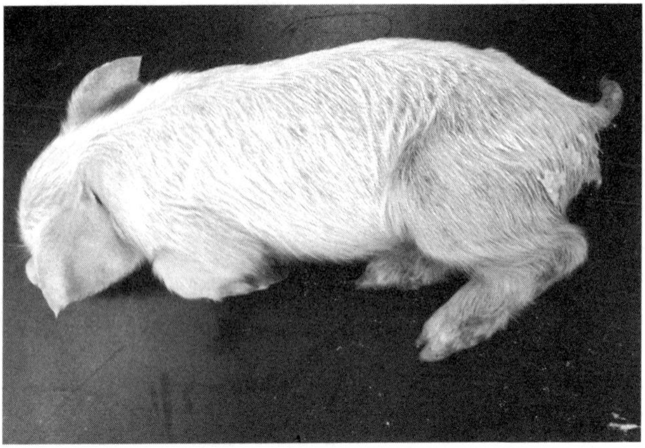

图 2-27　仔猪排黄色稀粪便（陈立功供图）

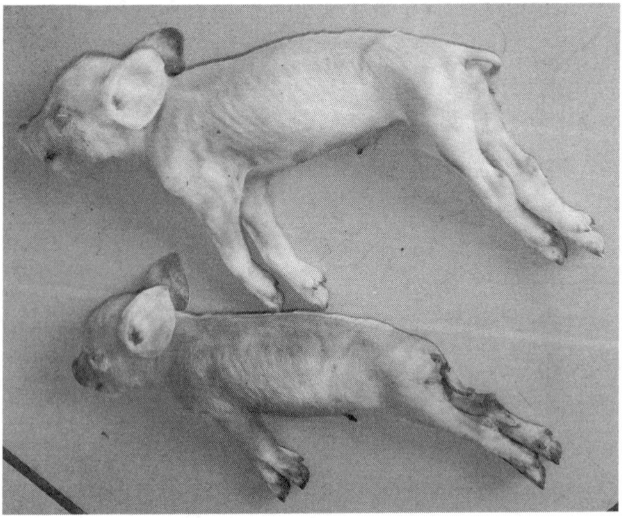

图 2-28　仔猪腹泻、昏迷死亡（陈立功供图）

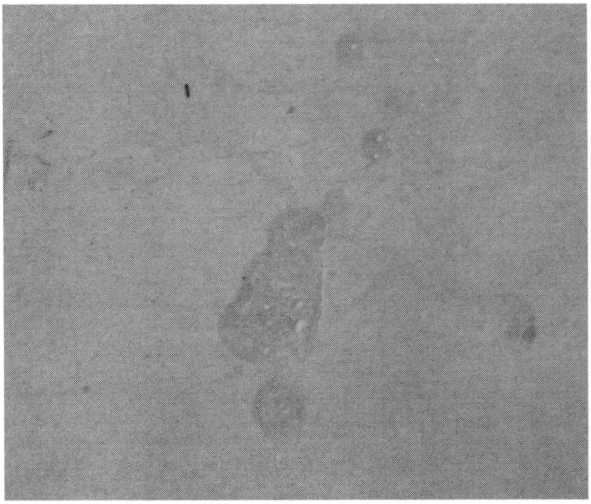

图 2-29　仔猪腹泻内容物（陈立功供图）

图 2-30　仔猪消瘦（陈立功供图）

3. 仔猪水肿病

最早通常突然发现 1～2 头体壮的仔猪精神委顿，减食或停食，病程短促，很快死亡。多数病猪头部水肿，步态蹒跚，肌肉震颤，倒地、四肢划动如游泳（图 2-31），发出嘶哑的尖叫声，体温正常或偏低。病程短者数小时，一般 1～2d 内死亡。本病发病率不高，病死率可达 90%。

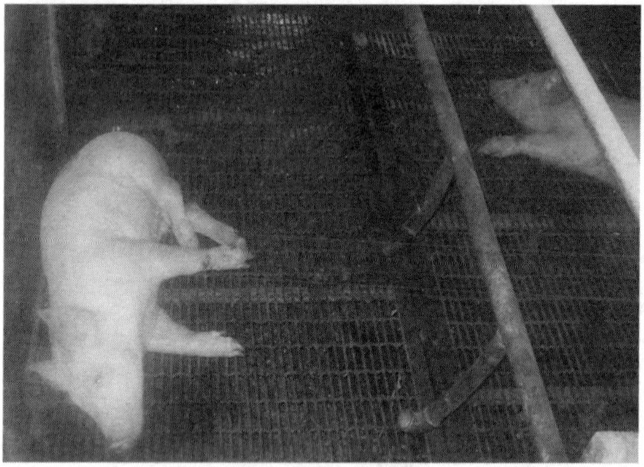

图 2-31　仔猪倒地、四肢划动（陈立功供图）

【病理特征】

1. 仔猪黄痢

剖检为急性卡他性胃肠炎变化（图 2-32）。

图 2-32　小肠血管充血、充有气体和黄色内容物（陈立功供图）

2. 仔猪白痢

病猪尸体苍白、消瘦。胃内有凝乳块，肠内常有气体，内容物为糨糊状或油膏状，乳白色或灰白色，肠黏膜轻度充血、潮红，肠壁薄而带半透明状，肠系膜淋巴结水肿。

3.仔猪水肿病

剖检为溶血性大肠杆菌急性肠内毒素中毒性休克病变。尸体营养良好，常见眼睑（图 2-33）及结膜水肿。头颈部皮下水肿（图 2-34），胃壁（图 2-35）、结肠系膜（图 2-36）显著炎性水肿。一般胃内充满干燥、新鲜食物，而小肠相对空虚。

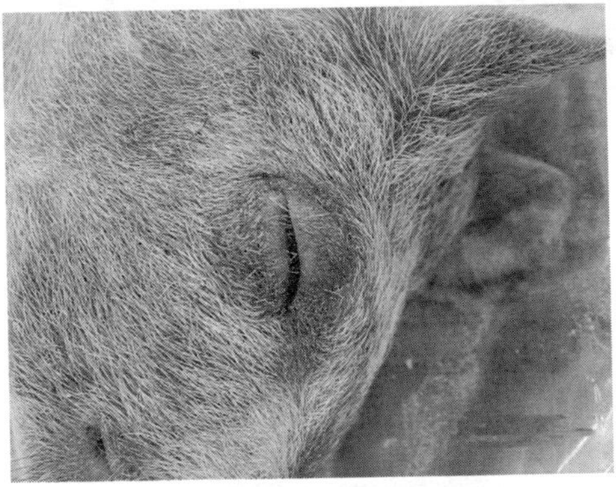

图 2-33　眼睑水肿（陈立功供图）

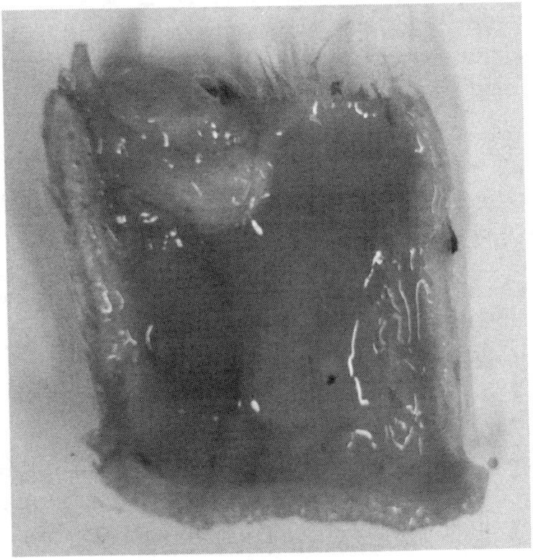

图 2-34　皮下水肿（陈立功供图）

图 2-35　胃壁水肿、增厚（陈立功供图）

图 2-36　结肠袢的系膜胶样水肿（董世山，陈立功供图）

【诊断要点】根据流行特点、临床症状、病理特征，一般可作出诊断，确诊须由分离病原性大肠杆菌（图 2-37）鉴定其血清型。

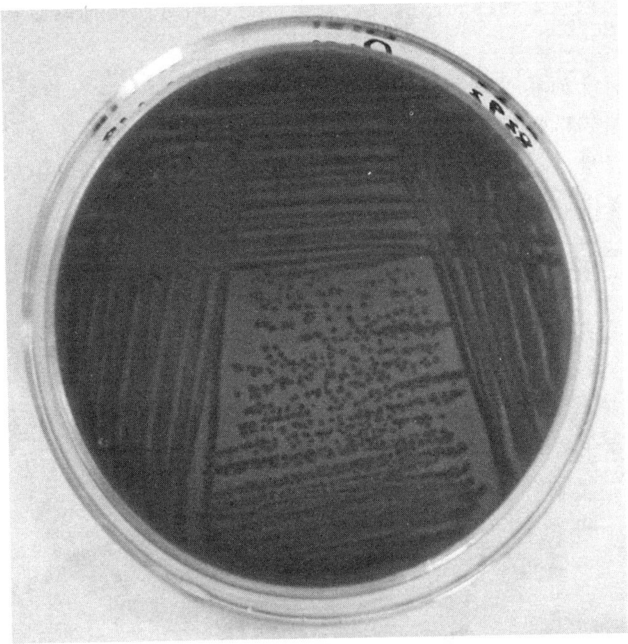

图 2-37　麦康凯培养基上的大肠杆菌（陈立功供图）

【类症鉴别】应注意与猪传染性胃肠炎、猪流行性腹泻、猪圆环病毒感染、猪瘟、猪伪狂犬病、猪副伤寒等病相鉴别。

【防治措施】

1. 严格引进种猪，避免从病猪场引进种猪，坚持自繁自养，建立健康的种猪群。加强母猪的饲养管理和清洁卫生。

2. 母猪产房在临产前必须清扫、冲洗，彻底消毒并进行彻底干燥。母猪临产时用低浓度（0.05%～0.1%）高锰酸钾溶液擦拭乳头和乳房，接产时挤掉每个乳头中的少许乳汁，保证新生仔猪尽早吃上初乳。母猪产前接种仔猪大肠杆菌菌苗进行预防。

3. 对于仔猪黄痢和仔猪白痢，可采用敏感抗菌药物进行防治，必须选择能达到病变位置的抗生素，如可达到小肠腔的阿莫西林等药物，同时注意使用补液盐进行补液，效果更佳。

4. 对于仔猪水肿病，目前缺乏特异性的治疗方法。初期可口服盐类泻剂，以减少肠内病原菌及其有毒产物，同时使用抑制致病性大肠杆菌的药物。

5.科学饲养管理，减少应激，科学配制饲料，进行营养性预防。如发生断奶后腹泻可限制饲料摄入量，日粮中提高粗纤维含量、降低蛋白质含量，一般粗蛋白含量不能超过 18%～20%，饲料中硒和维生素也要保持一定含量，防止因缺硒和维生素 E 而诱发水肿病。

八、猪链球菌病

猪链球菌病是由多种链球菌感染引起的多种疾病的总称，临床表现为败血症、脑膜炎、关节炎及化脓性淋巴结炎。

【病原】病原（图 2-38）多为 C 群的兽疫链球菌和似马链球菌，D 群的猪链球菌及 E、L、S、R 等群的链球菌。目前，按血清学分类，有 20 个血清群。

猪链球菌病
(图2-38~图2-55)

图 2-38　猪链球菌。革兰氏染色×1000（陈立功供图）

【流行特点】不同年龄、品种的猪都可感染本病，一年四季均可发生，春秋季多发，呈地方性流行。病猪和带菌猪是主要传染源，多经呼吸道和消化道感染。败血症型主要发生于架子猪和怀孕母猪，脑膜炎型主要发生于哺乳仔猪和断奶仔猪，关节炎主要是败血症型和脑膜炎型转化而来，化脓性淋巴结炎型也多发生于架子猪。

【临床症状】

1. 败血症型

在流行初期，最急性病例常突然倒地死亡，从口、鼻流出红色泡沫样液体（图 2-39），腹下有紫红斑（图 2-40）。急性型病猪体温 41.5℃以上，精神沉郁，食欲减退或废绝，粪便干燥，眼结膜潮红，流泪，有浆液状鼻汁，呼吸困难，后期病猪耳尖、四肢下端、腹下有紫红色或出血性红斑，跛行，病程 2～4d，死亡率高。

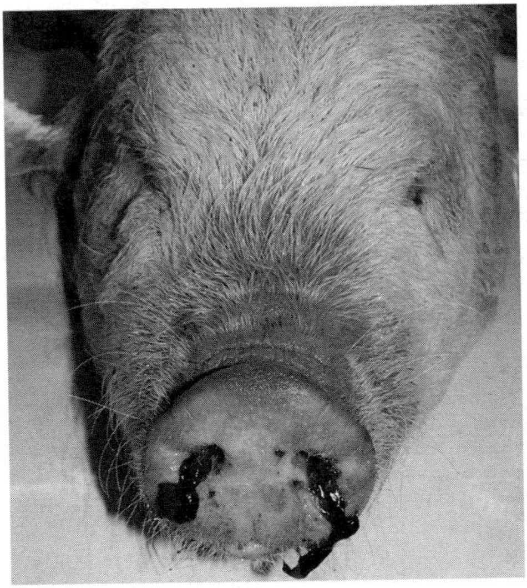

图 2-39　鼻腔流出血样分泌物（陈立功供图）

2. 脑膜炎型

体温 40.5～42.5℃，不食，便秘，继而出现抽搐，有时后肢麻痹，侧卧于地，四肢作游泳状，甚至昏迷不醒，病程几小时至几天（图 2-41）。

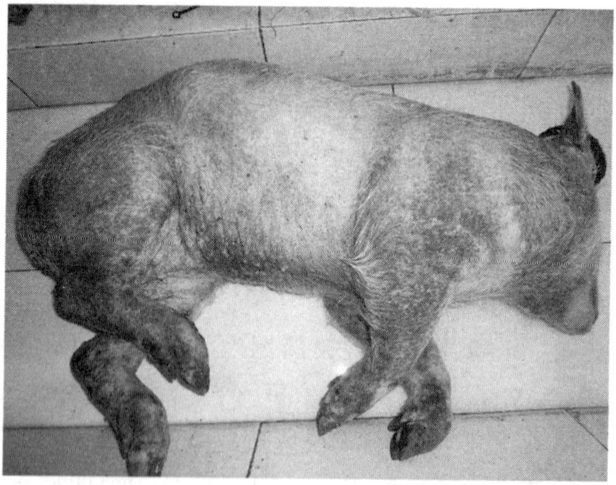

图 2-40　腹下有紫红斑（董世山，陈立功供图）

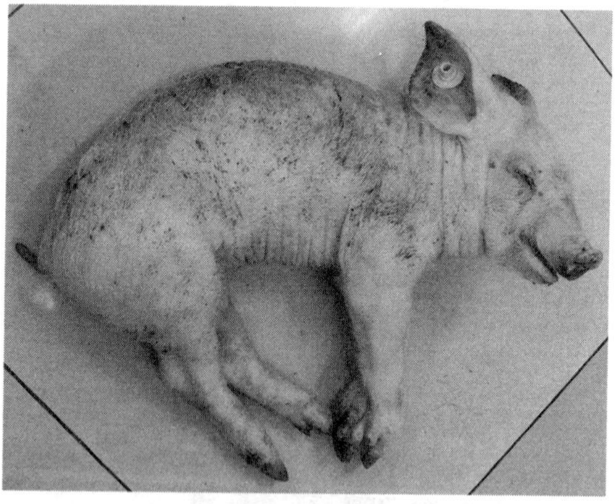

图 2-41　脑膜炎型（陈立功供图）

3. 关节炎型

一肢或多肢关节肿大、疼痛，跛行，有的不能站立（图 2-42），病程 2～3 周。

4. 化脓性淋巴结炎型

以下颌淋巴结化脓最为常见，淋巴结肿胀、发硬，吞咽、呼吸困难。随之脓肿变软，化脓成熟，皮肤破溃，脓汁流出。全身症状好转，病程 3～5 周，一般预后良好。

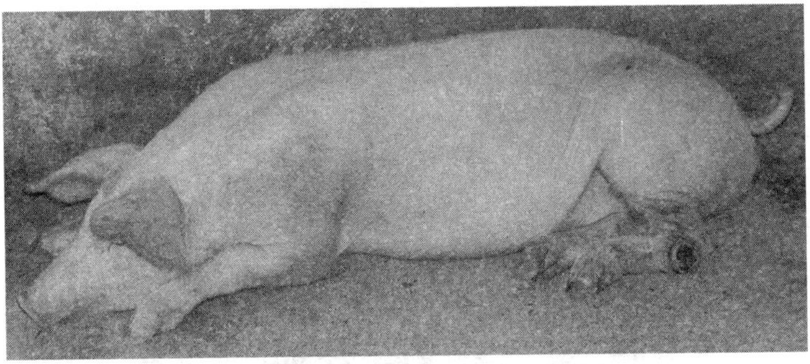

图 2-42　病猪后肢关节红肿、破溃（陈立功供图）

【病理特征】

1. 败血症型最急性病例可见口、鼻流出红色泡沫状液体，喉头、气管黏膜充血、出血（图 2-43），支气管充血，充满泡沫状液体。急性病例全身淋巴结肿大、充血、出血（图 2-44），肺充血、水肿、呈紫红色（图 2-45、图 2-46），心包积液、呈淡黄色，心外膜、心内膜弥漫性出血（图 2-47、图 2-48），有的心外膜有纤维素性渗出物，脾肿大、呈暗红色或蓝紫色（图 2-49），肾轻度肿大、充血、出血，脑膜有不同程度的充血，膀胱黏膜充血（图 2-50）。

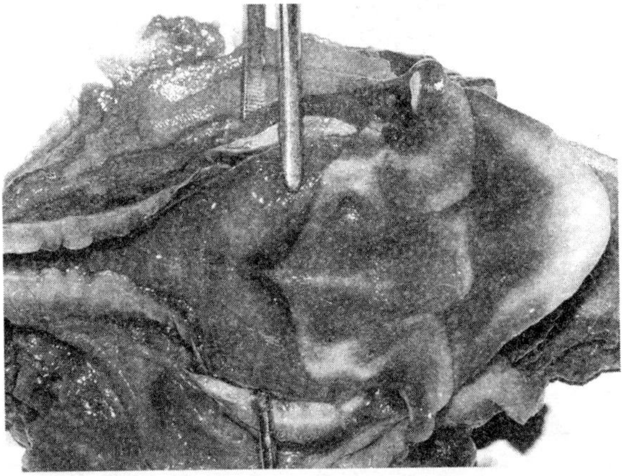

图 2-43　喉头和气管黏膜严重充血、出血（董世山，陈立功供图）

图 2-44　淋巴结肿大、出血（董世山，陈立功供图）

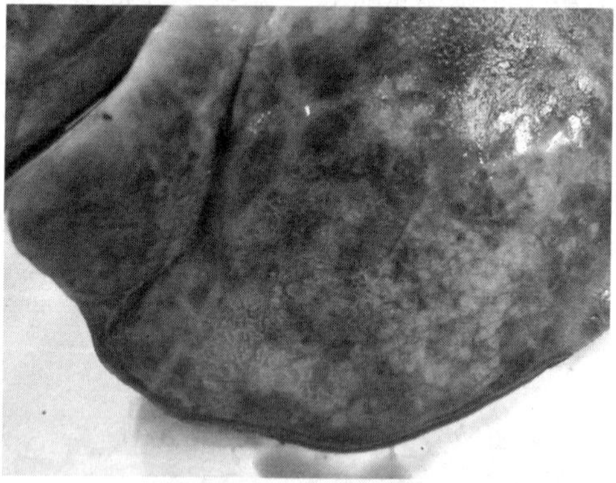

图 2-45　肺淤血、出血、水肿（董世山，陈立功供图）

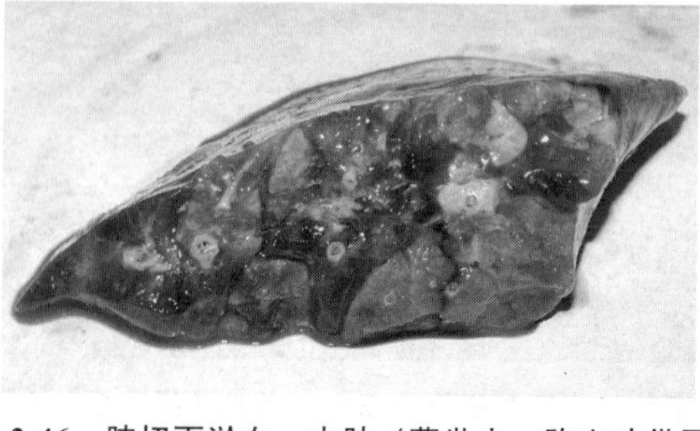

图 2-46　肺切面淤血、水肿（董世山，陈立功供图）

图 2-47　心外膜弥散性出血（董世山，陈立功供图）

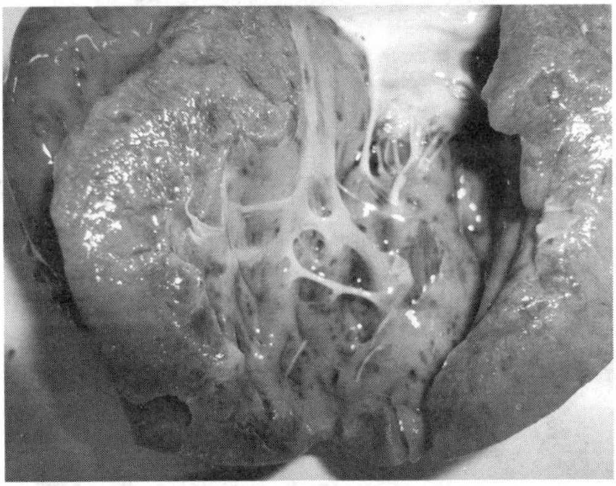

图 2-48　心内膜出血（董世山，陈立功供图）

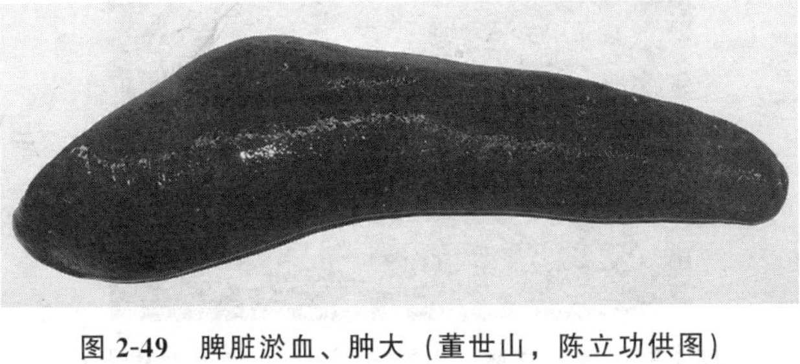

图 2-49　脾脏淤血、肿大（董世山，陈立功供图）

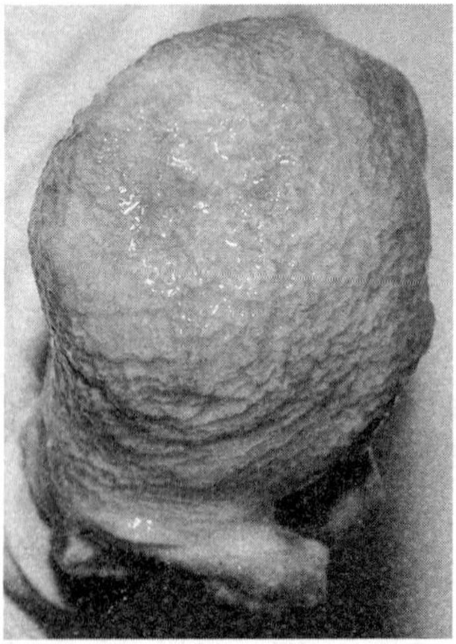

图 2-50 膀胱壁增厚、黏膜充血（陈立功供图）

2.脑膜炎型可见脑膜充血、出血（图 2-51）。脑切面有明显的小出血点，脑脊液增多、浑浊，脑实质有化脓性炎症，心包膜有不同程度的纤维素性炎，全身淋巴结不同程度肿大、充血、出血（图 2-52）。

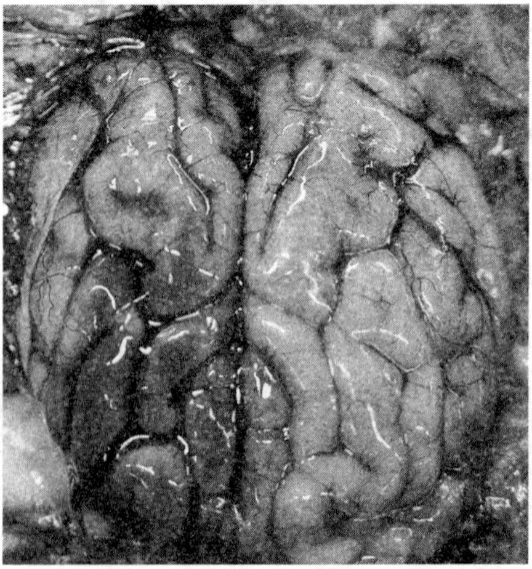

图 2-51 大脑充血、出血（董世山，陈立功供图）

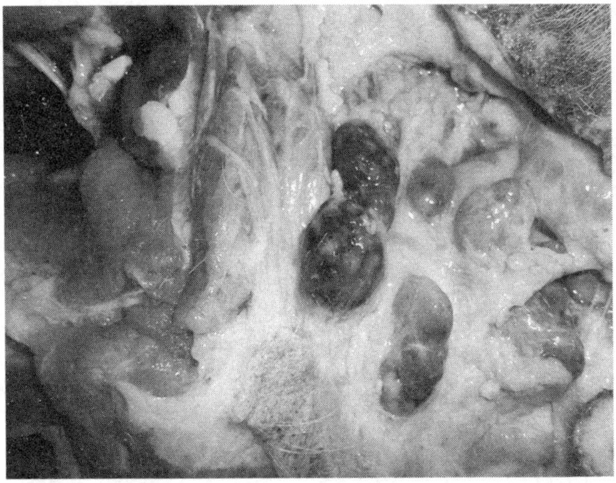

图 2-52　淋巴结肿大、出血（董世山，陈立功供图）

3.关节炎型可见关节周围肿胀、充血，关节囊内有黄色、胶冻样液体或纤维素性化脓性物（图 2-53），严重者关节软骨坏死，关节周围组织有多发性化脓灶。

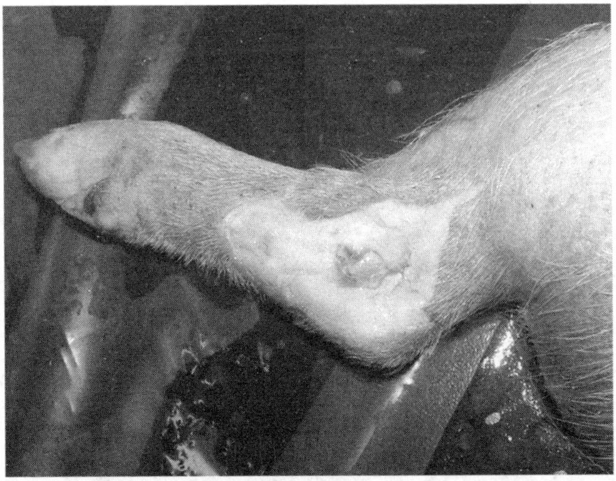

图 2-53　跗关节积有黄色胶冻样液体（董世山，陈立功供图）

4.化脓性淋巴结炎型可见病变淋巴结出现化脓灶，有的可转移到肺脏形成脓肿（图 2-54）。

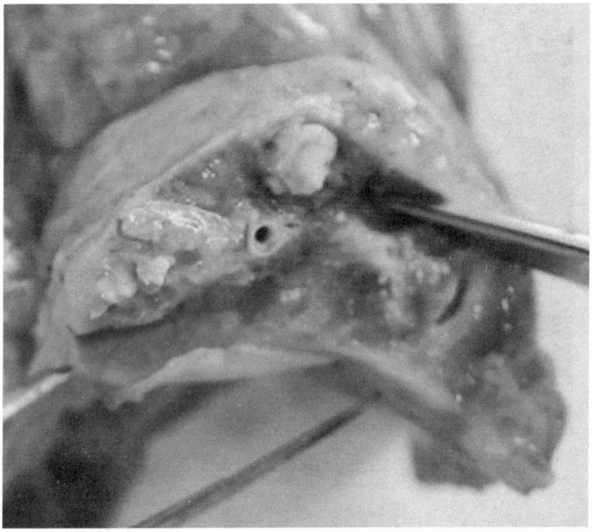

图 2-54　肺脏切面的化脓灶（董世山，陈立功供图）

【诊断要点】本病的症状和病变比较复杂，容易与多种疾病混淆，必须进行实验室检查（图 2-55）才能确诊。

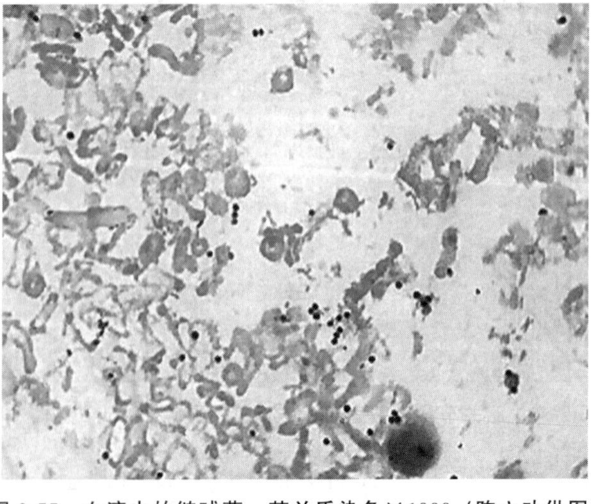

图 2-55　血液中的链球菌。革兰氏染色×1000（陈立功供图）

【类症鉴别】败血症型应与猪丹毒、猪李氏杆菌病、猪瘟等相鉴别。

【防治措施】加强饲养管理，注意环境卫生，经常对猪舍、用具进行消毒。及时隔离、淘汰病猪。健康猪可用猪链球菌弱毒活菌苗或灭活苗接种。初发病猪治疗可选用敏感抗菌药物，坚持连续用药、给足药量，否则易复发。对于病猪体表脓肿，初期可用5%碘酊或鱼石脂软膏外涂，已成熟的脓肿局部用碘酊消毒后切开，挤尽脓汁后，用3%双氧水或0.1%高锰酸钾冲洗，再涂碘酊，为防止恶化，可用抗生素进行全身治疗。

九、猪传染性胸膜肺炎

猪传染性胸膜肺炎是由胸膜肺炎放线杆菌引起猪的一种重要细菌性呼吸道传染病，以急性出血性纤维素性胸膜肺炎和慢性纤维素性坏死性胸膜肺炎为特征。

【病原】胸膜肺炎放线杆菌为革兰氏阴性小球杆菌，具有多形性。根据荚膜多糖分类，已发现12个血清型，我国以血清7型为主，2、4、5、10型也存在。

【流行特点】各种年龄的猪均易感，多发于2～5月龄猪，多暴发于高密度饲养、通风不良且无免疫力的断奶或育成猪群。本病主要经空气传播和猪与猪之间直接接触感染。有明显的季节性，4～5月份和9～11月份多发。

【临床症状】

1. 最急性型

体温41.5℃以上，沉郁，不食，轻度腹泻和呕吐，无明显的呼吸系统症状。后期呼吸高度困难，常呈犬坐姿势，张口伸舌，从口、鼻流出泡沫样淡血色的分泌物（图2-56），耳、鼻、四肢等部位皮肤呈蓝紫色（图2-57），24～36h死亡，个别幼猪死前见不到明显症状。病死率高达80%～100%。

2. 急性型

同舍和不同舍的许多猪患病，体温40.5～41℃，拒食，呼吸困难，咳嗽，心衰，部分病猪皮肤发红。由于饲养管理及气候条件的影响，病程长短不定，可能转为亚急性或慢性。

猪传染性胸膜肺炎
(图2-56~图2-64)

图 2-56　鼻孔见血样分泌物（陈立功供图）

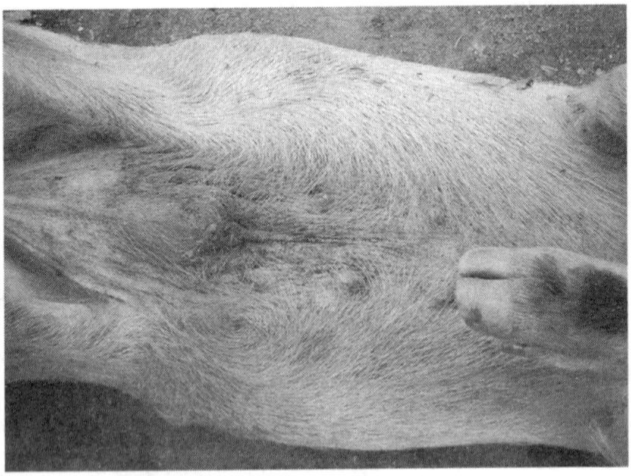

图 2-57　腹部皮肤发绀，呈蓝紫色（张芳供图）

3. 亚急性型和慢性型

多由急性型转化而来，不自觉地咳嗽或间歇性咳嗽，生长迟缓，异常呼吸，病程几日至 1 周，或治愈或症状进一步恶化。在慢性猪群中常存在隐性感染的猪，一旦有其他病原体（肺炎支原体、巴氏杆菌等）经呼吸道感染，可使症状加重。

最初暴发本病时，可见到流产，个别猪可发生关节炎、心内膜炎和不同部位的脓肿。

【病理特征】

1. 最急性型

主要病变为纤维素性肺炎和胸膜炎。病猪流血色鼻液（图 2-58），气管和支气管充满泡沫样血色黏液性分泌物。病变多发于肺的前下部，在肺的后上部，特别是靠近肺门的主支气管周围，常有周界清晰的出血性实变区或坏死区（图 2-59）。

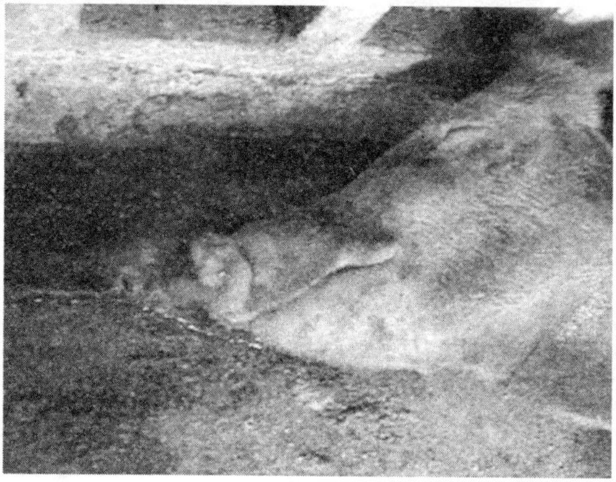

图 2-58 鼻孔流出大量血样分泌物（赵茂华供图）

图 2-59 气管中大量泡沫性渗出物（董世山，陈立功供图）

2.急性型

肺炎多为两侧性，常发生于尖叶、心叶和膈叶的一部分，病灶区有出血、坏死灶，呈紫红色，切面坚实，轮廓清晰，间质积留血色胶样液体（图 2-60、图 2-61），纤维素性胸膜炎明显（图 2-62）。

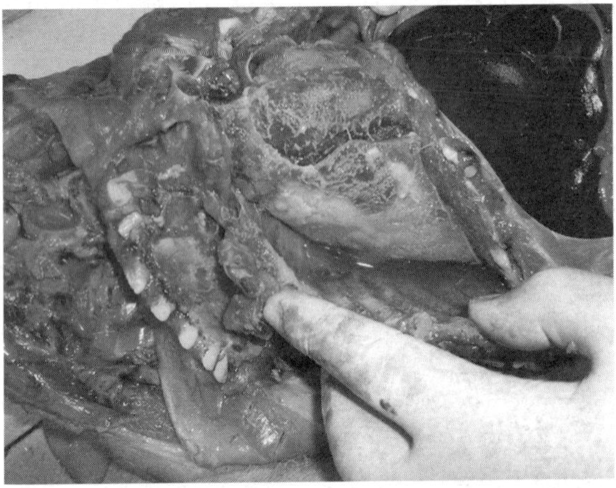

图 2-60　肺淤血、出血，有纤维素附着（1）（董世山，陈立功供图）

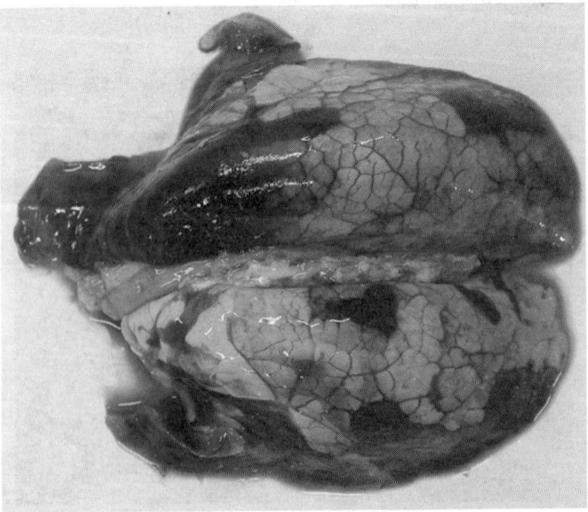

图 2-61　急性型肺淤血、出血（陈立功供图）

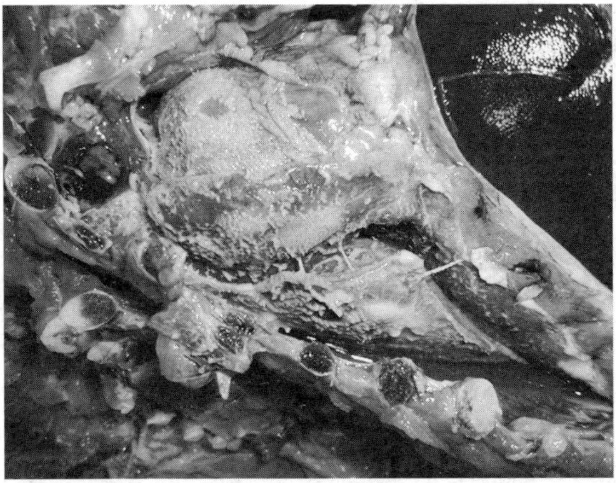

图 2-62　肺淤血、出血，有纤维素附着（2）（董世山，陈立功供图）

3. 亚急性型

肺脏常见大的干酪样病灶或含有坏死碎屑的空洞。因继发细菌感染，肺炎病灶转变为脓肿，后者常与肋胸膜发生纤维素性粘连（图 2-63）。

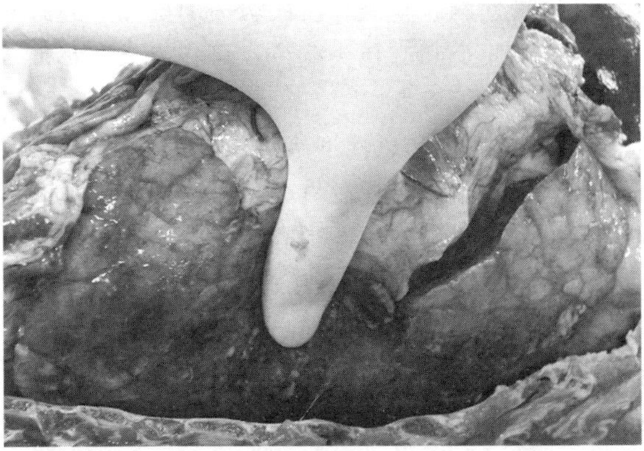

图 2-63　亚急性型肺脏表面大小不一的结节病灶（董世山，陈立功供图）

4. 慢性型

膈叶常见大小不等的结节，其周围有较厚的结缔组织环绕，肺多与胸壁粘连（图 2-64）。

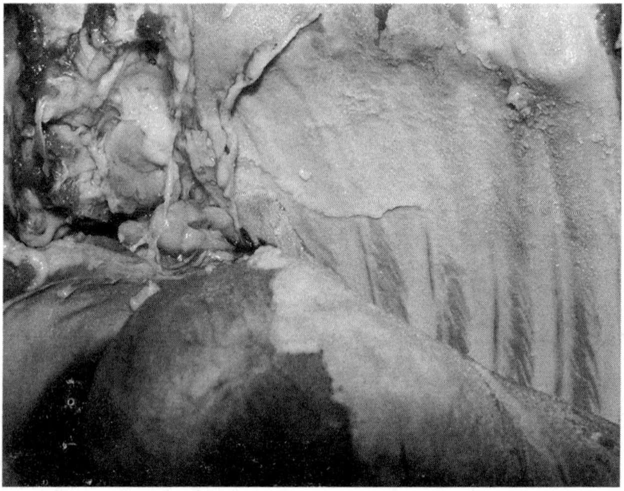

图 2-64　慢性型肺胸膜炎和肋胸膜炎（董世山，陈立功供图）

【诊断要点】本病发生突然，传播迅速，伴有高热和严重呼吸困难，死亡率高，死后剖检见肺脏和胸膜有特征性的纤维素性坏死性和出血性肺炎、纤维素性胸膜肺炎。慢性病例剖检可见肺脏有界限明显的硬化灶，同时有胸膜炎和心包炎病变，可作出初步诊断。确诊则需要进行细菌学和血清学等检查。

【类症鉴别】最急性型和急性型猪传染性胸膜肺炎应注意与猪瘟、猪繁殖与呼吸综合征、猪流行性感冒、猪丹毒、猪肺疫和猪链球菌病相鉴别。亚急性型和慢性型应与猪气喘病相鉴别。

【防治措施】预防本病应采取良好的兽医生物安全措施，加强饲养管理，减少应激因素，创造良好的环境；可根据本场流行的菌株，接种相对应的疫苗；淘汰阳性猪，可建立净化猪群；同时可根据流行病学进行策略性给药，可在每吨饲料中添加 8.8%泰乐菌素 1.14kg 及 10%氟苯尼考 600g。发病时应及时隔离病猪，治疗可选用头孢噻呋钠等敏感药物。

十、猪副嗜血杆菌病

猪副嗜血杆菌病是由猪副嗜血杆菌引起猪以多发性浆膜炎和关节

炎为特征的细菌性传染病，主要引起以肺浆膜、心包以及腹腔浆膜和四肢关节浆膜的纤维素性炎为特征的呼吸道综合征。本病日趋流行，危害日渐严重，应引起各方重视。

【病原】猪副嗜血杆菌为革兰氏阴性杆菌，具有多形性（图 2-65），镜下可见单个的球杆状到长的、细长的及丝状菌体。有 15 个血清型，我国 4、5 和 13 型最常见。

猪副嗜血杆菌病
(图2-65~图2-74)

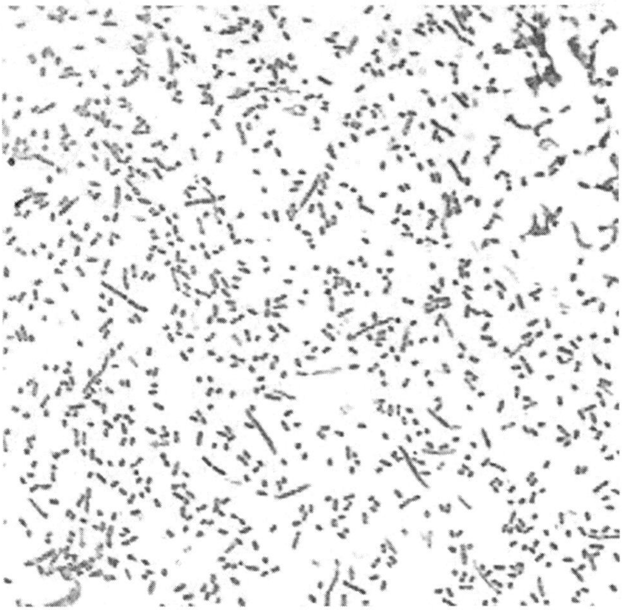

图 2-65 猪副嗜血杆菌。革兰氏染色×1000（陈立功供图）

【流行特点】本病主要感染 30～60kg 的仔猪和架子猪。病猪和带菌猪是主要传染源，主要通过空气经呼吸道感染健康猪。本病的发生与猪肺炎支原体、猪繁殖与呼吸综合征病毒、猪流感病毒等感染有关。

【临床症状】本病多发生于受繁殖与呼吸综合征病毒和霉形体感染猪场的仔猪，多呈继发和混合感染，其临床症状缺乏特征性。单一感染猪副嗜血杆菌仔猪 2～5d 内发病，体温 40℃以上，沉郁，食欲不佳，关节肿胀、疼痛，起卧困难，一侧性跛行。驱赶时患猪发出尖叫声，侧卧或颤抖、共济失调，逐渐消瘦（图 2-66），被毛粗糙，起立采食或饮水时频频咳嗽，鼻孔周围附有脓性分泌物，出现腹式呼吸，呼吸频率加快，可视黏膜发绀，最后因窒息和心衰死亡。如出现急性败血症时，不出现典型浆膜炎而发生急性休克肺死亡，剖检为急性肺水肿。

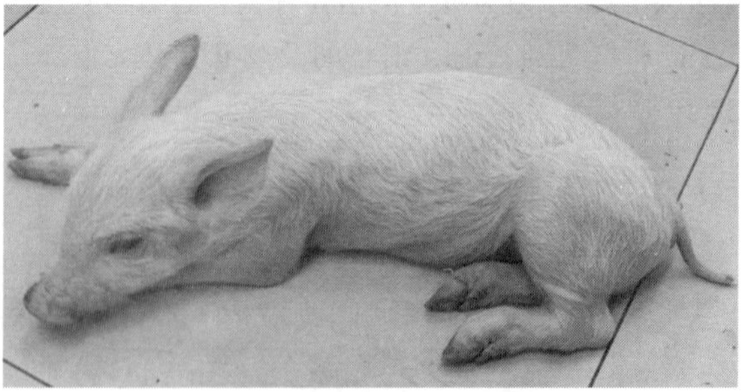

图 2-66 病猪消瘦（陈立功供图）

【病理特征】死于本病的猪，体表常出现大面积淤血，四肢末端、耳部、胸部、背部皮肤呈蓝紫色，形成瘀斑。全身淋巴结肿大，切面为灰白色。胸膜、腹膜、心包膜以及关节的浆膜出现纤维素性炎。表现为单个或多个浆膜的浆液性或化脓性的纤维蛋白渗出物，淡黄色蛋皮样的薄膜状伪膜附着在肺胸膜（图 2-67）、肋胸膜（图 2-68）、心包膜（图 2-69）、肝（图 2-70）、脾（图 2-71）与腹膜、肠以及关节（图 2-72）等表面，或呈条索状纤维素性膜。

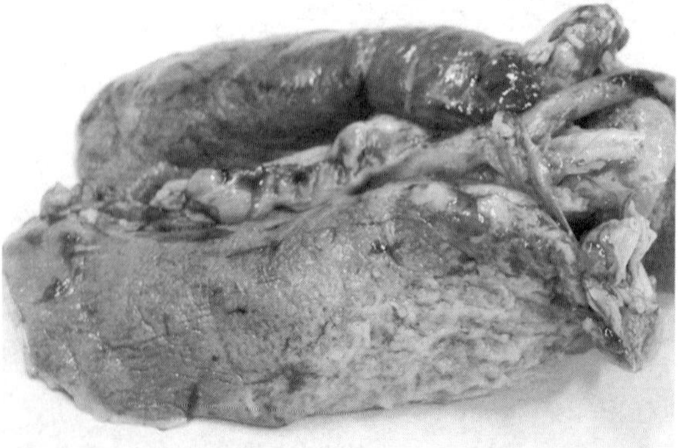

图 2-67 肺纤维素性炎（董世山，陈立功供图）

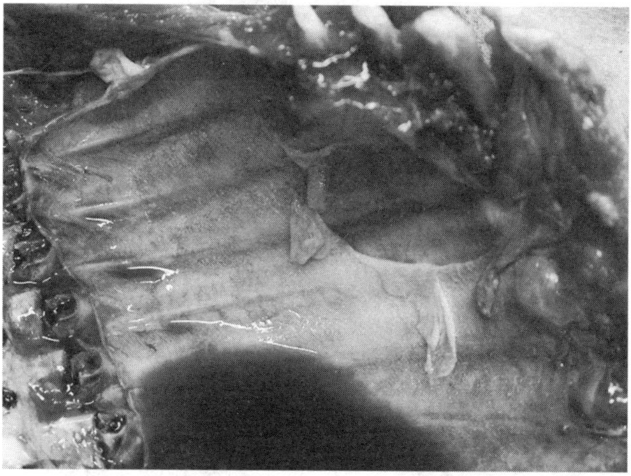

图 2-68　肋胸膜附有一层黄白色纤维素性渗出物、血凝不良（董世山，陈立功供图）

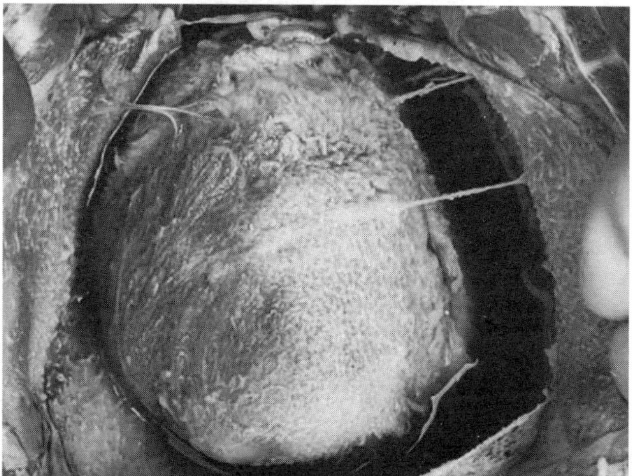

图 2-69　纤维素性心包炎（董世山，陈立功供图）

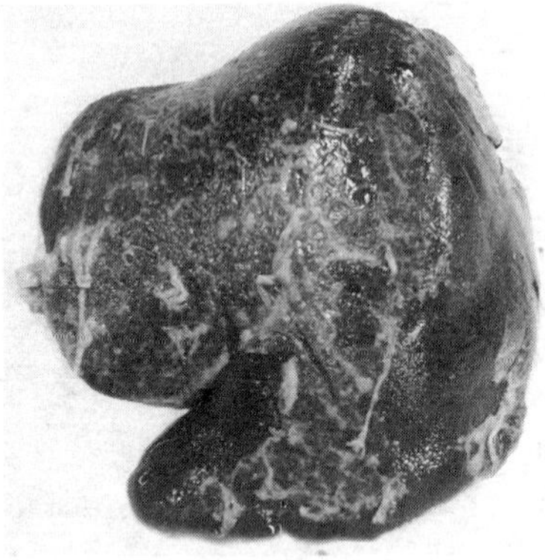

图 2-70 肝脏表面附有纤维素（董世山，陈立功供图）

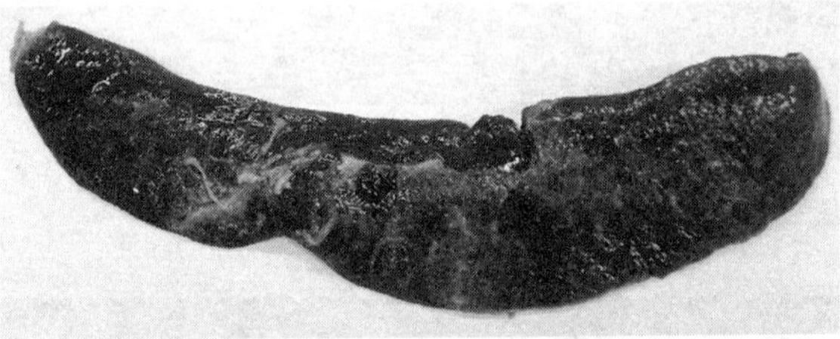

图 2-71 脾脏表面附有纤维素（董世山，陈立功供图）

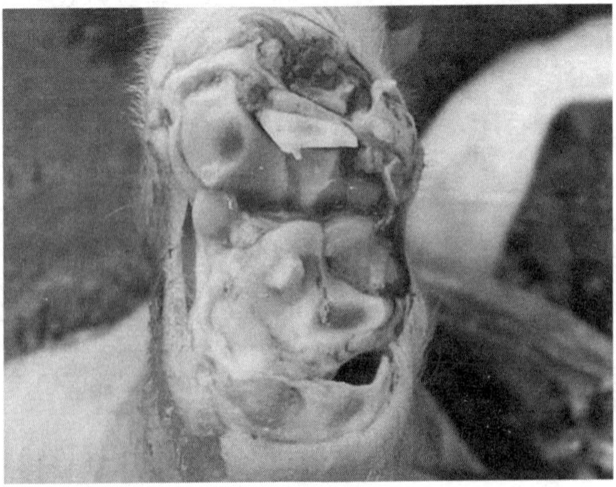

图 2-72 关节渗出物（董世山，陈立功供图）

【诊断要点】根据流行特点、临床症状、病理特征，一般可作出诊断，确诊须进行细菌学（图 2-73）和 PCR（图 2-74）检测。

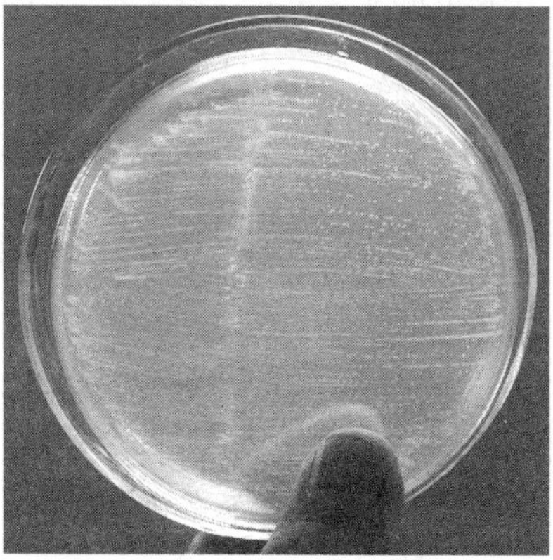

图 2-73 纯培养的猪副嗜血杆菌（陈立功供图）

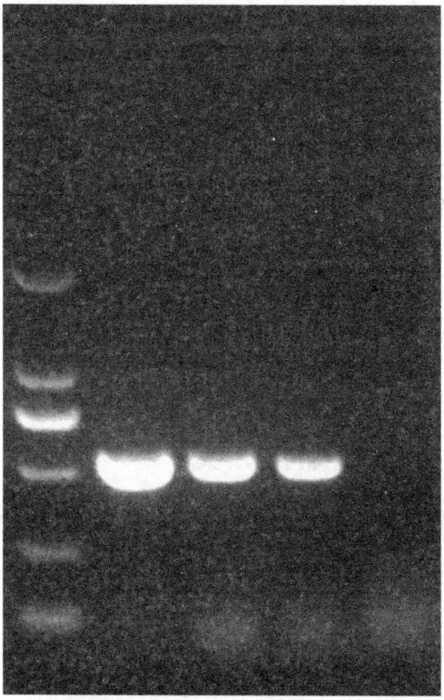

图 2-74 PCR 检测阳性结果（董世山，陈立功供图）

【类症鉴别】应注意与猪败血性链球菌病、慢性猪丹毒、猪传染性胸膜肺炎、猪肺疫、支原体性多发性浆膜炎和关节炎相鉴别。

败血性链球菌病除了出现纤维素性胸膜炎、心包炎和化脓性脑膜脑炎外，还可见到脾脏显著肿大和纤维素性脾被膜炎。

慢性猪丹毒也出现多发性关节炎，常常同时出现疣状心内膜炎，皮肤出现大块坏死，一般没有胸膜炎、腹膜炎和脑膜炎。

支原体性多发性浆膜炎和关节炎发病时，病程温和缓慢，一般不出现脑膜炎症状。

【防治措施】

1.严格消毒，彻底清理猪舍卫生。加强饲养管理，以增强机体抵抗力，减少应激反应。

2.因猪副嗜血杆菌血清型很多，目前尚无一种灭活疫苗同时对猪所有的致病菌株产生交叉免疫力。用猪副嗜血杆菌多价灭活疫苗或自家疫苗，能取得较好效果。初免猪产前40d一免，产前20d二免。经免猪产前30d免疫一次即可。受本病威胁严重的猪场，仔猪应考虑免疫，根据猪场发病日龄推断免疫时间，仔猪免疫一般安排在7日龄到30日龄内进行，间隔2周后加强免疫一次，二免距发病时间要有10d以上的间隔。

3.为控制本病的发生发展和耐药菌株的出现，应进行药敏试验，同时使用药物时应注意药物组织分布。现今预防与治疗猪副嗜血杆菌病的药物主要有延胡索酸泰妙菌素、氟苯尼考、泰乐菌素及四环素类药物。同时要注意用抗生素对发病猪做单独治疗通常比饮水或食物给药更为有效。

十一、猪传染性萎缩性鼻炎

猪传染性萎缩性鼻炎是由支气管败血波氏杆菌和产毒素多杀性巴氏杆菌引起的猪的一种慢性呼吸道传染病，以猪鼻甲骨萎缩、鼻部变形及生长迟滞为主要特征。

【病原】产毒素多杀巴氏杆菌是主要病原，为革兰氏阴性球杆菌或小杆菌。本菌有三个菌相，病原体主要是Ⅰ相菌株，血清型多为D型，少数为A型。

【流行特点】各种年龄猪均易感，其中2～5月龄猪多发，只有生后几天至几周的仔猪感染后才会出现鼻甲骨萎缩，较大的猪发生卡他性鼻炎和咽炎，成年猪多为隐性感染。病猪和带菌猪是主要的传染源，主要经空气中的飞沫经呼吸道传染，带菌母猪可将本病传给仔猪。猪舍潮湿，饲料中缺乏蛋白质、维生素、矿物质时，可促进本病的发生。

【临床症状】病猪表现为打喷嚏，鼻孔流浆液性或脓性分泌物，或含有血液，不时拱地或摩擦鼻部，时常流泪，形成“泪斑”（图2-75）。少数病猪可自愈。发病3～4周后，鼻甲骨开始萎缩，甚至鼻和面部变形（图2-76）。

猪传染性萎缩性鼻炎
(图2-75、图2-76)

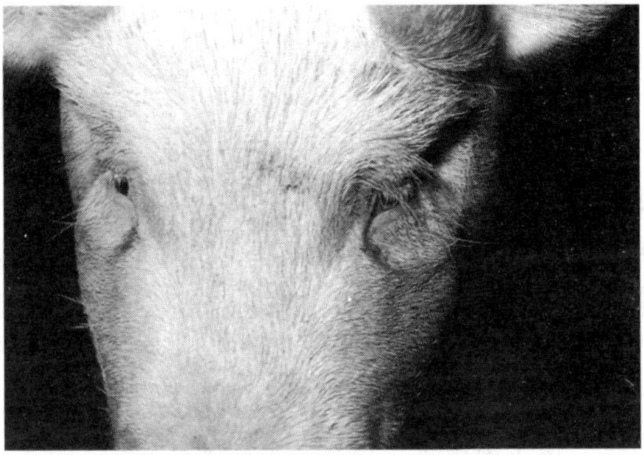

图2-75　眼角形成“泪斑”，呈半月状（陈立功供图）

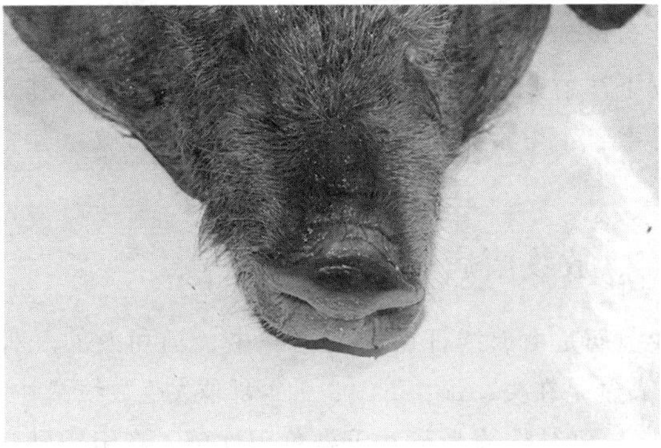

图2-76　病猪“歪鼻子”（陈立功供图）

【病理特征】剖检病变仅限于鼻腔的邻近组织，最有特征的变化是鼻腔软骨和骨组织的软化和萎缩。主要是鼻甲骨萎缩，特别是鼻甲骨的下卷曲最为常见。当鼻甲骨萎缩时，卷曲变小而钝直，甚至消失，使鼻腔变成一个鼻道，鼻中隔弯曲，鼻黏膜常有黏脓性或干酪性分泌物。

【诊断要点】对于典型的病例，可根据临床症状、病理变化作出诊断，但该病的早期，典型症状尚未出现之前，需要进行病原学检查和血清学检测。

【类症鉴别】应注意与猪骨软症、猪传染性坏死性鼻炎、猪传染性鼻炎、猪巨细胞病毒感染相鉴别。

猪骨软症发病后，颜面骨疏松，鼻部变形、肿大，呼吸困难，但是不出现泪斑，鼻甲骨不出现萎缩。

猪传染性坏死性鼻炎主要是由外伤之后感染坏死杆菌引起的，主要表现为鼻腔黏膜、鼻软骨发生坏死，形成瘘管，流出腐败恶臭的坏死性分泌物，不出现鼻甲骨萎缩的症状。

猪传染性鼻炎是由于感染绿脓杆菌引起的，表现出血性化脓性鼻炎，病猪体温升高，食欲减退，剖检可见鼻腔和鼻窦出血。

猪巨细胞病毒感染时，常出现鼻炎，表现为打喷嚏，呼吸困难。发病过程较急，病猪贫血，下颌和肘关节周围水肿，病程较长时可见化脓性鼻炎，但是不出现鼻甲骨萎缩的症状。

【防治措施】引进猪时做好检疫、隔离，淘汰阳性猪。同时，改善环境卫生，消除应激因素，猪舍每周消毒 2 次。常发区可应用猪传染性萎缩性鼻炎油佐剂二联灭活菌苗，妊娠母猪应产前 25～40d 进行一次颈部皮下注射 2mL，仔猪于 4 周龄及 8 周龄各注射 0.5mL。治疗可试用链霉素、土霉素及磺胺类药物，或根据药敏试验结果，科学使用抗生素。

十二、放线菌病

放线菌病是由放线杆菌引起猪、牛、马和人的一种慢性肉芽肿性传染病，特征是在头、颈、下颌、舌等部位发生放线菌肿。猪呈散发性。

【病原】放线杆菌为革兰氏染色阳性菌，在组织和培养基上呈丛状或栅栏样，不形成芽孢。在动物组织中能形成带有辐射状菌丝的颗粒状聚集物，外观似硫黄颗粒，呈灰色、灰黄色或微棕色，大小如针头状，质地柔软或坚硬。

【流行特点】本病主要发生于母猪和架子猪，受损的皮肤和黏膜以及呼吸道和消化道是主要的感染途径。放线杆菌在猪的口腔黏膜、扁桃体隐窝等处正常寄生，只有在出现损伤后，才进入血液感染发病。

母猪乳房放线菌病多发主要是由于仔猪哺乳时造成乳房皮肤损伤，之后接种乳猪口腔中常在的放线菌。

【临床症状】猪可发生于耳壳、乳房等处。猪耳部发生放线菌病时，耳郭明显增大，外形如肿瘤状，偶见软化。乳房放线菌病开始在一个乳头基部先形成无痛性结节状硬性肿块，逐步蔓延，乳房肿胀，逐渐变成硬固的肿物，凸出表面或高低不平，乳头短缩或坏死。严重感染时，乳腺组织大量增生，乳腺肿大明显，外观呈肿瘤状。

【病理特征】猪放线杆菌可引起幼龄猪败血症；年龄较大的猪发生关节炎、肺炎、皮下脓肿及化脓性炎症。但病理变化主要以软组织放线菌肿（图 2-77）为主，呈瘤样状，无热痛，切面内层为肉芽组织，中心有黏稠、无臭的脓汁，外层为较厚的结缔组织。

放线菌病(图2-77)

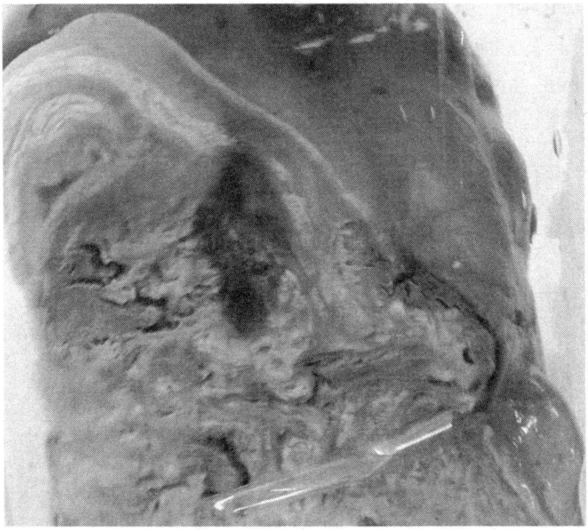

图 2-77　放线菌引起的猪耳部化脓性肉芽肿
（固定标本）（陈立功供图）

【诊断要点】根据临床症状和病理剖检通常不难作出初步诊断，必须结合实验室检查的结果进行综合分析后判断。

【类症鉴别】本病应与化脓性链球菌病、葡萄球菌性肉芽肿、肿瘤等相区别。

【防治措施】发现病猪应及时隔离，日常管理时应防止发生伤口，如发现有外伤时，及时进行处理。硬结用外科手术摘除；若有瘘管形成，要连同瘘管彻底切除，然后用碘酊纱布填塞，24～48h更换一次，直到伤口愈合。可用青霉素（300万IU）、链霉素、庆大霉素（40万～100万IU/头，每天肌内注射2次）等进行治疗，也可用氨苄青霉素（每千克体重20mg）治疗20d或恩诺沙星（每千克体重10mg）治疗10d。在饲料中添加盐酸土霉素（每千克体重1g），饮水中添加多维、葡萄糖，连用7d，有利于发病猪群病情的控制。

十三、坏死杆菌病

坏死杆菌病是由坏死梭杆菌引起的多种哺乳动物和禽类的一种慢性传染病。其特征为多种组织坏死，尤其是皮肤、皮下组织和消化道黏膜，在内脏形成转移性坏死灶。

【病原】坏死杆菌属拟杆菌科梭杆菌属，革兰氏染色阴性，严格厌氧，能产生两种毒素，即内毒素和外毒素。

【流行特点】多种动物和野生动物均易感，幼畜较成年畜易感。本菌是多种动物消化道的一种共生菌，家畜的粪便和被污染的饲料、饮水等均有存在。主要经损伤的皮肤、黏膜传播，可经血流散播全身。猪舍潮湿，护蹄不良，小猪牙齿生长过度而引起的母猪乳头损伤等都是诱发本病的因素。本病多散发，偶尔呈地方流行性。

【临床症状与病理特征】按发病部位的不同，临床上分四种类型。

1. 坏死性皮炎

仔猪和架子猪耳（图2-78）、颈部、体侧（图2-79）的皮肤坏死，或尾、乳房和四肢（图2-80）处皮肤坏死。以体表皮肤和皮下发生坏死和溃疡为特征。

坏死杆菌病
(图2-78~图2-80)

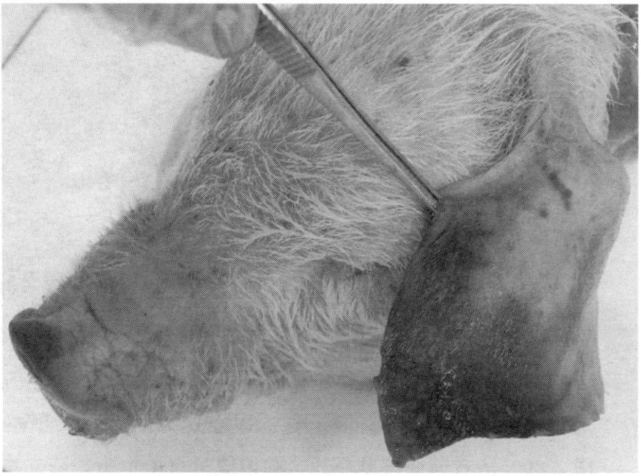

图 2-78　猪耳部皮肤坏死（董世山，陈立功供图）

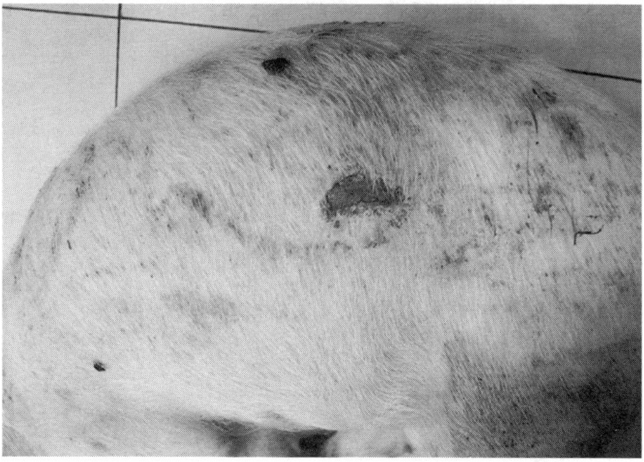

图 2-79　猪体侧皮肤坏死（董世山，陈立功供图）

2. 坏死性口炎

坏死性口炎又称仔猪白喉，病猪食欲消失，衰弱，经 5～20d 死亡。口腔黏膜红肿，唇、舌、咽、齿龈等黏膜和附近的组织见灰白色或灰褐色粗糙、污秽的伪膜，伪膜下出现明显的溃疡。

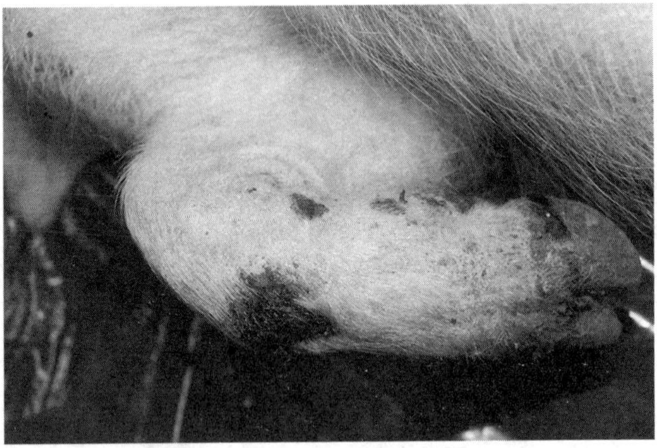

图 2-80 猪右前肢皮肤坏死、蹄匣脱落（董世山，陈立功供图）

3. 坏死性肺炎

病猪呼吸困难、咳嗽、流脓性鼻涕。肺发生液化性坏死，肺胸膜与肋胸膜发生纤维素性炎，并形成白色的伪膜。

4. 坏死性肠炎

常与猪瘟、副伤寒等病并发或继发。病猪消瘦，严重腹泻，粪便中带有血液、脓汁或肠黏膜坏死碎片，恶臭。

【诊断要点】根据流行特点、临床症状、病理变化，可作出初步诊断。确诊需进行实验室诊断。

【类症鉴别】本病应与放线菌病、猪渗出性皮炎、猪疥螨病、猪皮肤真菌病、猪痘、猪圆环病毒 2 型引起的皮炎肾病综合征等相鉴别。

【防治措施】

1. 要注意保持猪舍干燥。本病的预防关键在于避免皮肤、黏膜损伤，保持圈舍、环境用具的清洁与干燥。粪便应进行发酵处理。

2. 发现病猪，及时隔离；消毒或烧毁受污染的用具、垫草、饲料。

3. 治疗：以局部治疗为主，配合全身疗法。

坏死性皮炎病猪，先用 0.1%高锰酸钾或 3%双氧水冲洗患部，彻底清除坏死组织，然后选用下列任何一种方法治疗：①撒消炎粉于创面；②涂擦 10%甲醛溶液，直至创面呈黄白色；③涂擦高锰酸钾粉；

④将烧开的植物油趁热灌入创内，隔天 1 次，连用 2～3 次。

坏死性口炎病猪，应先除去伪膜，用 0.1%高锰酸钾冲洗，涂擦碘甘油，每天 2 次至痊愈。

坏死性肠炎病猪宜口服抗生素或磺胺类药物。

全身疗法既可控制本病的发展，又可防止继发感染。可选用四环素、磺胺类等敏感药物注射，必要时，采用强心、解毒、补液等措施对症治疗。

十四、猪梭菌性肠炎

猪梭菌性肠炎也称仔猪传染性坏死性肠炎、仔猪红痢，是由 C 型魏氏梭菌引起新生仔猪的肠毒血症，其特征是出血性下痢、肠黏膜坏死，病程短、死亡率高。

【病原】主要是 C 型魏氏梭菌，近年来 A 型、B 型魏氏梭菌也可导致相似的疾病。本菌为革兰氏染色阳性、有荚膜、不运动的厌氧菌。

【流行特点】本病主要侵害 1～3 日龄的仔猪，1 周龄以上仔猪很少发病。该细菌存在于人畜肠道、土壤、下水道和尘埃中，特别是发病猪群母猪肠道，可随粪便排出，污染母猪的乳头及垫料，经消化道感染。在同一猪群内，各窝仔猪的发病率相差很大，病死率一般为 20%～70%，最高可达 100%。

【临床症状】

1. 最急性型

仔猪生后第 1d 发病，突然排血便（图 2-81），后躯沾满血样稀粪，病猪衰弱无力，1～2d 死亡。少数仔猪没有排血痢便昏倒死亡。

2. 急性型

病猪排出含有灰色坏死组织碎片的红褐色液状稀粪，消瘦、虚弱，多在第 3d 死亡。

3. 亚急性型

病猪呈持续性腹泻，病初排黄色软粪，后变为液状，内含灰色坏死组织碎片，极度脱水消瘦，生后 5～7d 死亡。

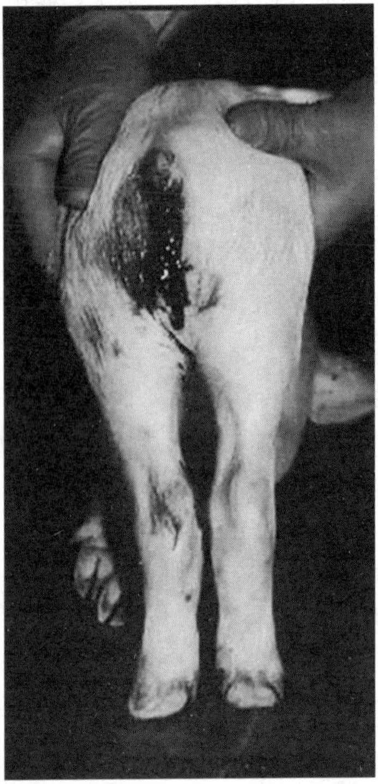

猪梭菌性肠炎
(图2-81~图2-84)

图 2-81　仔猪排血便（肖海君供图）

4. 慢性型

病猪在 1 周以上时间呈间歇性或持续性腹泻，粪便为黄灰色，带黏液，污染会阴和尾部。病猪渐渐脱水、消瘦，生长停滞，几周后死亡。

【病理特征】病变主要局限于消化道，可见胃肠黏膜及黏膜下层有广泛性出血（图 2-82），肠腔内充满暗红色的液体（图 2-83），肠黏膜弥漫性出血（图 2-84）。肠系膜淋巴结呈暗红色。病程稍长病例的特征病变为坏死性肠炎，黏膜表面附着灰黄色坏死性假膜，易剥离，肠内容物呈暗红色，坏死肠管透过浆膜可见小米粒大的气泡。心肌苍白、心外膜点状出血。肾脏呈灰白色，皮质部见点状出血，膀胱黏膜点状出血。

图 2-82 消化道内充满暗红色液体（肖海君供图）

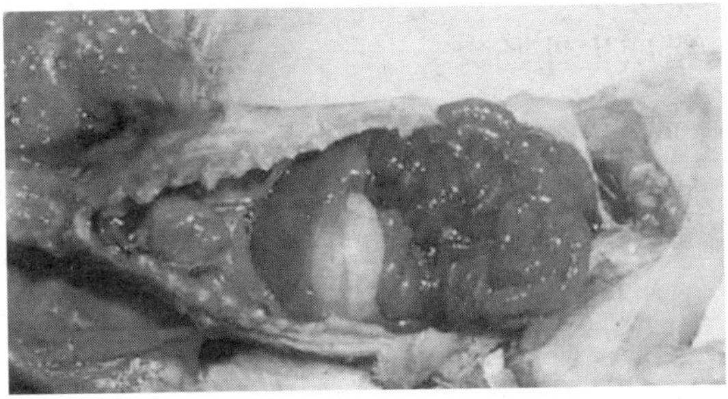

图 2-83 肠道充血，充满暗红色液体（肖海君供图）

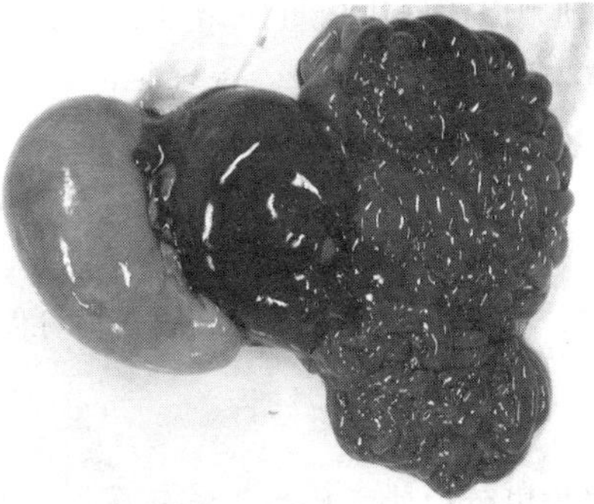

图 2-84 小肠充满暗红色液体（陈立功供图）

【诊断要点】根据临床症状、剖检病变，可作初步诊断。必要时应依靠实验室的细菌学检查或毒素检测试验进行确诊。

【类症鉴别】本病应与仔猪黄痢、仔猪白痢、猪流行性腹泻、猪轮状病毒病相鉴别。

【防治措施】预防本病必须严格实行综合卫生防疫措施，加强母猪的饲养管理，搞好圈舍及用具的卫生和消毒。产仔后的母猪，必须把乳头擦洗干净后，再给小猪喂奶。发病猪场，对怀孕母猪于临产前一个月和产前半个月，分别肌内注射仔猪红痢菌苗10mL，使母猪产生较强的免疫力后，在其初乳中产生免疫抗体，初生仔猪吃到初乳后，可获得100%的保护力；或仔猪出生后注射抗仔猪红痢血清，每千克体重肌注3mL，可获得充分保护。如疫苗免疫较为困难，也可使用泰乐菌素进行预防，但发病后抗菌药物治疗效果较差。

十五、猪增生性肠炎

猪增生性肠炎又称猪增生性出血性肠炎、猪回肠炎、猪坏死性肠炎、猪肠腺瘤病等，是由细胞内劳森氏菌引起猪的一种慢性肠道传染病，特征为血痢、小肠及结肠出现慢性增生性肠炎，肠上皮细胞增生。

【病原】病原为细胞内劳森氏菌，属脱疏弧菌科，是一种严格细胞内生长的细菌，呈弯曲形、逗点形、S形或直的杆菌，有波状的3层膜作外壁，无鞭毛，无柔毛，无运动能力，革兰氏染色阴性，抗酸染色阳性。

【流行特点】细胞内劳森氏菌可感染猪、啮齿类动物、马、骆驼、狐狸、雪貂、短尾猴、兔和鸵鸟等。各种年龄和品种的猪都可感染，但6～20周龄白色品种猪较易感。该病主要通过消化道传播。病猪和带菌猪可持续带菌，通过粪便长期持续排菌，鼠等动物也可将其体内的病原菌传染给猪，加速本病在猪群中的传播和扩散。天气变化、运输、饲养密度过大、不良卫生条件等应激因素均可促使猪群发病。

【临床症状】

1.急性型

较少见，病猪排黑色柏油样稀粪，突然死亡（图2-85、图2-86），有时在不表现粪便异常的情况下死亡，仅仅表现明显苍白。死亡率约为50%，未死亡的猪经较短的时间可痊愈。怀孕母猪可能发生流产，多数流产发生在急性临床症状出现后6d内。

猪增生性肠炎
(图2-85~图2-93)

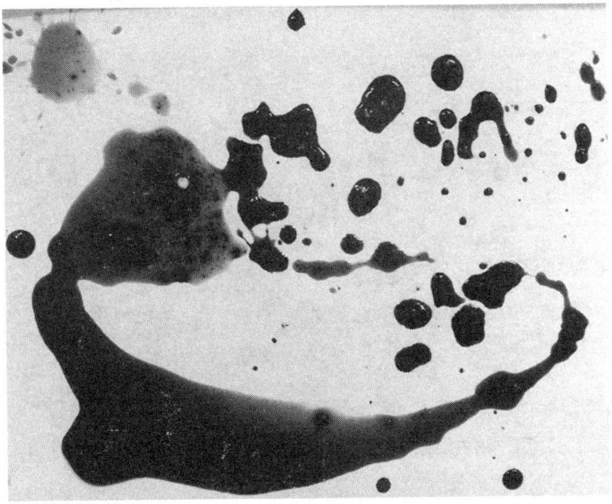

图 2-85 病猪排出的焦黑色粪便（陈立功供图）

图 2-86 病猪排血便，突然死亡（肖海君供图）

2. 亚临床型

感染猪有病原体存在，无明显症状或症状轻微，但生长速度慢、饲料转化率低。

3. 慢性型

最常见，病猪精神沉郁，不同程度的厌食和行动迟钝，间歇性下痢，粪便变软、变稀或呈糊状，有时混有血液或坏死组织碎片，皮肤苍白，消瘦，生长迟缓（图 2-87）。症状较轻及无继发感染的猪在发病 4～6 周后可康复，但有的猪则成为僵猪而淘汰。

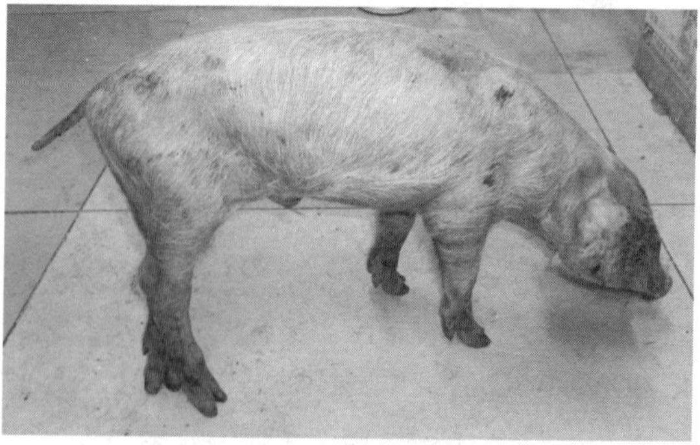

图 2-87　病猪消瘦、贫血（董世山，陈立功供图）

【病理特征】急性型病猪肠腔内有大量暗红色血样内容物和凝血块（图 2-88、图 2-89），慢性病例呈增生性肠炎变化。病变多见于小肠末端 50cm 和邻近结肠的上 1/3 处。剖检可见回肠、结肠前部和盲肠的肠管肿胀，肠管直径变粗，浆膜下和肠系膜水肿，回肠肠管外形变粗，肠壁增厚（图 2-90～图 2-92），肠壁浆膜面呈现明显的脑回样花纹；肠黏膜表面无光泽，有少量坏死组织碎片；肠系膜淋巴结肿大，颜色变浅，切面多汁；肝脏颜色变浅（图 2-93）。

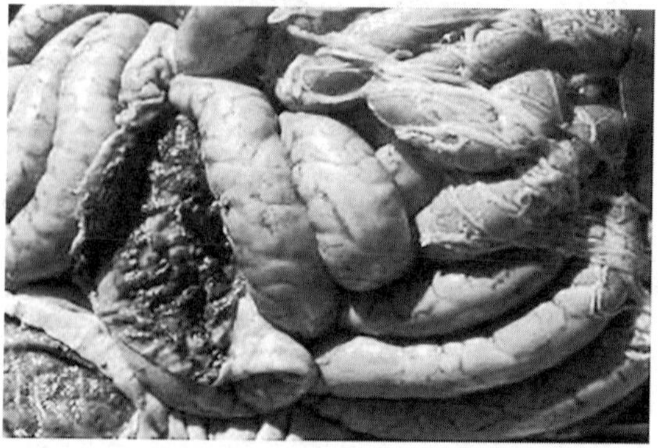

图 2-88　肠壁增厚，肠腔积血（肖海君供图）

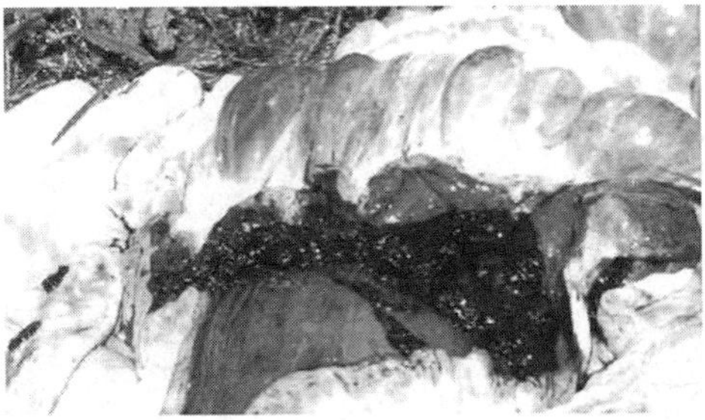

图 2-89　肠腔积血（肖海君供图）

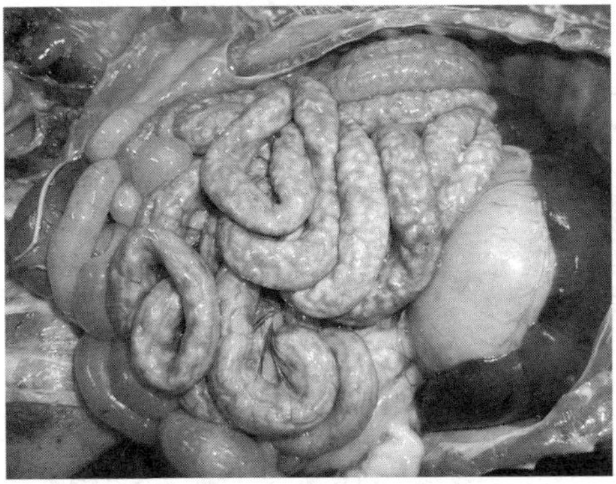

图 2-90　肠壁增厚（1）（董世山，陈立功供图）

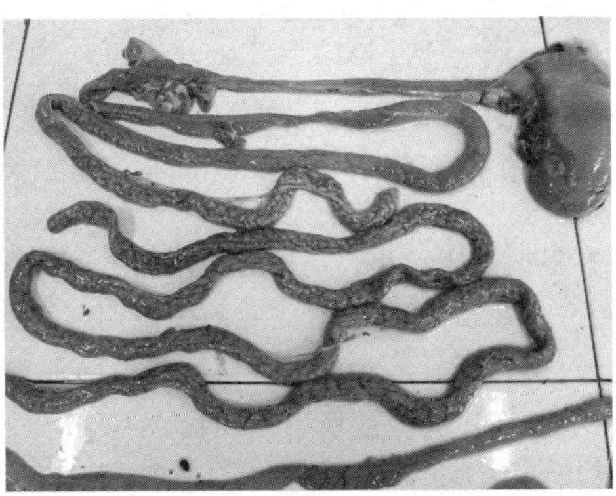

图 2-91　肠壁增厚（2）（董世山，陈立功供图）

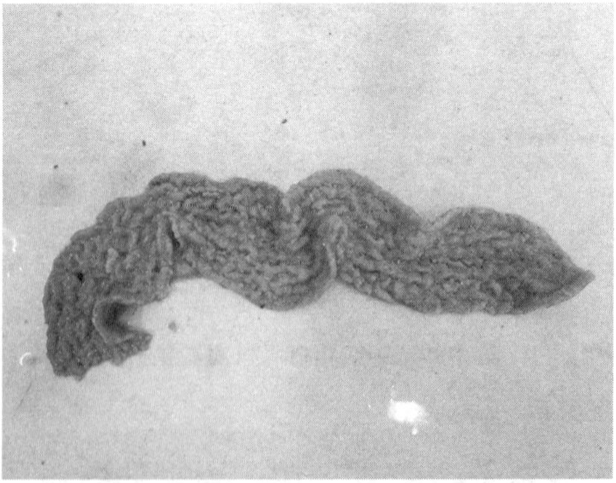

图 2-92 肠壁增厚，黏膜肥厚（董世山，陈立功供图）

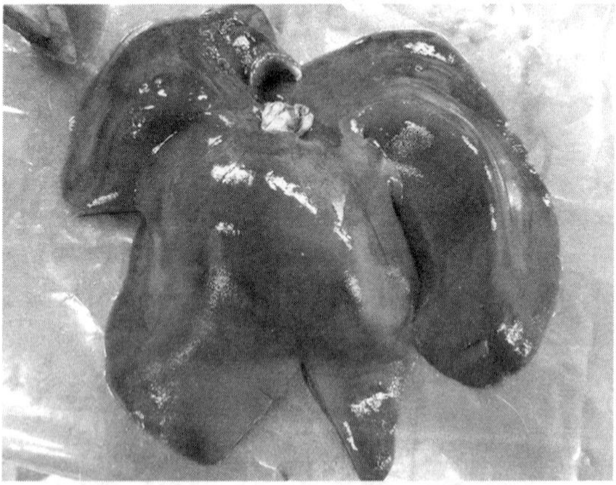

图 2-93 肝脏颜色变浅（董世山，陈立功供图）

【诊断要点】根据临床症状、剖检病变，可作初步诊断。对病变肠段进行组织学检查，见到肠黏膜不成熟的细胞明显增生有助于诊断。切片应用镀银染色法，可显示在增生性肠腺瘤细胞的胞浆顶端有大量的弧状菌体。可通过证实粪便或肠壁组织内含有细胞内劳森菌作出临床确诊，通常采用的方法是用细胞内劳森菌的特异性引物进行 PCR 检测或采用兔的高免血清中的多克隆抗体或抗胞内劳森菌的特异性单抗进行免疫学试验。

【类症鉴别】本病应与猪痢疾、肠出血性综合征、猪副伤寒等相鉴别。

【防治措施】

1.本病应采取综合防治措施。加强检疫，避免从猪增生性肠炎阳性猪场引种。加强饲养管理，减少外界环境不良因素的应激，提高猪体的抵抗力。实行全进全出饲养制度。加强粪便管理；加强灭鼠等工作，切断传播途径。坚持严格的消毒制度，对猪场环境和猪舍定期使用碘类和季铵盐类消毒剂彻底消毒；流行期间和调运前或新购入猪只时应在每吨饲料中添加100mg/L泰乐菌素或每吨饲料添加100mg/L泰妙菌素配合饮水中添加50mg/L盐酸多西环素进行预防，连用两个疗程，每个疗程5～7d。

可以选用猪回肠炎活疫苗进行免疫，哺乳仔猪10日龄到断奶前3～4d灌服免疫，后备种猪在进场7d后或出售前1个月左右拌料或饮水免疫。生产母猪和成年公猪普免一次，感染压力大时，6个月后重复一次，拌料或饮水免疫。自留后备种猪建议在仔猪第一次免疫之后16周进行免疫。免疫前、后各3d内禁止使用敏感抗菌药物，所用灌服器内无敏感抗菌药物或消毒剂残留，确保在免疫时疫苗不受破坏，不被抑制或杀灭。

2.病猪应及时隔离、治疗。常用药物有四环素、红霉素、青霉素、硫酸粘菌素和泰妙菌素等。

十六、猪渗出性皮炎

猪渗出性皮炎又称溢脂性皮炎或煤烟病，是由皮炎葡萄球菌引起的一种急性、接触性传染病，特征为全身油脂样渗出性皮炎。

【病原】病原为皮炎葡萄球菌，革兰氏染色阳性，呈圆球形，不形成芽孢和荚膜，常呈不规则堆状排列，形似葡萄串状（图2-94）。皮炎葡萄球菌不溶血，对环境的抵抗力较强，对消毒剂的抵抗力不强，一般的消毒剂均可将其杀灭。

【流行特点】本病主要侵害哺乳仔猪，尤其是刚出生3～5d的仔猪发病率高。病原菌分布广泛，空气、母猪皮肤和黏膜上均存在，主要

猪渗出性皮炎
(图2-94~图2-99)

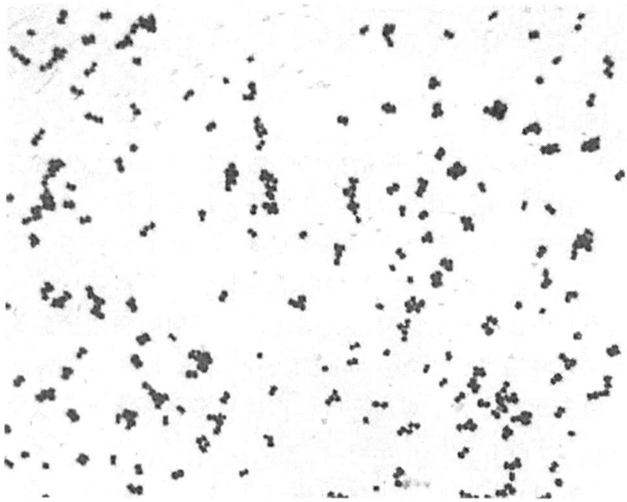

图 2-94　猪葡萄球菌。革兰氏染色×1000（陈立功供图）

通过接触传播和空气传播。本病传染很快，只要有一头仔猪发病，1～2d 波及全窝，3～5d 扩散到几窝或整座产仔舍。

【临床症状】哺乳仔猪最早于 2 日龄开始发病，最迟的于 7 日龄发病。3 日龄前发病的仔猪，一般在皮肤损伤处或无毛、少毛处（如嘴角、眼圈）出现皮炎（图 2-95），表现为红色斑点和丘疹，持续 1d 左右破溃，然后向颊部、耳后蔓延（图 2-96），经 2～3d 蔓延至全身。3 日龄后发病的仔猪，症状一般从耳后开始，也表现为红色斑点和丘疹，然后向前、向后蔓延，很快遍布全身。呈湿润浆液性皮炎，并形成鱼鳞性痂皮，有黏腻感（图 2-97），被毛轻轻一拔即连同皮肤一起拔掉，剥落痂皮后，形成红色创面。病初食欲减退，部分病猪出现黄白色或灰色腹泻（与大肠杆菌混合感染），持续 5d 左右开始死亡。耐过猪生长发育不良，饲料报酬低。

【病理特征】病猪呈湿润浆液性皮炎，形成鱼鳞性痂皮，痂皮剥离后露出红色创面（图 2-98），腹股沟淋巴结肿大、出血。

【诊断要点】根据临床症状、剖检病变及本病只感染仔猪、母猪不发病，即可作出初步诊断。确诊应进行细菌学检查（图 2-99）。

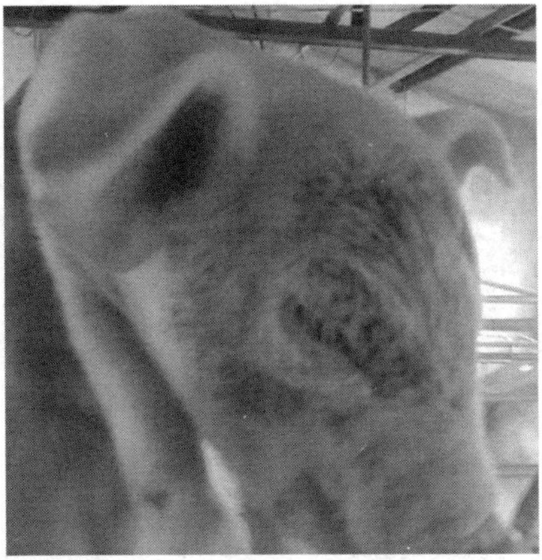

图 2-95 早期仅见眼睛周围皮肤病变（张晓利供图）

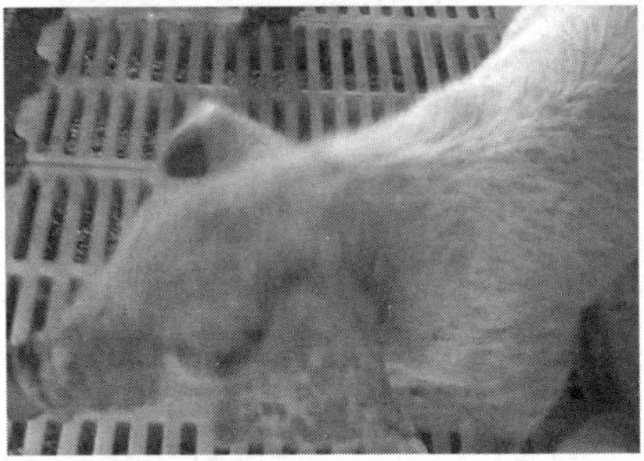

图 2-96 皮炎蔓延至耳部（张晓利供图）

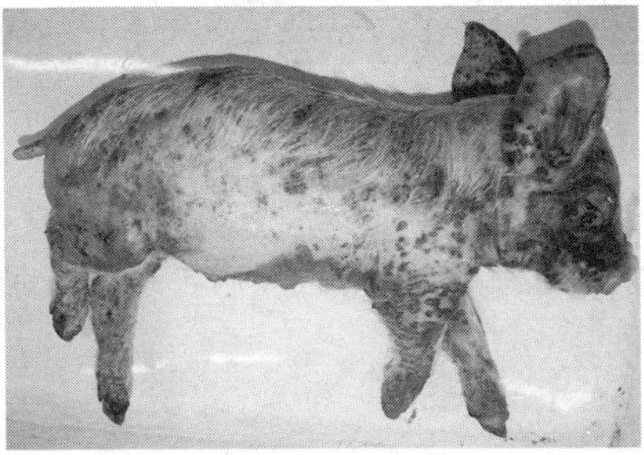

图 2-97 皮肤有黄褐色渗出物，潮湿、油腻（董世山，陈立功供图）

图 2-98　痂皮剥离后露出红色创面（董世山，陈立功供图）

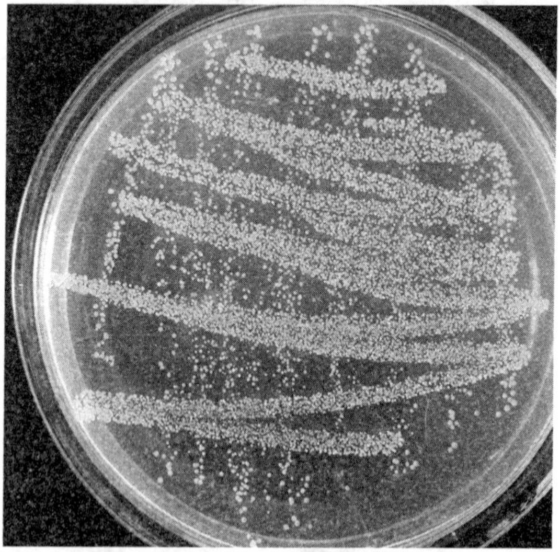

图 2-99　细菌培养结果（陈立功供图）

【类症鉴别】本病应与放线菌病、坏死杆菌病（坏死性皮炎）、猪疥螨病、猪皮肤真菌病、猪痘、猪圆环病毒 2 型引起的皮炎肾病综合征等相鉴别。

【防治措施】

1. 在注意保温的同时，适当通风。改善环境卫生和加强消毒的同时，保持舍内的干燥，同时保持设备完好无损。防止皮肤黏膜损伤是预防本病的关键，如发病期间暂停断牙和注射牲血素。

2.治疗：采用内外结合用药的办法进行治疗。内用主要是采用敏感药物（氧氟沙星等）对初生仔猪和所有发病仔猪进行肌内注射，2～3次/d，但由于很少有药物能够在皮肤高度聚集，因此注射效果不佳。外用红霉素软膏涂擦患部的皮肤效果较为确切，或用0.05%～0.1%高锰酸钾水浸泡发病仔猪身体1～2min，头部用药棉蘸高锰酸钾水清洗病灶，擦干、晾干后涂龙胆紫。对初发少数病灶直接涂抹龙胆紫，效果较好。

第三章　猪寄生虫病

一、猪蛔虫病

猪蛔虫病是由猪蛔虫寄生于猪小肠引起的一种线虫病，集约化养猪场和散养猪均广泛发生。

【病原】猪蛔虫是寄生于猪小肠中最大的一种线虫。新鲜虫体为淡红色或淡黄色，呈中间稍粗、两端较细的圆柱形。雄虫长 15～25cm，尾端向腹面弯曲，形似鱼钩；雌虫长 20～40cm，虫体较直，尾端稍钝（图 3-1）。

猪蛔虫病
(图3-1~图3-8)

图 3-1　蛔虫的雄虫与雌虫（王小波供图）

【流行特点】猪蛔虫病的流行很广，以3～5月龄的仔猪最易感染，常严重影响仔猪的生长发育，甚至引起死亡。

【临床症状】病猪精神沉郁，食欲减退，体温升高，咳嗽，呼吸增快，生长受阻，表现全身性萎缩（图3-2）或全身性黄疸。

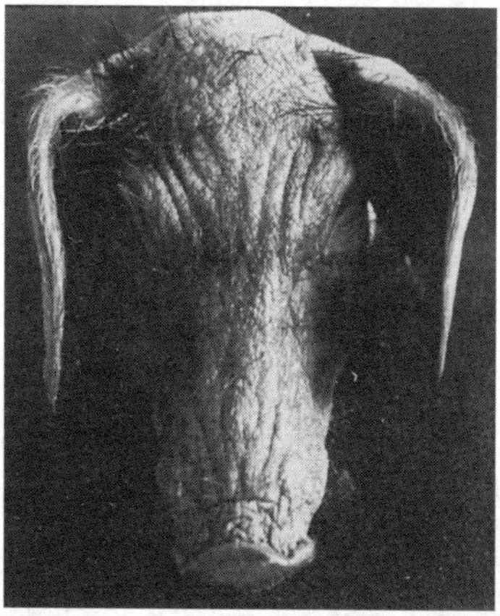

图3-2　病猪头部被毛稀疏，皮肤粗糙皱缩（董世山，陈立功供图）

【病理特征】肺组织致密，表面有大量出血斑。肝脏可见云雾状的乳斑肝（图3-3）；食管（图3-4）、胃（图3-5）、肠道（图3-6、图3-7）或胆道内（图3-8）可检出数量不等的蛔虫。

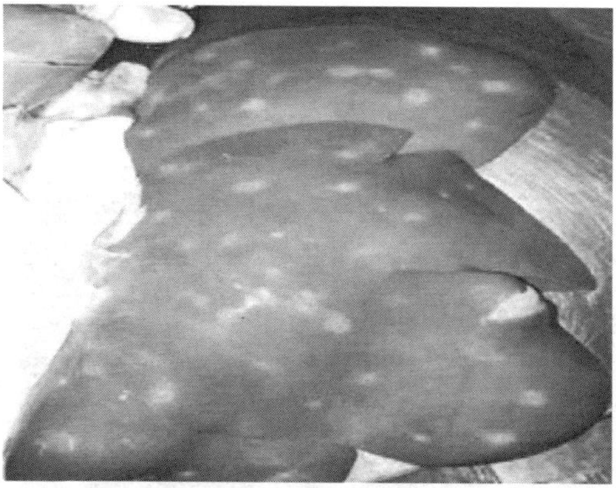

图3-3　乳斑肝（肖海军供图）

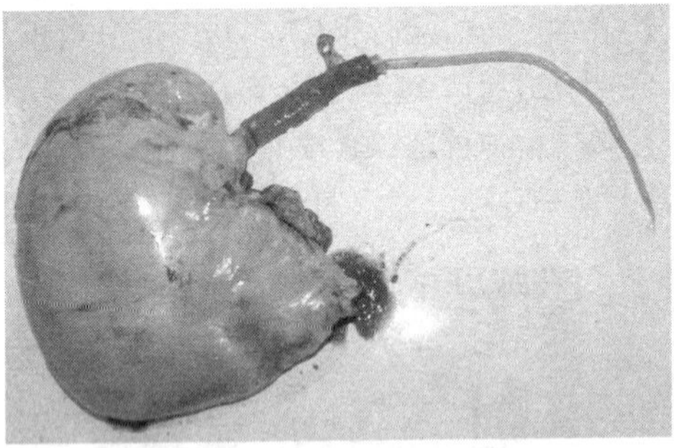

图 3-4　猪胃中蛔虫移行至食管（陈立功供图）

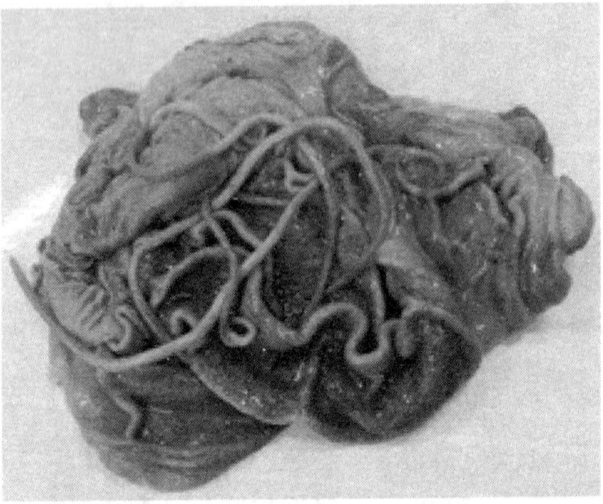

图 3-5　猪胃内蛔虫（陈立功供图）

图 3-6　肠道内蛔虫（固定标本）（王小波供图）

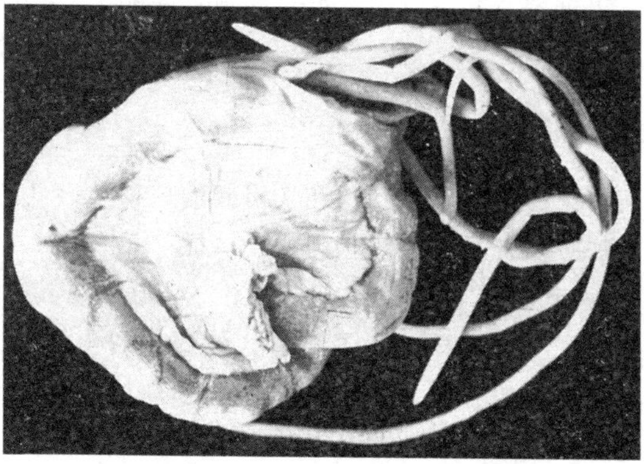

图 3-7 猪蛔虫致肠道阻塞（董世山，陈立功供图）

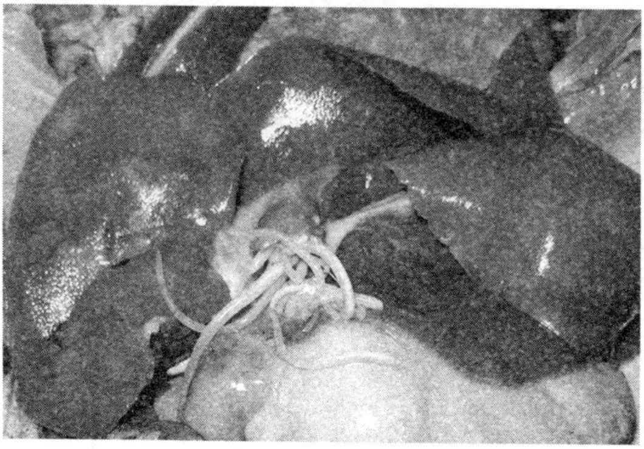

图 3-8 胆管内蛔虫（王小波供图）

【诊断要点】幼虫移行期诊断较难，可结合流行病学和临床上暴发性哮喘、咳嗽等症状综合分析。哺乳仔猪可将肺组织剪碎，用幼虫分离法检查可发现大量蛔虫幼虫。对 2 个月以上的仔猪，可用饱和盐水漂浮法检查虫卵。

【类症鉴别】本病应注意与鞭虫、钩虫、血吸虫、丝虫、病毒及真菌等病原所引起的嗜酸性细胞增多症进行鉴别。

【防治措施】定期对全群猪驱虫，保持猪舍、饲料和饮水的清洁卫生，猪粪和垫草应在固定地点堆集发酵杀灭虫卵。选用左旋咪唑或丙硫咪唑内服；伊维菌素和多拉菌素进行注射，间隔 7～14d 重复用药一次效果更佳。

二、弓形虫病

弓形虫病是由弓形虫感染动物和人引起的一种人兽共患的原虫病。本病以高热、呼吸及神经系统症状为主要特征。

【病原】猫科动物是弓形虫的终末宿主。弓形虫在其生活史中分 5 种形态，即速殖子（滋养体）（图 3-9）、包囊、裂殖体、配子体和卵囊。其中，速殖子和包囊是在中间宿主（人、猪、犬、猫等）体内形成，裂殖体、配子体和卵囊是在终末宿主（猫）体内形成。

弓形虫病
(图3-9~图3-19)

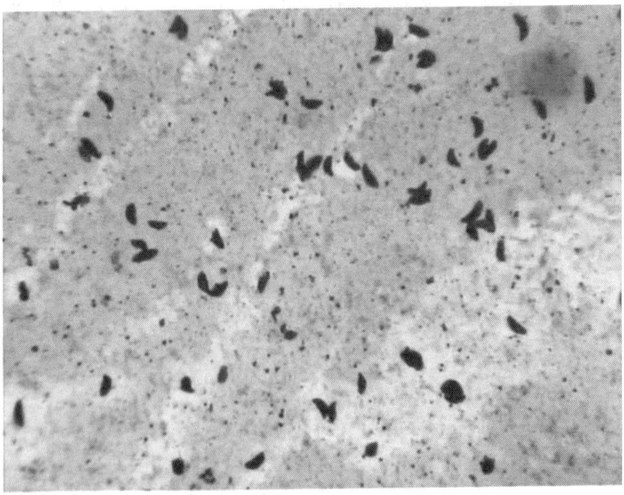

图 3-9　弓形虫速殖子呈香蕉状或新月状。瑞氏染色×1000（王小波供图）

【流行特点】猪吃了被卵囊或带虫动物的肉、内脏、分泌物等污染的饲料和饮水，经消化道感染。母猪还通过胎盘感染胎儿。一年四季均可发生，2～4 月龄的猪发病率和死亡率较高，在新发病地区突然暴发流行，大小猪均可感染发病，死亡率可达 20%～50%。

【临床症状】病猪体温 40.5～42℃，高热稽留，呼吸急促，精神沉郁，食欲减退至废绝，喜饮水，伴有便秘或下痢。后肢无力，鼻镜干燥，被毛粗乱，结膜潮红。随着病程发展，耳、鼻、后肢、股内侧和下腹部皮肤出现紫红色斑块或间有出血点。后期呼吸极度困难，后躯摇晃或卧地不起，体温急剧下降而死亡。病程 10～15d。怀孕母猪往往发生流产。耐过猪症状逐渐减轻，常遗留咳嗽、后躯麻痹、运动障碍、斜颈、癫痫样痉挛等神经症状。

【病理特征】肺水肿，小叶间质增宽，充有半透明、胶冻样渗出物，肺切面、气管、支气管内有大量黏稠泡沫，表面散在分布坏死点（图 3-10）。全身淋巴结出血、灰白色坏死，尤以肺门、肠系膜淋巴结最为显著（图 3-11）。肝肿胀，有灰白色或灰黄色坏死灶（图 3-12）。肾脏表面和切面见坏死点（图 3-13）。脾脏淤血、肿大（图 3-14）。心包、胸腔和腹腔有积水。镜检见全身淋巴结坏死、出血（图 3-15），肺水肿、间质性肺炎（图 3-16），非化脓性脑炎，肝脏局灶性坏死及炎性细胞浸润（图 3-17），在坏死灶周围的巨噬细胞、淋巴窦内皮细胞和肺泡上皮细胞内可见数量不等的弓形虫速殖子（图 3-18、图 3-19）。

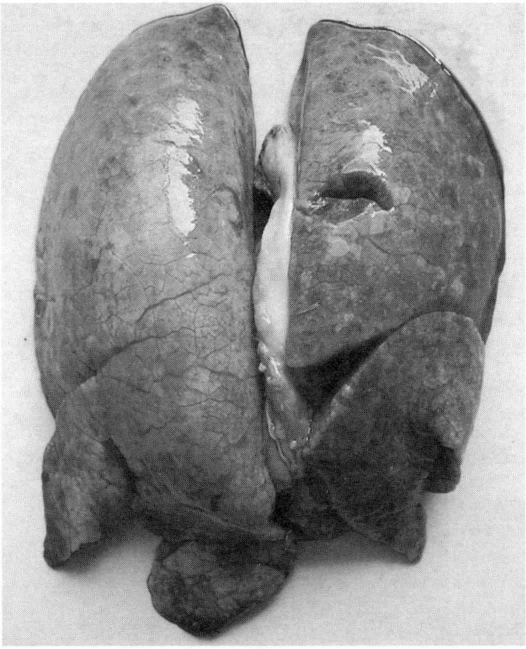

图 3-10 肺脏间质增宽，表面散在分布坏死点（王小波供图）

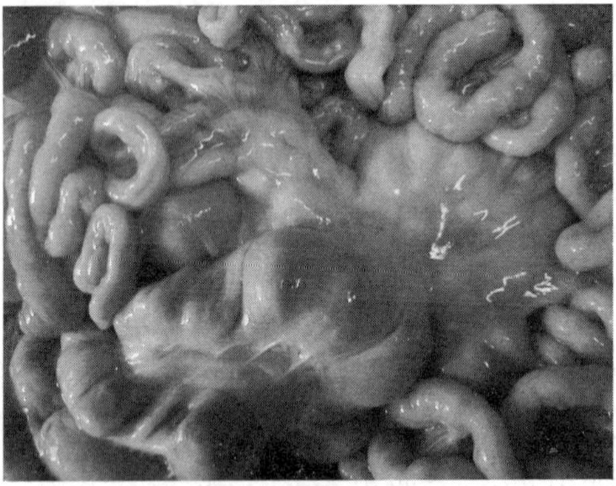

图 3-11　肠系膜淋巴结肿胀（王小波供图）

图 3-12　肝脏坏死（王小波供图）

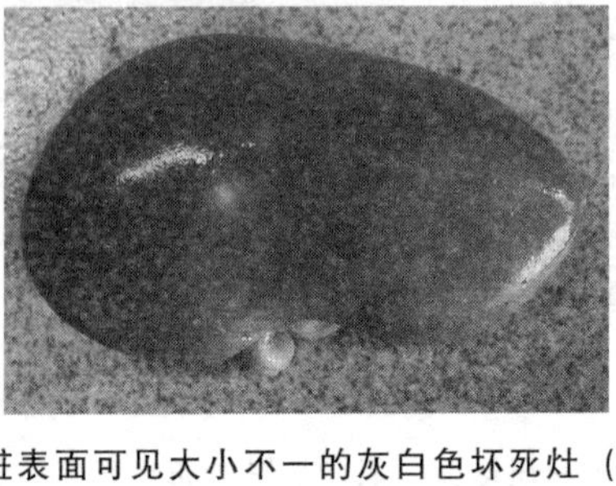

图 3-13　肾脏表面可见大小不一的灰白色坏死灶（王小波供图）

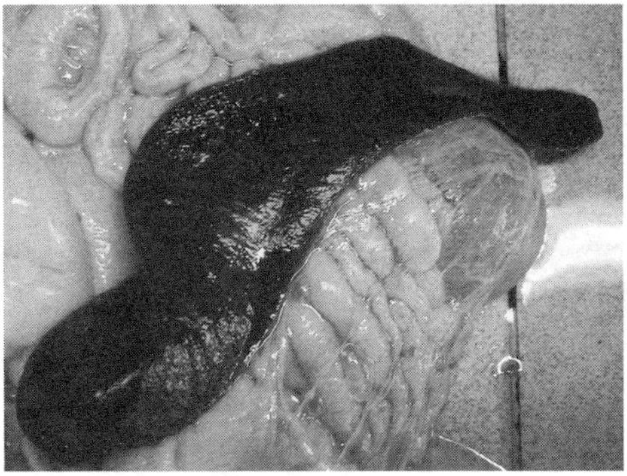

图 3-14 脾脏淤血、肿大（王小波供图）

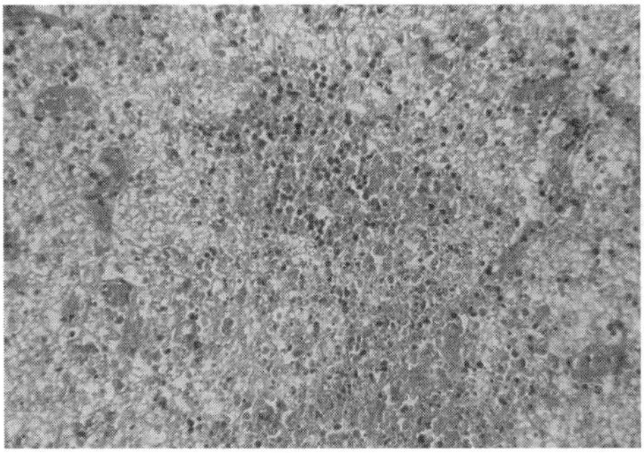

图 3-15 淋巴结坏死组织内仅残存少量淋巴细胞。HE×400（王小波供图）

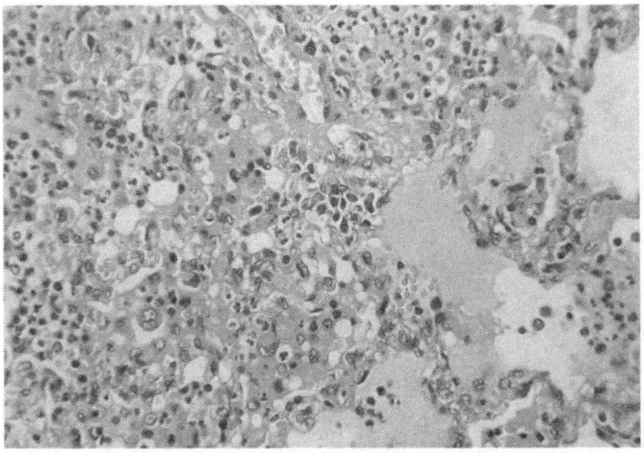

图 3-16 肺水肿，间质增宽，炎性细胞浸润。HE×400（王小波供图）

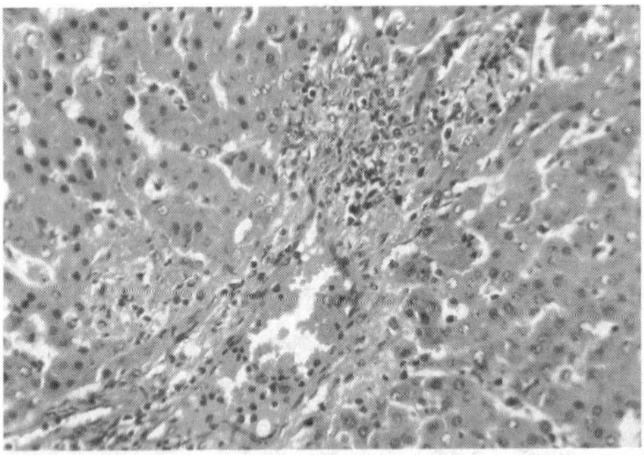

图 3-17 肝脏汇管区淋巴细胞浸润。HE×400（王小波供图）

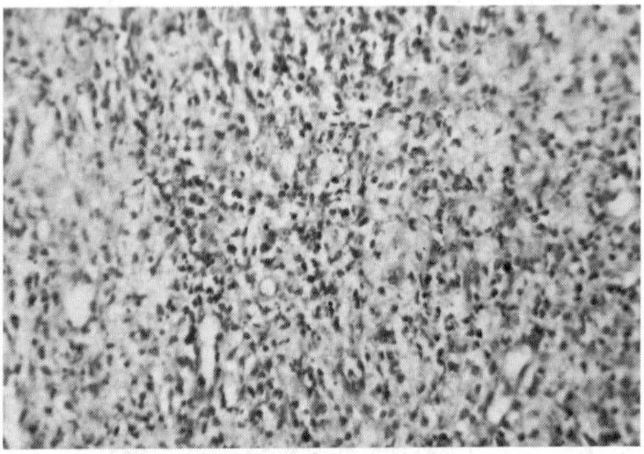

图 3-18 淋巴结坏死灶内可见含有弓形虫的巨噬细胞。IHC×400（王小波供图）

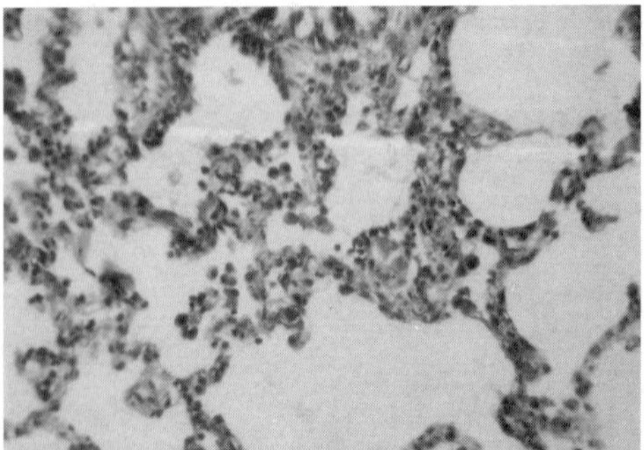

图 3-19 肺泡壁浸润的巨噬细胞胞浆内可见弓形虫假包囊。IHC×400（王小波供图）

【诊断要点】本病无特异性临床症状，应根据病理剖检变化、病原学和血清学检查作出确诊。

【类症鉴别】急性猪弓形虫病易与急性猪瘟、猪副伤寒和急性猪丹毒等相混淆，应注意鉴别。

急性猪瘟皮肤常出现散在的斑点状出血，但是肺脏一般不出现严重的肺水肿和肺间质增宽。猪瘟淋巴结周边出血，呈现大理石样外观，但是不出现淋巴结坏死病变。脾脏周边出现梗死灶，但是没有明显的脾脏肿大，而猪弓形虫病脾脏显著肿大，有坏死点。猪瘟胃肠道变化局限于大肠溃疡灶，而猪弓形虫病出现明显的出血性胃肠炎和坏死灶。

副伤寒猪淋巴结肿大和出血，与猪弓形虫病类似，但主要是淋巴组织显著增生，因而切面呈现灰白色脑髓样，没有坏死灶。肝脏出现副伤寒结节，与猪弓形虫病的坏死灶类似，但是数量明显少得多。盲肠和结肠出现局灶性或弥漫性纤维素性坏死性肠炎，但是一般不会出现胃和小肠的出血和坏死灶。

急性猪丹毒皮肤发红，属于充血，指压褪色，突出皮肤表面。猪弓形虫病的皮肤为淤血和点状出血，指压不褪色。猪丹毒淋巴结有出血变化，但是不出现坏死点。猪丹毒时肺脏淤血、水肿，但是肺泡间隔不增宽。猪丹毒时脾脏肿大更为严重，呈现樱桃红色，不出现坏死灶。

【防治措施】在猪场及周围应禁止养猫，并防止猫进入猪场。饲养员避免与猫接触。猪舍保持清洁卫生，定期消毒。母猪流产的胎儿及排泄物要就地深埋。大部分消毒药对弓形虫卵囊无效，可用蒸汽或加热方法杀灭卵囊。治疗可选用磺胺嘧啶、磺胺-6-甲氧嘧啶、增效磺胺-5-甲氧嘧啶。

三、猪囊尾蚴病

猪囊尾蚴病又称猪囊虫病、米猪肉或豆猪肉，是由人的有钩绦虫的幼虫（猪囊尾蚴）寄生于猪的肌肉组织中引起的一种危害严重的人畜共患病。

【病原】猪囊尾蚴外观呈椭圆形、白色半透明的囊泡状（图 3-20），约（6～10）mm×5mm，囊壁内面有一小米粒大的白点，是凹入囊内的头节，头节上有 4 个吸盘，最前端的顶突上带有许多个小钩。

猪囊尾蚴病
(图3-20~图3-23)

图 3-20　猪囊尾蚴（王小波供图）

【流行特点】有钩绦虫寄生在人的小肠内，随粪便排出的孕节或虫卵被猪吞食进入胃内，六钩蚴从卵中逸出，钻进肠壁，进入血流到达猪体内各部。到达肌肉后，停留下来开始发育，经过 2～4 个月形成包囊。人如果吃了生的或未煮熟的含有囊尾蚴的猪肉，即可感染有钩绦虫。

【临床症状】少数猪囊尾蚴寄生猪体时，症状不显著。若眼睑、结膜下、舌等处都有寄生时，可见到局部肿胀。若舌有多数虫体寄生时，发生舌麻痹。咬肌寄生量多时，病猪面部增宽，颈部显得短。肩周部寄生量大时，出现前宽后窄。咽喉部受侵时，病猪叫声嘶哑，吞咽困难。脑部有寄生时，出现疼痛、狂躁、四肢麻痹等神经症状。

【病理特征】肌肉（图 3-21）、心肌（图 3-22）、舌肌（图 3-23）、脑、眼、肝、脾、肺内可见囊尾蚴。

【诊断要点】本病的生前诊断比较困难，只有当舌部浅表寄生时，触诊可发现结节，但阴性者不能排除感染。近几年，多采用猪囊尾蚴的囊液做成抗原，应用间接血球凝集反应或酶联免疫法进行生前诊断，检出率可达到 80%左右。死后诊断或宰后检验，可按食品卫生法检验的要求，在最容易发现虫体的咬肌、臀肌、腰肌等处剖检，当发现囊虫时，即可确诊。

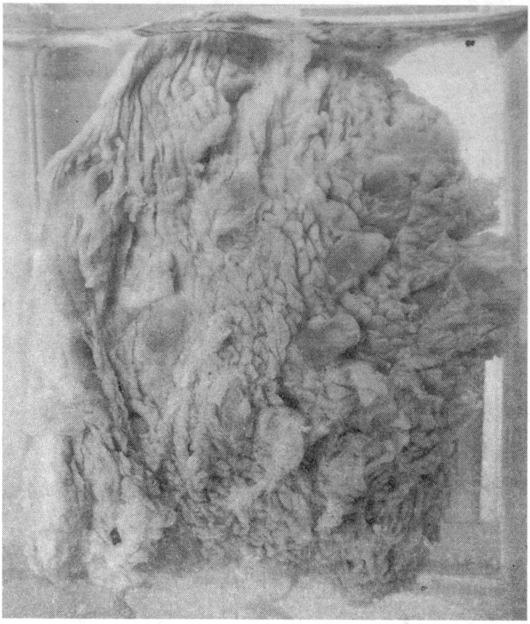

图 3-21　猪囊尾蚴寄生于肌肉（固定标本）（王小波供图）

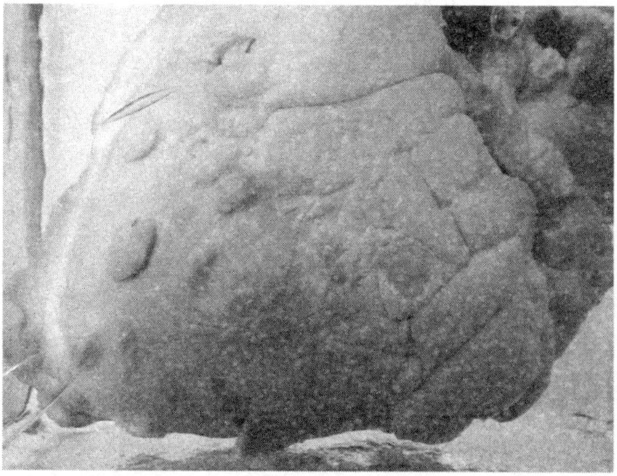

图 3-22　猪囊尾蚴寄生于心肌（固定标本）（王小波供图）

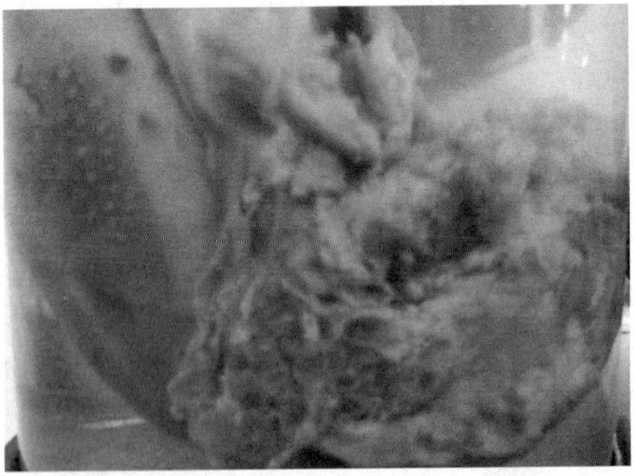

图 3-23 猪囊尾蚴寄生于舌肌（固定标本）（董世山，陈立功供图）

【类症鉴别】本病应注意与猪住肉孢子虫病进行区别。

【防治措施】避免猪吃食人粪。人粪要经过发酵处理后再作肥料；加强市场屠宰检验，禁止出售带有囊尾蚴的猪肉；有成虫寄生的病人要进行驱虫治疗，杜绝病原的传播。要加强农贸市场的兽医卫生检验，不准出售患囊尾蚴的猪及猪肉，接触过病猪的手或用具要洗净，以防人感染猪带绦虫。产前 10～14d，母猪使用伊维菌素，可有效防止传染给仔猪。治疗可服用芬苯达唑和吡喹酮等药物。

四、猪细颈囊尾蚴病

细颈囊尾蚴病是细颈囊尾蚴寄生于猪的肝脏、浆膜、网膜及肠系膜等（严重感染时可寄生于肺脏）而引起的一种绦虫蚴病。

【病原】本病的病原体为犬和其他肉食动物的泡状带绦虫的幼虫——细颈囊尾蚴，俗称“水铃铛”“水泡虫”，呈囊泡状，大小随寄生时间长短和寄生部位而不同，自豌豆大至小儿头大，囊壁乳白色、半透明，内含透明囊液，透过囊壁可见一个向内生长而具有细长颈部的头节，故名细颈囊虫。

【流行特点】本病的发生和流行与养狗有关，目前我国农村和乡镇养狗很多。屠宰过程中把寄生有细颈囊尾蚴的脏器喂狗，狗就很容易感染泡状带绦虫，成虫在其小肠中寄生。又由于对狗不进行定期驱虫，同时对狗管理不严，任其到处活动，促使孕节及虫卵污染牧场、饲料和饮水。猪吞食虫卵后，释放出六钩蚴，六钩蚴随血流到达肠系膜和网膜、肝等处，发育为细颈囊尾蚴，从而造成本病的感染和流行。大小猪都可感染，特别对仔猪有较大的致病力。

【临床症状】成年猪一般无明显症状，只有个别猪感染特别严重时才出现临床症状。仔猪症状明显，表现为消瘦、贫血、黄疸和腹围增大等。伴发腹膜炎时，病猪的体温升高，腹部明显增大，肚腹下坠，按压腹部有疼痛感。少数病例可因肝表面的细颈囊尾蚴破坏而引起肝被膜损伤导致内出血，出血量大时，病猪常因疼痛而突然大叫，随之倒地死亡。如胸腔和肺脏也有寄生，可表现呼吸困难和咳嗽等症状。

【病理特征】急性发病猪可见急性腹膜炎，腹腔内有腹水并混有渗出的血液，其中含有幼小的虫体。慢性病例在肝脏（图 3-24～图 3-26）、肠系膜（图 3-27、图 3-28）、大网膜（图 3-29）、肺脏和胸腔内可找到虫体。寄生于实质脏器的虫体常被结缔组织包裹，有时甚至形成较厚的包膜。有的包膜内的虫体死亡钙化，此时常形成皮球样硬壳，破开后则见到许多黄褐色钙化碎片及淡黄色或灰白色头颈残骸。

猪细颈囊尾蚴病
(图3-24~图3-29)

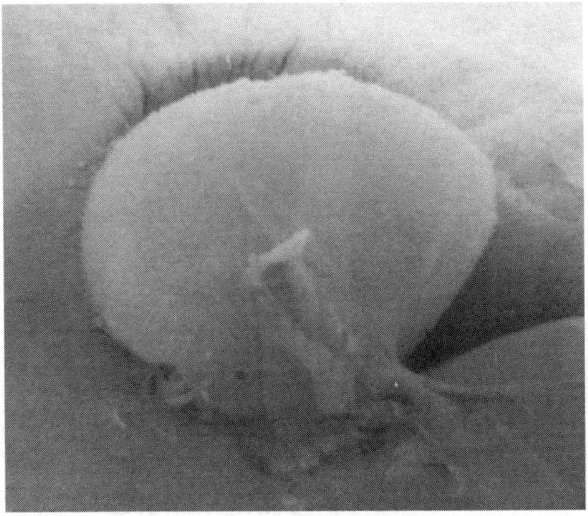

图 3-24　猪肝脏表面的“水铃铛”（固定标本）（陈立功供图）

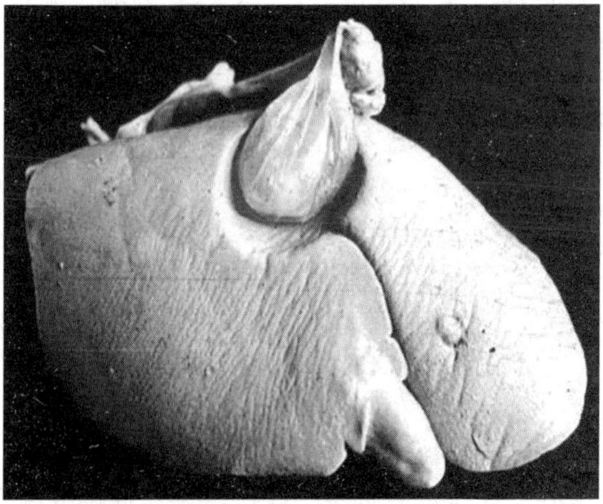

图 3-25　细颈囊尾蚴致猪肝脏局部萎缩
（董世山，陈立功供图）

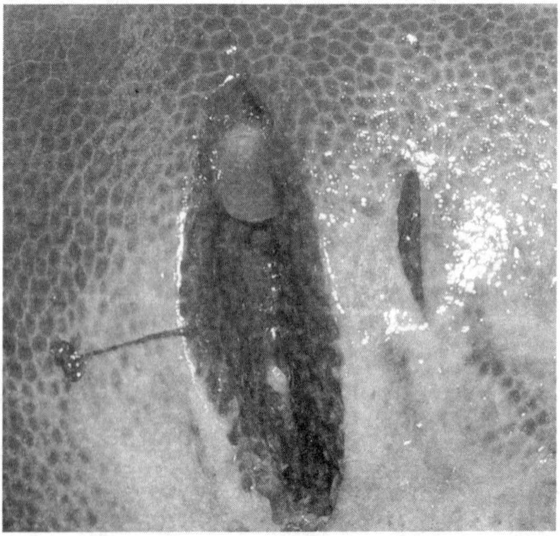

图 3-26　肝脏形成的囊泡（陈立功供图）

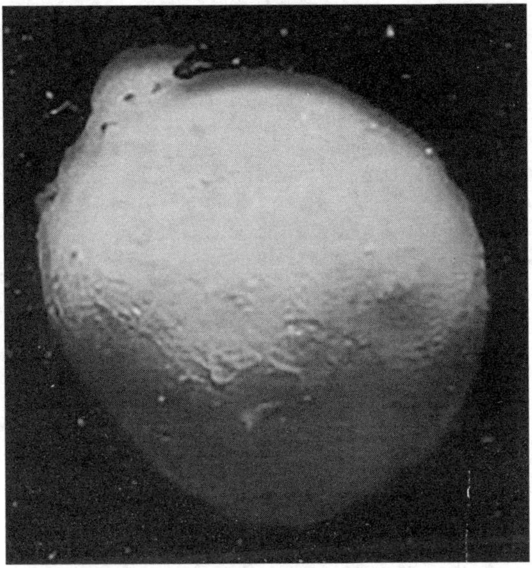

图 3-27　肠系膜上的细颈囊尾蚴，周围形成包囊
（董世山，陈立功供图）

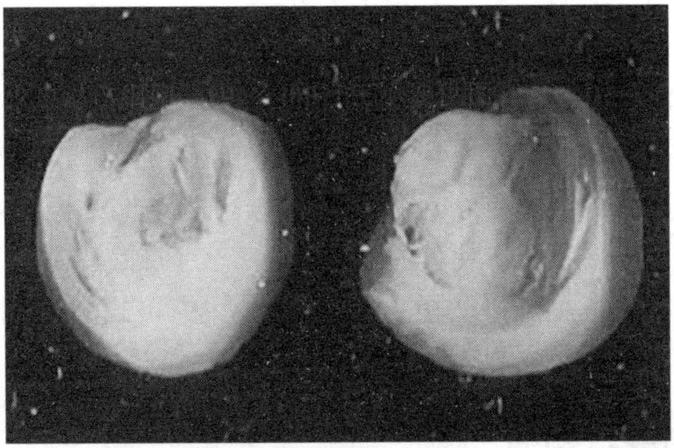

图 3-28　肠系膜上的细颈囊尾蚴，周围形成包囊（切面）
（董世山，陈立功供图）

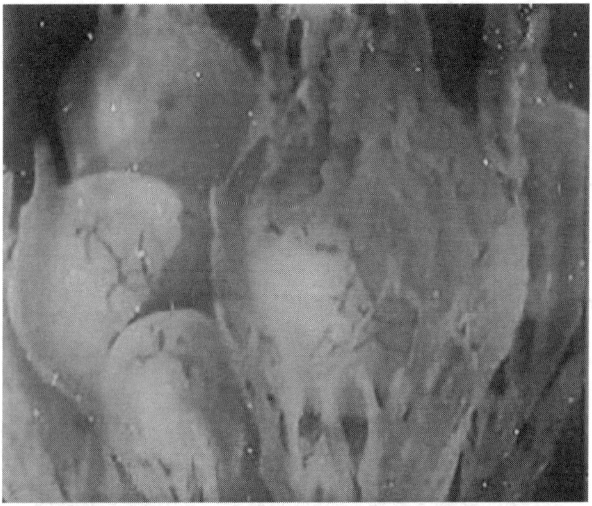

图 3-29　网膜上的细颈囊尾蚴（水铃铛）（陈立功供图）

【诊断要点】本病的生前诊断尚无有效的方法，主要依靠尸体剖检或宰后检验，发现虫体即可确诊。

【类症鉴别】在肝脏中发现细颈囊尾蚴时，应与棘球蚴相鉴别。棘球蚴囊壁厚而不透明，囊内有多个头节。

【防治措施】目前尚无有效疗法，只能加强预防。对猪细颈囊尾蚴病的预防，重点掌握以下两个关键环节。

1. 禁止用寄生有细颈囊尾蚴的家畜内脏喂狗，防止狗感染泡状带绦虫。同时，可应用吡喹酮对狗定期驱虫，并要求严格管理，防止狗到处活动或进入猪圈舍，使其粪便污染牧草、饲料和饮水，消灭野狗。

2. 猪要圈养，这样猪就吃不到野外狗、狼、狐狸等肉食动物粪便中的虫卵，可避免猪感染细颈囊尾蚴病。

五、猪棘球蚴病

棘球蚴病是棘球蚴寄生于猪、牛、羊及人等肝、肺及其他脏器而引起的一种绦虫蚴病。棘球蚴呈包囊状，所以又称包虫病。

【病原】本病的病原体为犬等肉食动物的细粒棘球绦虫的中绦期幼

虫——棘球蚴。棘球蚴为一个近似球形的囊泡，大小不等，由豌豆大至鸡蛋大。囊泡内充满淡黄色透明液体，即囊液。棘球蚴的囊壁由外层的角质膜和内层的生发膜组成。内层上可长出生发囊，生发囊的内壁上生成许多头节。生发囊和头节脱落后沉在囊液里，呈细沙状，故称“棘球沙”或“包囊沙”。

【流行特点】在犬、猫等终末宿主体内的成虫孕卵节片随粪便排到外界，散布在牧草或饮水中。猪等中间宿主随吃草或饮水而感染。虫卵在胃肠消化液的作用下，六钩蚴脱壳而出，穿过肠壁，随血流至肝和肺，逐步发育为棘球蚴。犬、猫等食入含棘球蚴的脏器而受到感染。

【临床症状】感染的初期通常无明显的临床症状。当虫体生长发展到一定阶段，寄生在肺时，发生呼吸困难、咳嗽、气喘及肺浊音区逐渐扩大等症状；寄生在肝时，最后多呈营养衰竭和极度虚弱。

【病理特征】剖检见猪棘球蚴常寄生于肝脏，病变轻时，肝表面可见一个到数个大小不等的棘球蚴囊泡；病变严重时，整个肝脏几乎全由棘球蚴囊泡取代，切面呈现蜂窝状的囊腔（图 3-30），也可见到已钙化的棘球蚴或化脓灶。此外，棘球蚴也可寄生于心脏、肺脏、肾脏及脑等器官。

猪棘球蚴病
(图3-30)

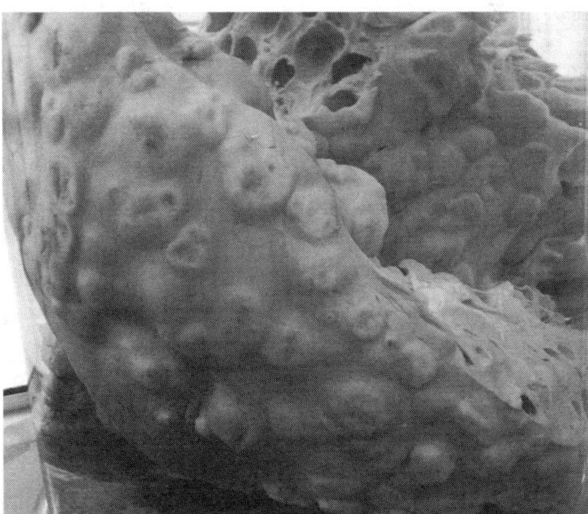

图 3-30 猪肝脏棘球蚴（固定标本）（董世山，陈立功供图）

【诊断要点】病猪的生前诊断较为困难，常用皮内试验法进行生前诊断。在死后剖检或宰后检验时，发现棘球蚴即可确诊。对人和动物也可用X线和超声进行诊断。

【类症鉴别】肝脏病变应与细颈囊尾蚴相鉴别。

【防治措施】本病尚无有效药物。要做好预防工作。禁止猫、狗进入猪圈舍或到处活动，管理和处理好猫、狗粪便，防止其污染牧草、饲料和饮水。猪要圈养，不放牧、不散放。屠宰动物发现内脏有棘球蚴寄生时，要销毁处理，严禁喂狗、喂猫。治疗可使用吡喹酮，每千克体重50mg，颈部深层肌内注射，两天后重复一次；或使用丙硫苯咪唑，每千克体重20mg，一次口服，隔日一次，连服三次。

六、猪毛首线虫病

猪毛首线虫病是由猪毛首线虫寄生在猪盲肠内引起的一种线虫病。猪毛首线虫形似鞭子，故又称鞭虫。

【病原】猪毛首线虫呈乳白色，体前部（食道部）呈细长线状，约占虫体全长的2/3；体后部（体部）较粗短（图3-31）。雄虫后部呈螺旋状弯曲，体长为20～52mm，尾部钝圆，有一根交合刺藏在具有很多小刺的刺鞘内。雌虫体长为39～53mm。该虫卵黄褐色，呈腰鼓状（图3-32），两端有塞状构造，壳厚、光滑。

猪毛首线虫病
(图3-31~图3-35)

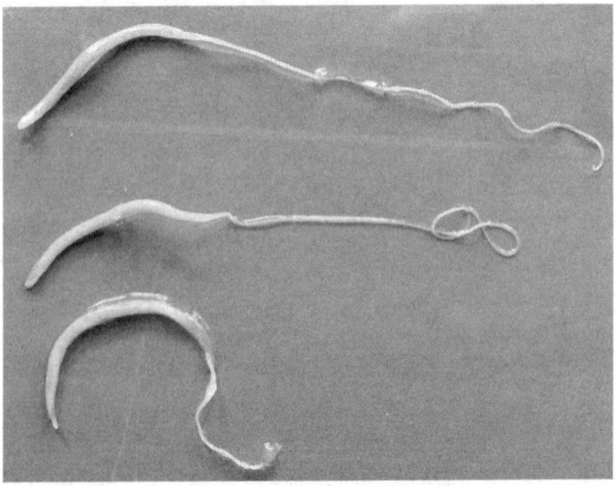

图3-31　毛首线虫（王小波供图）

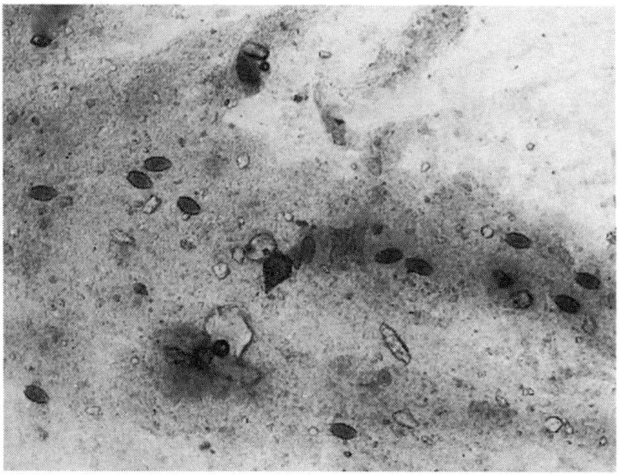

图 3-32　鞭虫虫卵（×1000）（陈立功供图）

【流行特点】仔猪最易受感染，多雨、潮湿季节发病较多。卵随粪便排到外界，约经 3 周时间发育为感染性虫卵。虫卵随饲料及饮水被宿主吞食，幼虫在肠内脱壳而出，直接固着在大肠黏膜上，约经 1 个月发育为成虫。

【临床症状】轻度感染的猪不显症状。严重感染时，顽固性腹泻，粪中带血和脱落的黏膜，贫血、消瘦、生长缓慢等，严重时可引起仔猪死亡。

【病理特征】严重感染时，盲肠和结肠黏膜有出血性坏死、水肿和溃疡，还可形成结节（图 3-33）。病变部位发现数量不等的鞭虫虫体（图 3-34、图 3-35）。

图 3-33　结肠浆膜见结节状坏死（陈立功供图）

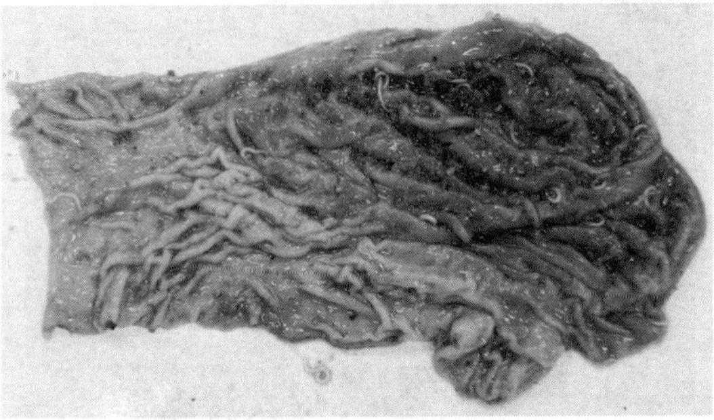

图 3-34　猪大肠黏膜充血，有毛首线虫寄生（固定标本）（陈立功供图）

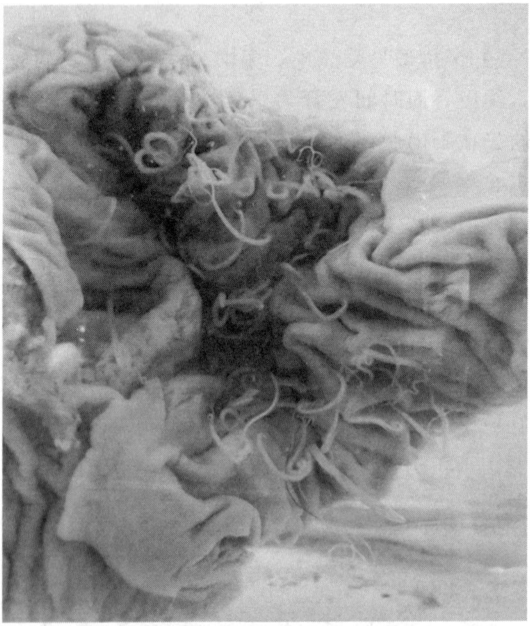

图 3-35　猪盲肠内的毛首线虫（固定标本）（王小波供图）

【诊断要点】根据流行特点和临床特征怀疑为本病时，取粪便以饱和盐水浮集法检查虫卵来确诊。

【类症鉴别】本病应注意与食道口线虫病进行区别。

【防治措施】加强猪舍的饲养管理，严格进行消毒卫生工作。用苯硫咪唑、吡喹酮等药驱虫。

七、猪后圆线虫病

猪后圆线虫病是由后圆线虫（又称猪肺线虫）寄生于猪的支气管和细支气管引起的一种呼吸系统寄生虫病。

【病原】后圆线虫（又称肺丝虫）的虫体呈细丝状，乳白色或灰白色。雄虫短，末端有小钩；雌虫长，阴门紧靠肛门，前方覆有一角质盖。

【流行特点】成虫寄生在猪的支气管中，所产的虫卵随气管分泌物进入咽部，再进入消化道，后随粪便排到外界。虫卵被蚯蚓吞食，在蚯蚓体内发育成感染性幼虫。猪吞食这种带虫蚯蚓而被感染。幼虫经肠淋巴管或腔静脉和心脏到达肺部的肺泡和支气管，最终发育为成虫。从幼虫感染至成虫排卵约经 1 个月。因此，在野外放牧或接触土壤的猪均有可能发生本病，而圈养的猪则很少发生。

【临床症状】病猪有拱地习惯，从土壤中感染。轻度感染症状轻微，2～4 月龄仔猪感染较多虫体时症状严重，消瘦、发育不良，被毛干燥、无光泽，阵发性咳嗽，早晚、运动、采食后或遇冷空气刺激时咳嗽尤其剧烈，鼻流脓性分泌物。严重病例呈现呼吸困难，病死率高。耐过的常成僵猪。

【病理特征】剖检见肺脏有斑点状出血、实变和局灶性气肿（图 3-36），切面见支气管断端有虫体蠕动，纵切面见支气管黏膜肿胀，含有大量黏液和虫体。

【诊断要点】根据临床症状，结合流行特点、病理剖检找出虫体而确诊。生前确诊可依靠采集病猪新鲜粪便，用饱和硫酸镁溶液浮集法检查虫卵确认。病原的虫卵呈椭圆形、灰白色，外有一层稍有凹凸不平的膜，内含有幼虫。另外，还可用变态反应诊断法进行检测。

【类症鉴别】本病应与猪气喘病、猪流行性感冒等相鉴别。

【防治措施】加强饲养管理，猪舍及运动场地要经常打扫，注意排水和保持清洁、干燥，粪便堆积发酵。有条件的猪场，猪圈及运动场可铺设水泥，以防止猪吃到蚯蚓。在肺丝虫流行地区，要进行定期预

猪后圆线虫病
(图3-36)

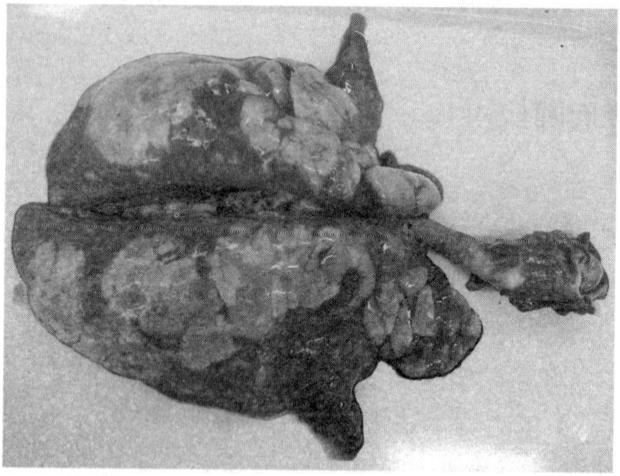

图 3-36 肺气肿（董世山，陈立功供图）

防性驱虫，仔猪在生后 2～3 月龄时驱虫一次，以后每隔 2 个月驱虫一次。治疗可选用下列方法：病猪可用伊维菌素、阿维菌素或多拉菌素皮下或肌内注射；对肺炎严重的猪，应在驱虫的同时，连用 3d 青霉素。

八、猪旋毛虫病

猪旋毛虫病是由旋毛虫成虫寄生于猪的小肠、幼虫寄生于横纹肌而引起的人畜共患寄生虫病。肉品卫生检验中将旋毛虫列为首要项目。

【病原】旋毛虫成虫为白色、前细后粗的线虫，雄虫长 1.4～1.6mm，雌虫长 3～4mm（图 3-37）。刚进入肌纤维的幼虫是直的，随后迅速发育增大，逐渐卷曲并形成包囊，包囊呈圆形或椭圆形，大小为（0.25～0.30）mm×（0.40～0.70）mm，包囊内含有囊液和 1～2 条卷曲的幼虫，个别可达 6～7 条。

【流行特点】猪、犬、猫、鼠、牛、马等动物和人均可感染。猪主要是食入含有旋毛虫的肌肉、肉屑或鼠类而感染。人感染是由于食入生的、未煮熟的含旋毛虫包囊的猪肉而引起。

【临床症状】病猪轻微感染多不显症状，或出现轻微肠炎。严重感染时，体温升高，肌肉急性发炎、疼痛，腹泻，便血；有时呕吐，食欲不振，迅速消瘦，有时吞咽、咀嚼及运动困难。死亡较少，多于 4～6 周康复。

猪旋毛虫病
(图3-37~图3-40)

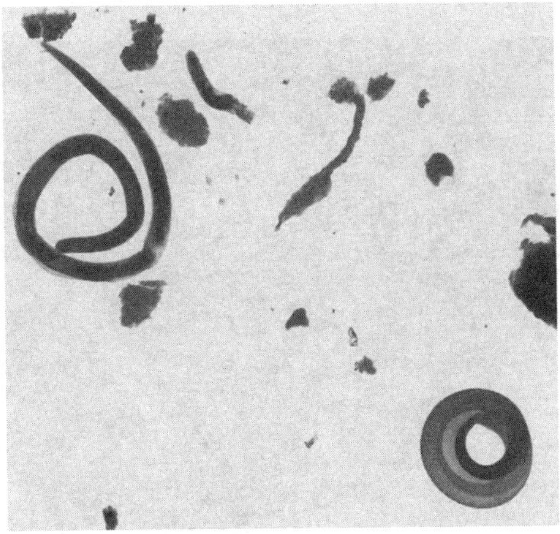

图 3-37 旋毛虫（王小波供图）

【病理特征】早期，肌肉急性发炎、充血和出血。后期，在旋毛虫常寄生的部位如膈肌、舌肌、喉肌、肋肌、胸肌等处发现细针尖大小、未钙化的包囊，呈露滴状，半透明，较肌肉的色泽淡，以后变成乳白色、灰白色或黄白色。显微镜检查可以发现虫体包囊（图 3-38），包囊内有弯曲的幼虫（图 3-39），肌纤维被幼虫压迫而萎缩（图 3-40）。钙化后的包囊为长约 1mm 的灰色小结节。成虫侵入小肠上皮时，引起肠黏膜肥厚、水肿，炎性细胞浸润。

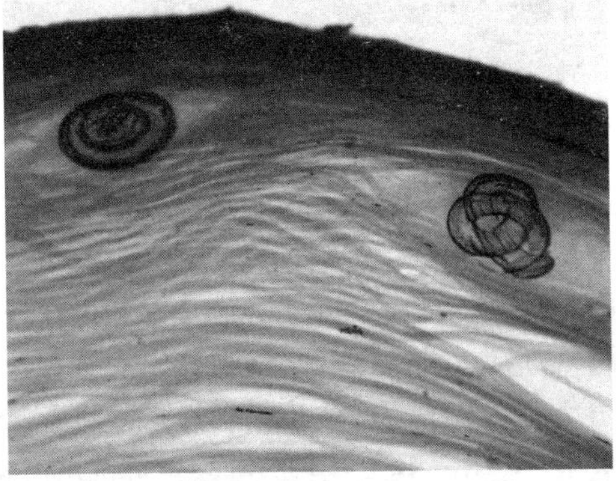

图 3-38 肌肉内旋毛虫包囊（王小波供图）

图 3-39 包囊内卷曲的旋毛虫（王小波供图）

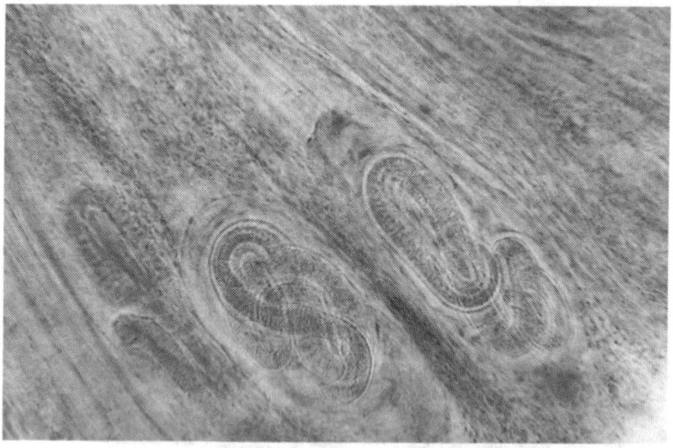

图 3-40 肌纤维被旋毛虫压迫萎缩（董世山，陈立功供图）

【诊断要点】可用酶联免疫吸附试验进行诊断，死后可通过肌肉压片法进行实验室检查，在显微镜下观察是否有虫体。

【类症鉴别】本病症状与毛细血管出血相似，应注意区别。

【防治措施】猪场内禁止养猫和狗，加强饲养管理，动物尸体焚烧或深埋。禁止用洗肉水喂猪，以预防该病发生。同时，积极灭鼠，防止猪只吃到死老鼠。治疗该病尚无特效疗法。可试用丙硫苯咪唑。

九、猪冠尾线虫病

猪冠尾线虫病又称猪肾虫病，是由有齿冠尾线虫的成虫寄生于猪的肾盂、肾周围脂肪和输尿管壁而引起的一种线虫病。

【病原】有齿冠尾线虫虫体较粗大，两端尖细，体壁厚。活的虫体呈浅灰褐色。雄虫短，雌虫长。虫卵为椭圆形，较大，肉眼可见，刚排出的虫卵中有胚细胞。

【流行特点】成虫在结缔组织形成的包囊中产卵，包囊有管道与泌尿系统相通，卵随尿液排到外界。在适宜的温度下，发育为感染性幼虫，经口或皮肤侵入宿主。幼虫经口感染后进入胃，穿过胃壁，随血流入门脉而进入肝。经皮肤感染的幼虫，随血流进入右心，经肺、左心、主动脉、肝动脉而到达肝。在肝脏内发育一段时间后，经体腔向肾区移行。从幼虫进入猪体到发育成熟产卵，需128～278d。特别值得注意的是，当肾虫卵被蚯蚓吞食后，仍能在其体内发育为感染性幼虫。当猪吞食带感染性幼虫的蚯蚓时，也会感染。

【临床症状】猪感染后最初表现皮肤炎症，有丘疹和红色结节。体表淋巴结肿大，食欲减退，精神委顿，消瘦，贫血，被毛粗乱、无光泽，行动迟缓，随后渐渐出现后肢无力、跛行，走路时左右摇摆，喜躺卧。有的后躯麻痹或后肢僵硬，不能站立，拖地爬行。尿液中常有白色环状物或脓液。仔猪发育停滞；母猪不孕或流产；公猪性欲降低，失去配种能力。严重时病猪多因极度衰弱而死亡。

【病理特征】剖检尸体消瘦，皮肤上有丘疹或结节，肝脏内有包囊和脓肿，内含幼虫。肝脏肿大、变硬，结缔组织增生，切面上可看到幼虫钙化的结节。肾髓质有包囊，结缔组织增生（图3-41）。输尿管壁增厚，常有数量较多的包囊，内有成虫。

【诊断要点】对5月龄以上的猪，可在尿沉渣中检查虫卵。用大平皿或大烧杯接尿（早晨第一次排尿的最后几滴尿液中含虫卵最多），放置沉淀一段时间后，倒去上层尿液，在光线充足处即可见到沉至底部的无数白色圆点状的虫卵，即可作出初步诊断。镜检虫卵可最后确诊。5月龄以下的仔猪，只能在剖检时，在肝、肺、脾等处发现虫体。

猪冠尾线虫病
(图3-41)

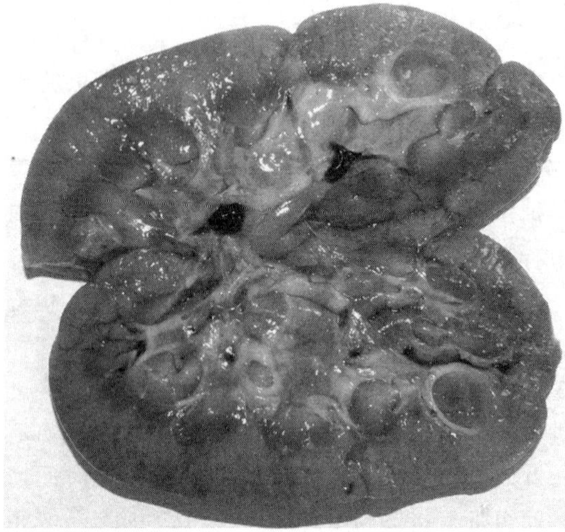

图 3-41 肾脏囊泡（切面）（陈立功供图）

【类症鉴别】本病应与猪渗出性皮炎、猪疥螨病、猪皮肤真菌病、猪痘、猪圆环病毒 2 型感染等相鉴别。

【防治措施】加强饲养管理，搞好栏舍及运动场地的卫生，经常用20%石灰乳或 3%～4%漂白粉水溶液消毒。新购入的猪应进行检疫，隔离饲养，防止该病传播。治疗病猪可选用左旋咪唑，内服或肌注。1%阿维菌素，每 30kg 体重皮下注射/mL。丙硫苯咪唑拌料，每天 1 次，连用 7d。

十、猪球虫病

猪球虫病是由猪球虫寄生于猪肠道上皮细胞内引起的一种原虫病，以小肠卡他性炎为特征。

【病原】病原为等孢属和艾美耳属球虫。猪等孢球虫卵囊呈球形或椭圆形，卵囊内含 2 个孢子囊，孢子囊呈圆形或椭圆形，有 4 个子孢子。艾美耳球虫卵囊呈椭圆形，卵囊内含有 4 个孢子囊，孢子囊呈长卵圆形，内含 2 个子孢子。

【流行特点】成年猪带虫，是本病的传播源。主要发生于仔猪，多呈良性经过。一年四季发生，夏秋季节的发病率高于冬春季节，潮湿多雨季节和多沼泽的猪场最易发病。猪球虫在宿主体内进行裂殖生殖和配子生殖两个世代繁殖，受精后的合子形成卵囊壁，发育成为卵囊。卵囊随猪的粪便排出体外，在外界环境中进行孢子生殖。经消化道感染。

【临床症状】病初食欲不佳，精神沉郁，被毛松乱，身体消瘦，体温略高或正常，下痢与便秘交替发作（粪中不带血）。一般能自行耐过，逐渐恢复；可引起下痢，严重时导致猪死亡。仔猪艾美耳球虫病主要表现为严重腹泻，粪便呈黏液状并带泡沫，褐色或黄绿色，常黏附于肛门下方；仔猪脱水明显，整窝仔猪发病，死亡率20%～50%。仔猪等孢球虫病主要表现为刚开始腹泻时粪便为糊状，2～3d后转为水样，黄色或灰白色，有酸臭味，发病率达50%以上，死亡率达20%～50%。

【病理特征】剖检病变局限于空肠和回肠，小肠有出血性炎症，肠黏膜淋巴滤泡肿大、突出，有白色和灰色的小病灶，同时见直径4～15mm的溃疡，其表面覆有凝乳样薄膜。肠内容物呈褐色，带恶臭，有纤维性薄膜和黏膜碎片。肠系膜淋巴结肿大。

【诊断要点】根据流行特点、临床症状和剖检病变，可作出初步诊断。确诊必须从待检猪的空肠与回肠检查出球虫内生发育阶段的虫体。

【类症鉴别】本病应与猪毛首线虫病、猪食道口线虫病、猪大肠杆菌病、猪梭菌性肠炎等相鉴别。

【防治措施】保持猪舍和运动场的清洁卫生，粪便、垫草应进行发酵处理，最好用火焰喷灯进行消毒。治疗可选用口服妥曲珠利，每千克体重15mg，也可使用常山碱、磺胺二甲嘧啶、氨丙啉、磺胺间甲氧嘧啶。

十一、猪住肉孢子虫病

猪住肉孢子虫病是由住肉孢子虫寄生于猪体内引起的一种寄生虫病，常见于猪的舌肌、膈肌、肋间肌、咽喉肌、腹斜肌和大腿肌等处。

【病原】寄生于猪的住肉孢子虫有猪犬住肉孢子虫、猪人住肉孢子虫和猪猫住肉孢子虫3种。其中，猪犬住肉孢子虫的终末宿主为犬和狐，是猪最常见的一种住肉孢子虫。住肉孢子虫寄生于宿主的肌肉，形成与肌肉纤维平行的包囊，多呈纺锤形、椭圆形或卵圆形，色灰白至乳白；小的包囊肉眼难以观察到，只有几毫米，大的可达数厘米。囊壁由 2 层组成，内壁向囊内延伸，构成许多中隔，将囊腔分成若干小室。在发育成熟的包囊，小室中包藏着许多肾形或香蕉形的慢殖子，又称为雷尼氏小体（Rainey's corpuscle）或囊殖子，一端稍尖、一端偏钝。

【流行特点】住肉孢子虫的发育必须在两个不同种的宿主体内完成。猪的 3 种住肉孢子虫的中间宿主是猪或野猪，其终末宿主是人、犬、猫等。终末宿主（如犬）在吞食了中间宿主的包囊之后，虫体发育为卵囊或含子孢子的孢子囊。孢子囊或卵囊被中间宿主猪吞食后，子孢子经血液循环到达各脏器（如肝等），在脏器血管的内皮细胞内进行 2～3 代裂殖生殖，产生大量裂殖子，然后裂殖子进入血流，在单核细胞内增殖，最后转入心肌或骨骼肌细胞内发育为包囊，再经 1 个月或数月发育成熟。

【临床症状】猪感染后可表现食欲不佳，体温升高，贫血及体重减轻等症状，虫体裂殖生殖时也可引起猪死亡。当猪严重感染时，则表现不安，运动困难，出现肌肉僵硬和后肢短期瘫痪，并有呼吸困难等现象。

【病理特征】肉眼可见到与肌纤维平行的白色带状包囊。住肉孢子虫可分泌肉孢子虫毒素，该毒素能引起肌细胞变性及肌束膜的反应性炎症。

【诊断要点】生前因无特异性症状而难以确诊。病理剖检，在肌肉组织中发现特异性包囊即可确诊。制作涂片时，可取病变肌肉组织压碎，在显微镜下检查香蕉形的慢殖子，也可用姬氏液染色后观察。做切片时，可见到住肉孢子虫包囊壁上有辐射状棘突，包囊中有中隔。

【类症鉴别】本病应与猪囊尾蚴病、猪旋毛虫病相鉴别。

【防治措施】目前尚无特效药物进行治疗。预防措施主要是在屠宰时做好肉品的卫生检验工作，对带虫肉品必须进行无害化处理。同时，要保护饲料、饮水不被含有住肉孢子虫卵囊的粪便污染，以防猪吃到肌肉中的“米氏囊”或终末宿主粪便中的卵囊而感染，以便切断住肉孢子虫的传染途径。

十二、猪疥螨病

疥螨病又叫螨病，俗称疥疮、癞、癞皮病，是由猪疥螨寄生在猪的表皮内所引起的一种接触性感染的慢性皮肤寄生虫病，以皮肤剧痒和皮肤炎症为特征。

【病原】猪疥螨成虫身体呈圆形，似龟状，微黄白色，背面隆起，腹面扁平，躯体可分为背胸部和背腹部，躯体前方有一假头，躯体腹面有 4 对短而粗的足。

【流行特点】各种年龄、品种和性别猪均可感染。猪的全身皮肤均可寄生。疥螨是不完全变态的节肢动物，发育过程包括卵、幼虫、若虫和成虫 4 个阶段，从卵发育为成虫需 8～15d。猪舍阴暗、潮湿、拥挤，猪群饲养管理粗放，环境卫生差，营养不良等均是本病的诱发因素。通过接触患病猪或被污染的用具及环境而感染。

【临床症状】病猪皮肤发炎、剧痒，通常从头部开始，并逐渐扩展至腹部及四肢，甚至全身。猪常在墙角、圈门、栏柱等处蹭痒，常擦出血，以致皮肤粗糙、肥厚、落屑、龟裂、污秽不堪等（图 3-42），最后病猪食欲不振，营养减退，身体消瘦，甚至死亡。

猪疥螨病(图3-42)

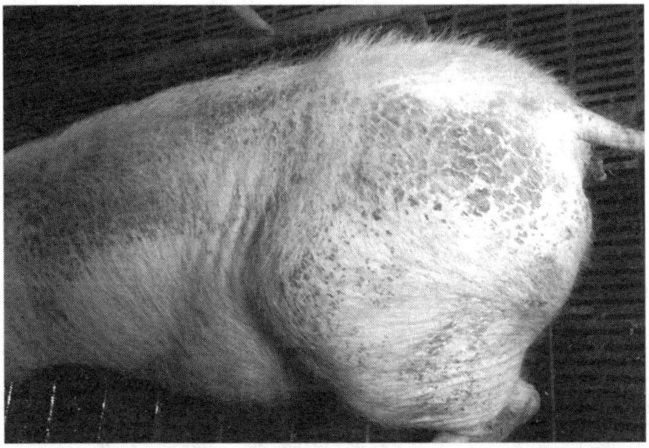

图 3-42　母猪皮肤结痂、龟裂（陈立功供图）

【病理特征】局部皮肤发炎，形成小结节，因瘙痒摩擦造成继发感染而形成化脓性结节或脓疱，后者破溃、内容物干涸形成痂皮。

【诊断要点】根据流行特点、临床症状、病变，可以作出初诊。不典型病例需刮取患部与健部交界处皮屑，滴加少量的甘油水等量混合液或液体石蜡，放在载玻片上，用低倍镜检查，可发现活螨。也可将刮取的病料装入试管内，加入10%苛性钠溶液加热数分钟，静置10min，取沉渣置载玻片上，用低倍镜检查疥螨虫体和虫卵以确诊。

【类症鉴别】猪疥螨病易与湿疹、虱病、毛虱病及秃毛癣相混淆，诊断时应注意鉴别。

【防治措施】

1.猪圈要保持干燥，光线充足，空气流通，经常刷拭猪体，猪群不可拥挤，并定期消毒栏舍。新购进的猪应仔细检查，经鉴定无病时，方可合群饲养。

2.发现病猪及时隔离治疗，可用0.5%～1%敌百虫水溶液，或速杀灭丁、敌杀死等药物，用水配成万分之二的浓度，直接涂擦、喷洒患部，隔2～3d一次，连用2～3次。或用0.1%双甲脒溶液喷洒猪体、圈舍和环境，每7d重复一次。伊维菌素拌料饲喂，每千克体重300～500μg；或注射，每千克体重300μg。

十三、猪食道口线虫病

猪食道口线虫病是由多种食道口线虫寄生于猪的结肠和盲肠而引起的一种线虫病。严重感染时可引起猪结肠炎，因幼虫寄生在大肠壁内形成结节，故本病又称为猪结节虫病。

【病原】常见种类为有齿食道口线虫和长尾食道口线虫。有齿食道口线虫为乳白色，雄虫长8～9mm，雌虫长11.3mm。长尾食道口线虫为暗灰色，雄虫长6.5～8.5mm，雌虫长8.2～9.4mm。

【流行特点】仔猪最易受感染，多雨、潮湿季节发病较多。雌虫在猪大肠内产卵，虫卵随猪粪排出体外，在25～27℃和适宜的湿度条件下经4～8d，幼虫孵出并经两次蜕皮发育为带鞘的感染性幼虫。猪吞食后的幼虫在肠内蜕鞘，钻入大肠黏膜下，形成大小为1～6毫米的结节。感染后6～10d，幼虫在结节内蜕第三次皮，成为第四期幼虫，然后返回肠腔，蜕第四次皮，成为第五期幼虫。感染后38d（仔猪）或50d（成年猪）发育为成虫，成虫在大肠内寄生期为8～10个月。

【临床症状】严重感染猪腹泻或下痢，粪便中带有脱落的黏膜，高度消瘦，发育障碍（图 3-43）。继发细菌感染时，发生化脓性结节性大肠炎，严重者可造成死亡。

猪食道口线虫病
(图3-43~图3-45)

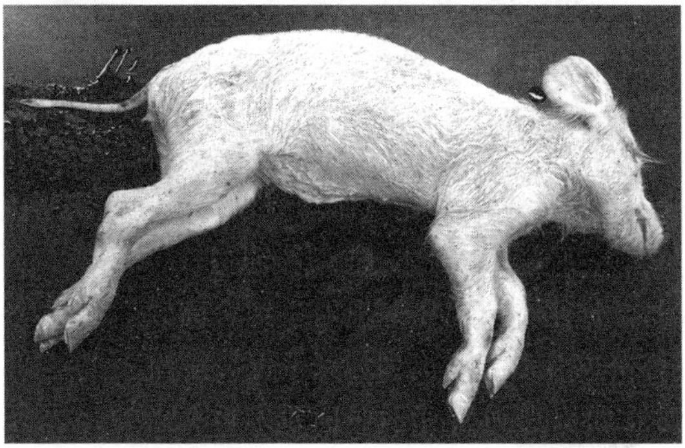

图 3-43　病猪消瘦、死亡（董世山，陈立功供图）

【病理特征】尸体剖检病变主要在大肠，严重时透过浆膜即可见黏膜下形成的结节（图 3-44、图 3-45）。

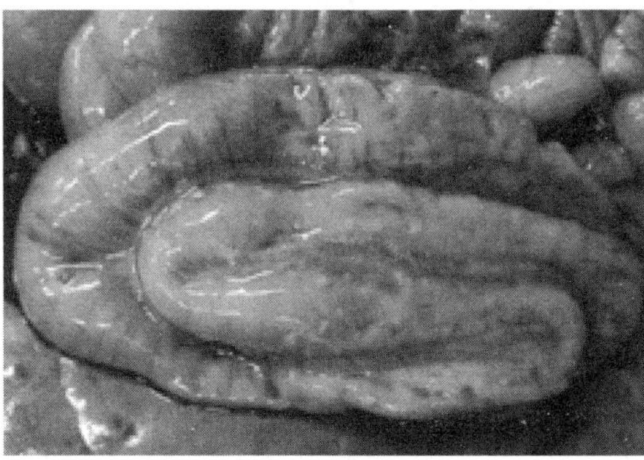

图 3-44　透过结肠浆膜可见结节（董世山，陈立功供图）

【诊断要点】仅根据临床表现不能确诊本病，尸体剖检，检出幼虫、成虫和大肠病灶结节即可确诊。

【类症鉴别】本病应与猪毛首线虫病、猪棘头虫病、猪痢疾、猪增生性肠炎、猪坏死杆菌病（肠炎型）、猪副伤寒等相鉴别。

【防治措施】猪舍要经常打扫、消毒，保持通风、干燥。加强饲养

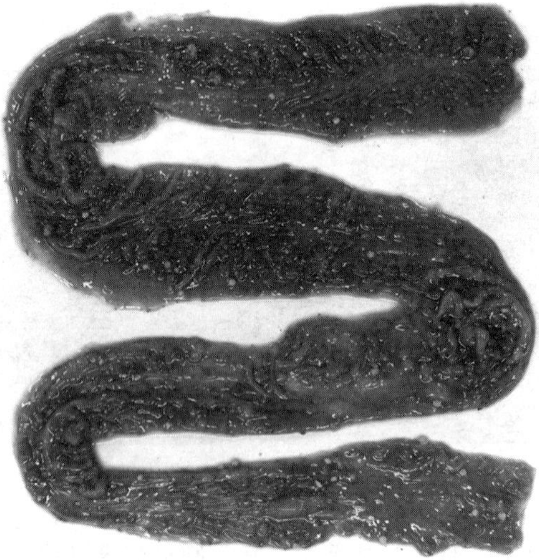

图 3-45 幼虫在结肠黏膜形成的结节（董世山，陈立功供图）

管理，垫草要勤换、常晒，对猪群要定期检查，发现有本病者，应及时隔离治疗。治疗可用伊维菌素、阿维菌素等药驱虫。

十四、猪棘头虫病

猪棘头虫病是由蛭形巨吻棘头虫寄生于猪的小肠而引起的一种寄生虫病。

【病原】蛭形巨吻棘头虫个体较大，虫体呈圆柱形，前部较粗，后部较细（图 3-46），乳白色或淡红色。吻突较小、呈球形，吻突上长有 5～6 排、每排 6 个向后弯曲的小钩。体表有明显的环形皱纹。

【流行特点】成虫寄生在猪的小肠，雌雄交配后，虫卵排出体外，被某些甲虫（金龟子）的幼虫（蛴螬）吞食后，棘头蚴在肠内孵化后穿过肠壁进入体腔，发育为棘头体并形成棘头囊，甲虫发育为蛹和成虫时，棘头囊留在体内。终末宿主猪吞食带有棘头囊的甲虫幼虫、蛹和成虫，即可引起感染。棘头囊进入猪体内，棘头体从囊中逸出，以吻突叮在小肠壁上，经 70～110d 发育为成虫，棘头虫在猪体内可存活 10～24 个月。

猪棘头虫病
(图3-46、图3-47)

图 3-46　猪蛭形巨吻棘头虫（陈立功供图）

【临床症状】轻度感染病猪贫血，消瘦，营养不良。病猪食欲减退，腹痛，下痢，粪便带血，症状加剧时，体温 41℃，病猪不食，卧地，剧烈腹痛，多以死亡告终。

【病理特征】尸体剖检可见小肠内成虫，虫体固着部位化脓和穿孔（图 3-47）。

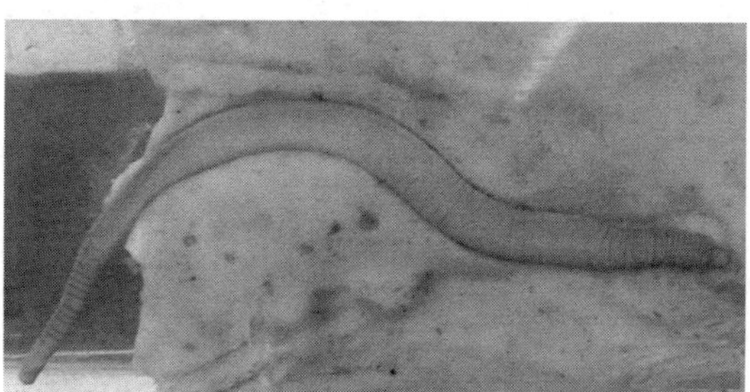

图 3-47　猪蛭形巨吻棘头虫寄生于小肠（陈立功供图）

【诊断要点】以直接涂片法或沉淀法检查粪便中的棘头虫卵确诊本病。

【类症鉴别】本病应与猪毛首线虫病、猪食道口线虫病、猪痢疾、猪增生性肠炎、猪坏死杆菌病（肠炎型）、猪副伤寒等相鉴别。

【防治措施】目前尚无特效药物，病猪粪便应堆集发酵，以杀灭虫卵。可使用左旋咪唑、四咪唑、敌百虫等药物治疗，但大多只对成虫有效。

十五、猪虱病

猪虱病是猪虱寄生于猪体表引起的寄生虫病。

【病原】猪虱个体很大，虫体呈灰黄色（图 3-48）。雌虫长达 5mm，雄虫长达 4mm。头部伸长，比胸部显著狭窄。

【流行特点】一年四季都可感染，但以寒冷季节多发。猪虱为不完全变态发育，经卵、若虫和成虫 3 个发育阶段。猪体表的各阶段虱均是传染源，通过直接接触传播。雌雄虫交配后，雌虱在猪上产卵。卵呈长椭圆形，黄白色，经 12～15d 孵出若虫。若虫吸血，每隔 4～6d 蜕化一次，经 3 次蜕皮后变为成虫。自卵发育到成虫需 30～40d，每年能繁殖 6～15 个世代。雌虫的产卵期持续 2～3 周，共产卵 50～80 个。雌虱产卵后死亡，雄虱于交配后死亡。

猪虱病(图3-48)

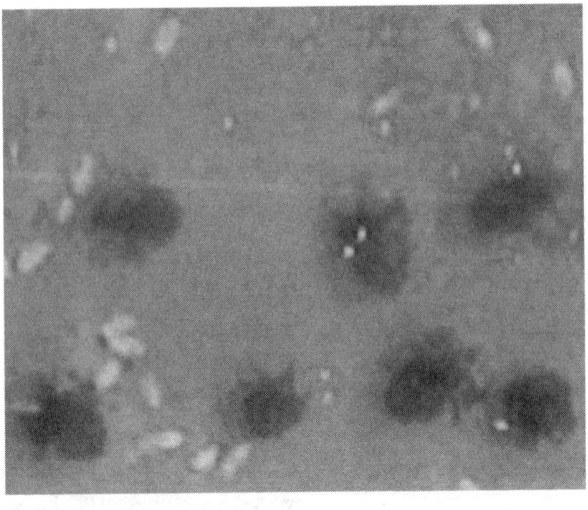

图 3-48　猪虱和虫卵（陈立功供图）

【临床症状】猪虱多寄生于猪的耳朵周围、颈部、颊部、体侧及四肢内侧皮肤皱褶处，严重时全身均可寄生。患猪经常搔痒和摩擦，造成被毛脱落，皮肤损伤。幼龄仔猪感染后，症状比较严重，常因瘙痒不安，影响休息、食欲，甚至影响生长发育。

【病理特征】猪虱成虫叮咬吸血，刺激皮肤，常引起皮肤发炎，出现小结节。

【诊断要点】检查猪体表，尤其是耳壳后、腋下、股内等部位皮肤和近毛根处，找到虫体或虫卵即可确诊。

【类症鉴别】本病应与猪疥螨病、湿疹、毛虱病及秃毛癣病相鉴别。

【防治措施】加强饲养管理，经常刷梳猪体，保持清洁干净。垫草要勤换、常晒，对猪群要定期检查，发现有虱病者，应及时隔离治疗。杀灭猪虱可选用2%敌百虫水溶液涂于患部或喷洒于体表患部；或烟叶1份、水90份，煎成汁涂擦体表；或将鲜桃树叶捣碎，在猪体表抹擦数遍。

第四章　猪螺旋体病

一、猪痢疾

猪痢疾又称血痢、黑痢、黏液性出血性下痢，是由致病性猪痢疾密螺旋体引起的猪特有的一种肠道传染病。临诊以消瘦、腹泻、黏液性或黏液性出血性下痢为特征。

【病原】本病病原为猪痢疾蛇形螺旋体，呈较缓的螺旋形，多为2～4个弯曲，形如双雁翅状，为厌氧菌，革兰氏染色阴性。

【流行特点】各种年龄和品种的猪均可感染发病，主要感染7～12周龄仔猪。一年四季均有发生，但以4～5月份和9～10月份多发。病猪、带菌猪是主要的传染源，病菌随粪便大量排出，通过消化道感染健康猪。

【临床症状】潜伏期长短不一，在3日龄至2月龄以上，猪群初发呈急性，以后逐渐转变为亚急性和慢性。

1. 最急性病例常突然死亡，无腹泻症状，多数病例初期排出黄色或灰色软便，病猪精神沉郁，食欲减退，体温40～41℃。当持续下痢时，粪便中逐渐带有黏液、血液，呈油脂样或胶冻状，红色或黑红色（图4-1）。病猪脱水消瘦、弓背，腹部凹陷，行走不稳，因极度衰弱而死亡。

2. 亚急性和慢性病例，病程延长1～2周，病情缓和，有黏液性、

猪痢疾
(图4-1~图4-5)

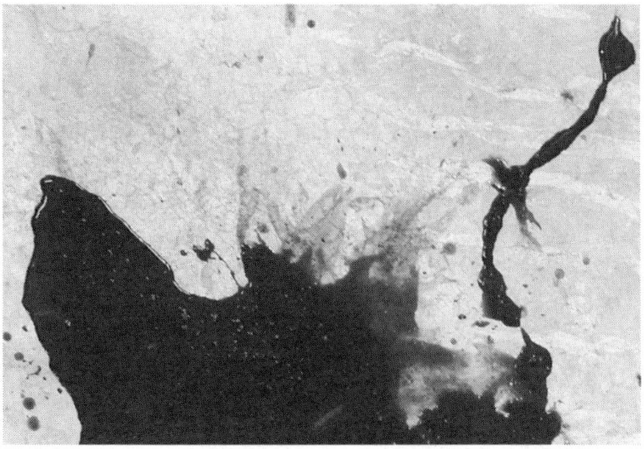

图 4-1　病猪排黑红色血样便（陈立功供图）

出血性下痢，粪便呈黑红色（图 4-2），精神不振，食欲减退，消瘦，生长发育停滞，死亡率不高。

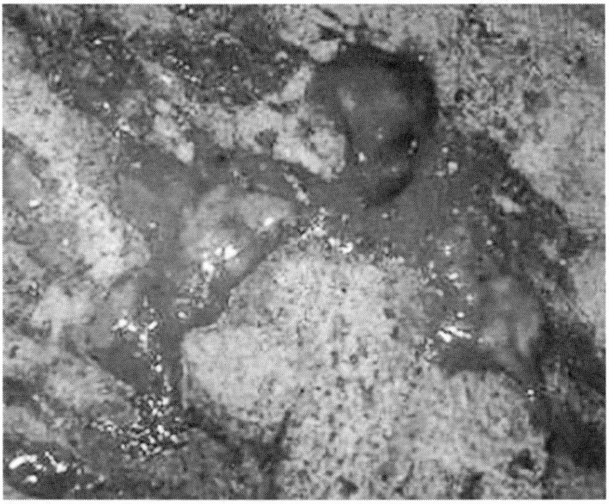

图 4-2　病猪排黏性血样便（肖海君供图）

【病理特征】剖检病变主要在大肠，可见盲肠、结肠和直肠等黏膜充血、出血（图 4-3），呈渗出性卡他性炎症变化。急性期肠壁呈水肿性肥厚，大肠松弛，肠系膜淋巴结肿胀，肠内容物为水样、恶臭并含有黏液（图 4-4），肠黏膜常附有灰白色纤维素样物质（图 4-5），特别在盲肠端出现充血、出血、水肿和卡他性炎症更为显著。

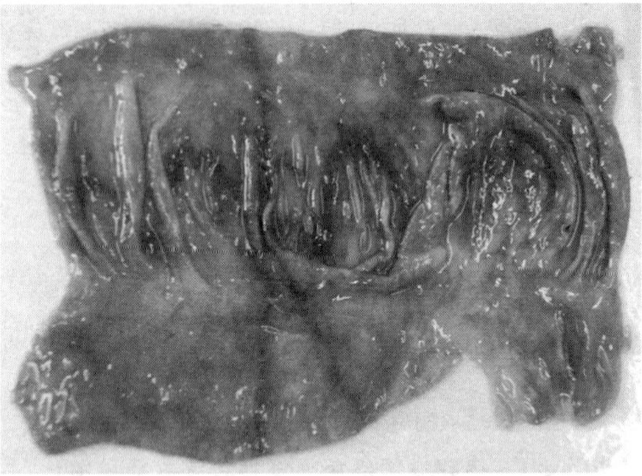

图 4-3 大肠黏膜充血、出血（陈立功供图）

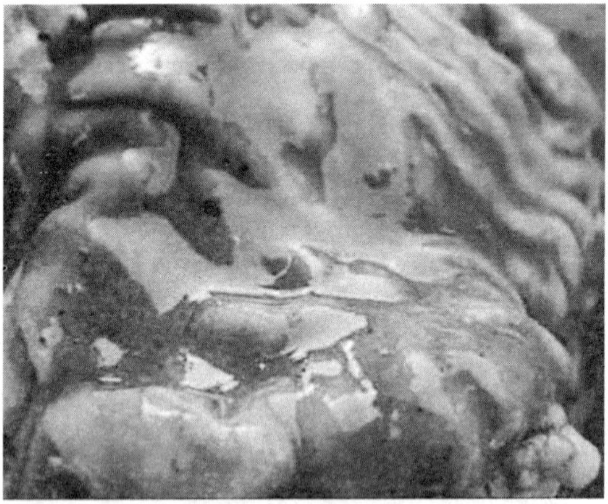

图 4-4 大肠黏膜覆盖黏液（肖海君供图）

【诊断要点】根据流行特点、临床症状和剖检病变可作出初诊。确诊应进行相关实验室检查。

【类症鉴别】本病应与猪增生性肠炎、猪坏死杆菌病（肠炎型）、猪副伤寒、猪毛首线虫病等相鉴别。

【防治措施】严禁从疫区购进种猪，坚持自繁自养。需要引进猪时，要隔离观察1～2个月，确定无病方可并群。发生本病，及时隔

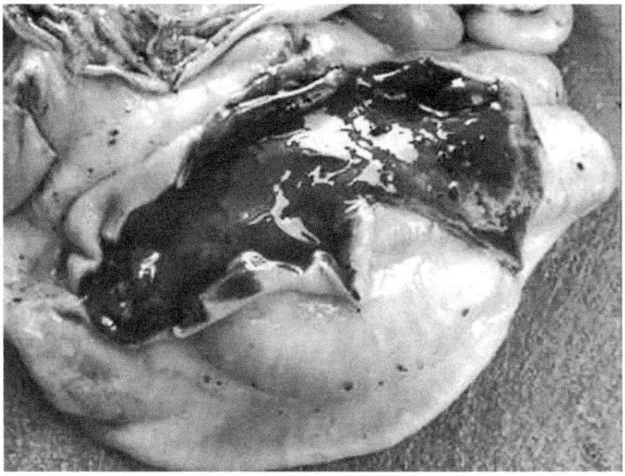

图 4-5　大肠黏膜附着黏液（肖海君供图）

离，并彻底清扫、清毒，对猪群进行药物预防，对粪便进行无害化处理，用 1%～2%臭药水或 0.1%过氧乙酸消毒猪舍及病猪体，一般在消毒后 1 个月，猪舍方可再引进新猪。治疗首选痢菌净注射。预防可选用泰乐菌素、泰妙菌素等。

二、钩端螺旋体病

钩端螺旋体病是由致病性钩端螺旋体引起的一种人畜共患病和自然疫源性传染病。

【病原】本病病原为致病性钩端螺旋体，长 6～30μm，宽 0.1μm，革兰氏染色阴性，在暗视野或相差显微镜下，呈细长的丝状、圆柱形，螺纹细密而规则，菌体两端弯曲成钩状，常呈“C”或“S”形弯曲，运动活泼并沿其长轴旋转。

【流行特点】各种年龄的猪均可感染，但仔猪发病较多，特别是哺乳仔猪和断奶仔猪发病最严重。本病通过直接或间接接触传播，主要途径为皮肤，其次是消化道、呼吸道以及生殖道黏膜。吸血昆虫叮咬、人工授精以及交配等均可传播本病。多发生于每年的 7～10 月份，尤其常见于暴雨后的 1～2 周或洪水过后。

【临床症状】病猪临床症状表现形式多样，主要有发热、黄疸、血红蛋白尿、出血性素质、流产、皮肤和黏膜坏死、水肿等。

1.急性型（黄疸型）

多发于大猪和中猪，呈散发性。病猪体温升高，厌食，皮肤干燥，常见病猪在墙壁上摩擦皮肤至出血，1～2d 内全身皮肤或黏膜发黄，尿呈浓茶样或血尿。病后数日、有时数小时内突然惊厥而死亡。

2.亚急性型和慢性型

多发生在断奶前后，体重 30kg 以下的仔猪。病初有不同程度的体温升高，眼结膜潮红，食欲减退，几天后眼结膜潮红、浮肿，或泛黄，或苍白浮肿。皮肤有的发红、瘙痒，有的轻度泛黄，有的头颈部水肿，尿呈茶样至血尿。病猪逐渐消瘦，病程由十几天至一个月不等，致死率 50%～90%。

母猪一般无明显的临诊症状，有时可表现出发热、无乳。但妊娠 4～5 周母猪感染后 4～7d 可发生流产和死产，流产率可达 20%～70%。怀孕后期的母猪感染后可产弱仔，仔猪不能站立，不会吸乳，1～2d 死亡。

【病理特征】剖检可见皮肤（图 4-6）、皮下组织（图 4-7）、浆膜（图 4-8）、可视黏膜（图 4-9）和部分内脏黄染，关节腔（图 4-10）、胸腔和心包腔内有黄色积液。膀胱内积有血样尿液。心内膜、肠系膜出血。膀胱黏膜黄染、出血（图 4-11）。肝脏肿大、棕黄色，有坏死灶（图 4-12）。肾脏肿大，慢性者有散在灰白色病灶（图 4-13）。水肿型病例可见头颈部出现水肿。流产胎儿身上有出血点，肝坏死，肺出血。

钩端螺旋体病
(图4-6~图4-13)

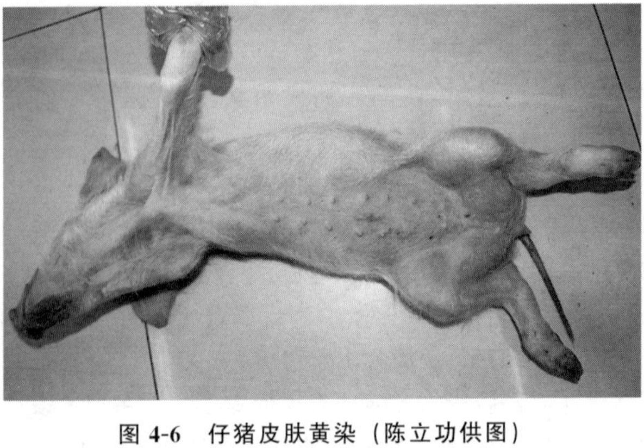

图 4-6　仔猪皮肤黄染（陈立功供图）

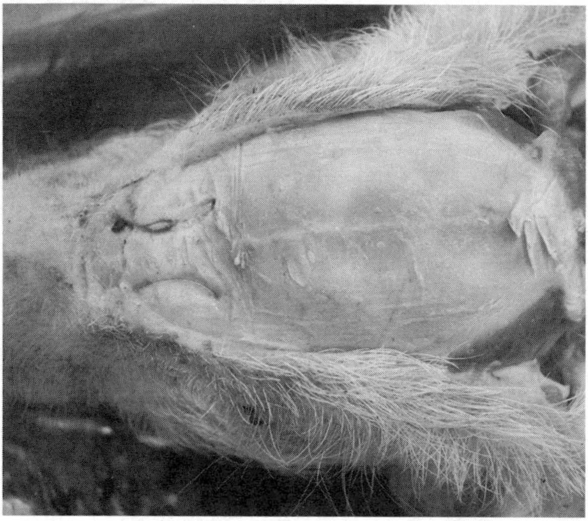

图 4-7　脑部皮下黄染（陈立功供图）

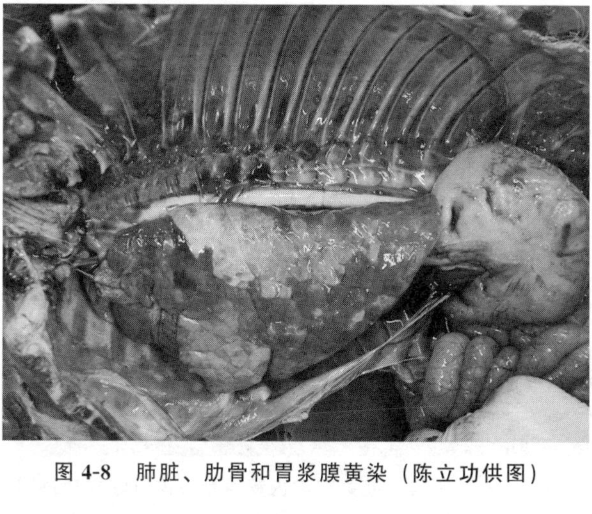

图 4-8　肺脏、肋骨和胃浆膜黄染（陈立功供图）

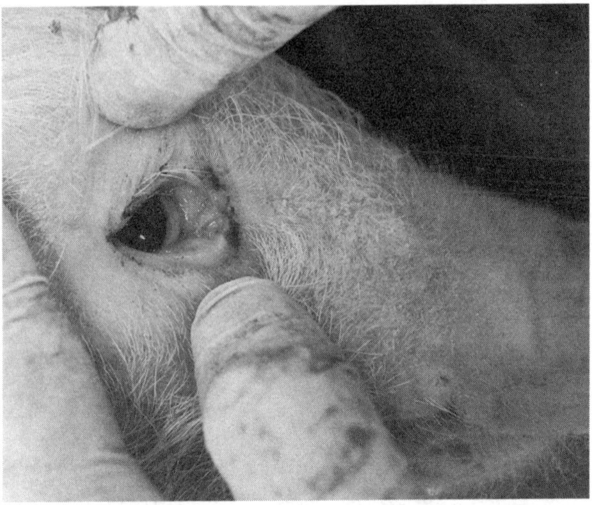

图 4-9　眼结膜黄染（陈立功供图）

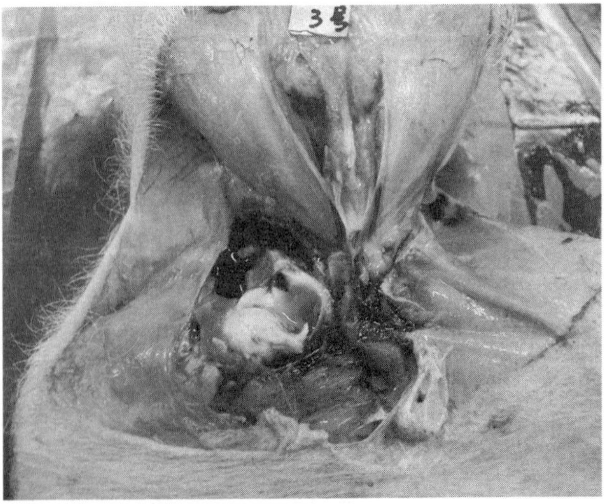

图 4-10　皮下黄染，髋关节腔内积黄色液体（陈立功供图）

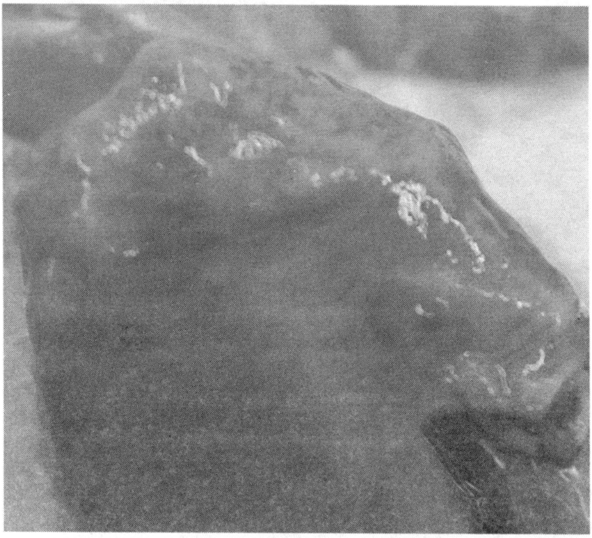

图 4-11　膀胱黏膜黄染、出血（陈立功供图）

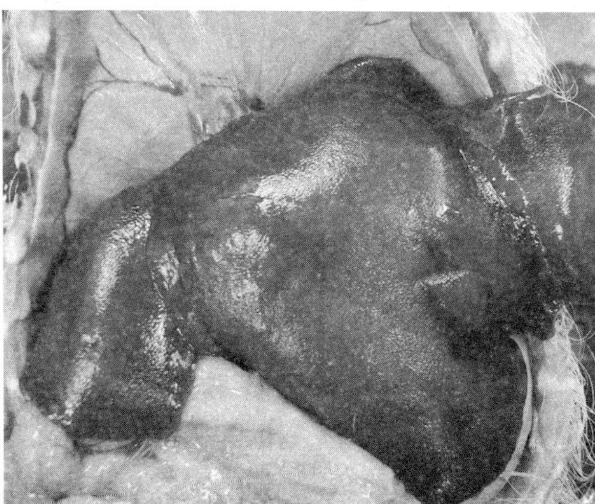

图 4-12　肝脏黄色坏死（陈立功供图）

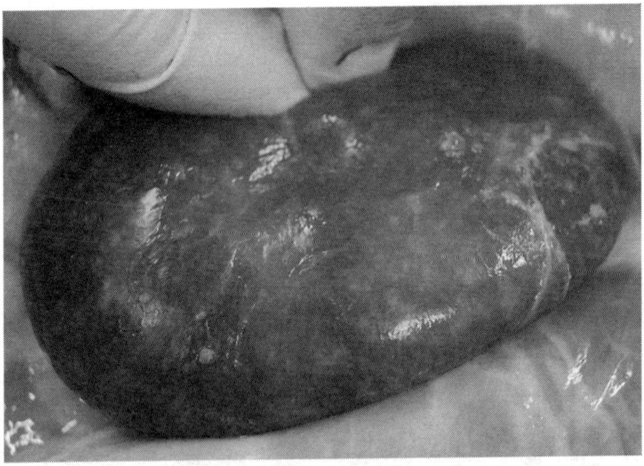

图 4-13　肾脏皮质部表面的坏死（陈立功供图）

【诊断要点】根据流行特点、临床症状和剖检病变可作出初诊。确诊应采集病猪血液（发热期）或尿液或脑脊液（无热期），死猪肝、肾等病料送实验室进行暗视野活体或染色体检查，见到病原体即可确诊。

【类症鉴别】本病的黄疸型应与附红细胞体病、黄脂猪、猪蛔虫病致阻塞性黄疸及黄曲霉毒素中毒相鉴别。

【防治措施】病猪及时隔离，消毒被污染的水源、场地、用具，清除污水和积粪。消灭场内老鼠。及时用钩端螺旋体病多价菌苗进行紧急预防接种。对症状轻微的病猪，可用链霉素或庆大霉素肌注。在猪群中发现感染，应在饲料中加入四环素，每千克体重 40mg，给药 3～5d 进行全群治疗。对急性、亚急性病例，在病因疗法的同时，结合对症疗法，其中以葡萄糖、维生素 C 静脉注射及强心利尿剂的应用，对提高治愈率有重要作用。

第五章　猪支原体病

一、猪支原体肺炎

猪支原体肺炎又称猪地方流行性肺炎、猪地方性肺炎，俗称猪气喘病，是由猪肺炎支原体引起的一种接触性慢性呼吸道传染病。

【病原】病原为猪肺炎支原体，无细胞壁，呈多形性，常见的为球状、杆状、丝状及环状。本病原的染色性较差，革兰氏染色呈阴性，着色不佳，用姬姆萨染色法和瑞氏染色法良好。

【流行特点】不同日龄、品种的猪均易感，其中哺乳仔猪及幼猪最易发病，其次是怀孕后期及哺乳母猪；含有太湖猪血缘的杂交猪最易感染。主要经呼吸道传染，一年四季均可发生，但一般在气候多变、阴湿、寒冷的冬春季节发病严重，症状明显。新疫区常呈暴发性流行，发病率与死亡率均较高。本病反复性强，药物治疗效果不佳，严重影响生长及饲料报酬。

【临床症状】发病猪主要症状为咳嗽、气喘。病初为短声连咳，特别是在吃食、剧烈跑动、早晨出圈、夜间和天气骤变时最容易听到，同时流出大量清鼻液，病重时流灰白色黏性或脓性鼻液。中期出现气喘，呼吸次数剧增，呈明显的腹式呼吸。体温一般正常，精神、食欲无明显变化。后期气喘加重，呈犬坐姿势（图 5-1），发出哮鸣声，甚至张口喘气，病猪精神不振，消瘦（图 5-2），行走无力。饲养条件好时，可以康复，但仔猪发病后死亡率较高。

猪支原体肺炎
(图5-1~图5-4)

图 5-1　育肥期病猪呈犬坐姿势（张芳供图）

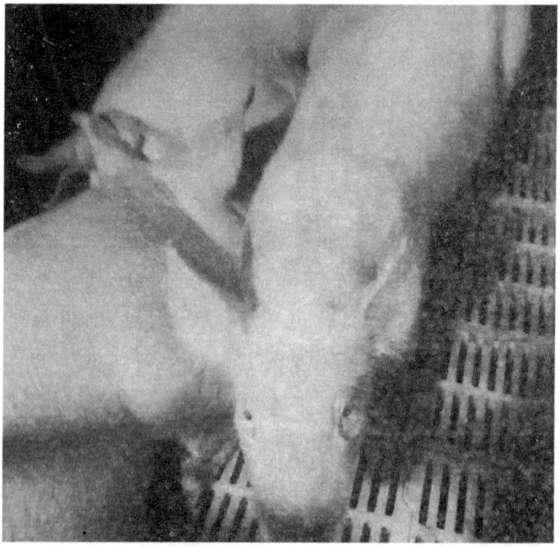

图 5-2　病猪发育不良（张晓利供图）

【病理特征】剖检时可见肺脏显著增大，两侧肺的心叶、尖叶、膈叶以及中间叶发生对称性的肉样实变（图 5-3、图 5-4），与周围肺组织界限明显。实变区呈紫红色或深红色，压之有坚硬感觉；非实变区出现水肿、气肿和淤血，或者无显著变化。肺门淋巴结和纵隔淋巴结肿大、质硬，断面黄白色，呈髓样变，淋巴滤泡明显增生。

图 5-3　肺肉样实变（陈立功供图）

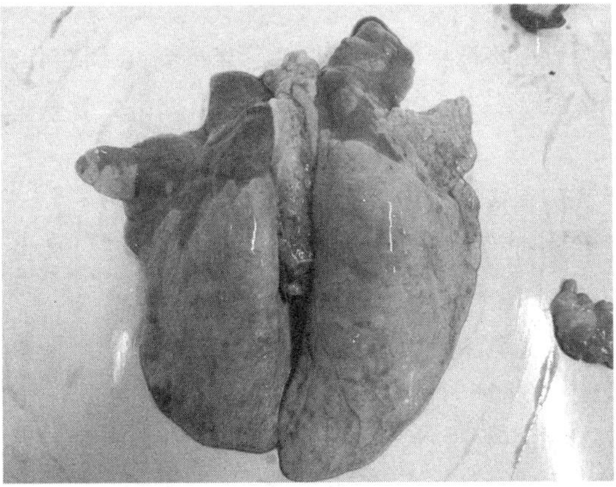

图 5-4　肺肉样实变（董世山，陈立功供图）

【诊断要点】根据流行特点、临床症状和病理变化可作出初步诊断。必要时可取病料进行支原体分离培养、PCR 检测进行确诊。

【类症鉴别】本病应与猪流行性感冒、猪肺疫、猪接触传染性胸膜肺炎相鉴别。

【防治措施】加强饲养管理，增强猪的抵抗力。提倡自繁自养，不从疫区引入猪，新购进的猪要加强检疫，进行隔离观察，确认无病后，方可混群饲养。疫苗预防可用猪气喘病弱毒疫苗，免疫期在 8 个月以上，保护率 70%～80%。有条件的猪场可培育无病原菌的种猪，建立无气喘病的健康猪场。病猪应严格隔离、治疗，被污染的猪舍、用具等，可用 2%火碱水喷雾消毒。病猪可选用长效土霉素。若大群发病，可采用以下措施：枝原净 100mg/L 或泰乐菌素 100mg/L，按推荐剂量使用 10～15d。

二、猪滑液支原体关节炎

猪滑液支原体关节炎是由滑液支原体引起的一种猪的非化脓性关节炎。

【病原】本病病原为滑液支原体，姬姆萨染色标本，除有 0.3～0.6μm 典型蓝紫色球杆状菌体外，还有直径 5～10μm 蓝染的球形菌体。

【流行特点】母猪鼻、咽的感染率很高；4～8 周龄仔猪发生较少，10～20 周龄猪群易暴发。病猪黏膜分泌物中排出大量病原体，主要经鼻、咽部感染。

【临床症状】病猪突然出现跛行，体温偶有轻度升高，急性跛行持续 3～10d 后多数病猪逐渐好转。发病率一般为 1%～5%，死亡率很低，当病猪不能饮食或被踩压等时才引起死亡。

【病理特征】急性病例关节滑膜肿胀、充血、水肿。滑液量明显增多，呈黄褐色。亚急性病例滑膜呈黄色或褐色，充血、增厚，绒毛轻度肥大。慢性病例滑膜增厚更为明显，可见到血管翳形成，有时见到关节软骨溃烂。

【诊断要点】根据临床的特殊症状和特异的病理变化，可作出初步诊断，但确诊须从急性期的关节液中分离、鉴定病原。

【类症鉴别】本病应与副猪嗜血杆菌感染、慢性猪丹毒（关节炎型）、猪链球菌病（关节炎型）等相鉴别。

【防治措施】本病目前没有商品化疫苗。必须采取综合性预防措施，重点是不从发病地区引进种猪，防止在易感年龄内发生各种应激。发病猪群可用延胡索酸泰妙菌素、泰乐菌素、林可霉素等药物预防和治疗。为减轻疼痛，可注射可的松类药物，但只需注射一次，不能反复应用。

第六章　猪立克次体病

附红细胞体病

附红细胞体病（简称附红体病）是由附红细胞体（简称附红体）引起的一种人畜共患传染病，以贫血、黄疸和发热为特征。

【病原】附红细胞体是一种多形态微生物，多呈环形、球形和椭圆形，少数呈杆状、月牙状、顿号形、串珠状等不同形态。附于红细胞表面或在血浆中作摇摆、扭转、翻滚等运动。寄生于红细胞表面时，使红细胞变形为齿轮状、星芒状或不规则形（图 6-1）。姬姆萨法染色呈紫红色，瑞氏染色呈蓝黑色。

【流行特点】附红体宿主有鼠类、绵羊、山羊、牛、猪、狗、猫、鸟类和人等。病猪和隐性感染猪是主要传染源。经接触性传播、血源性传播、垂直传播（母猪经子宫、胎盘感染胎猪）及媒介昆虫传播等。一年四季均可发病，但多发生于夏、秋和雨水较多的季节及气候易变的冬、春季节。

【临床症状】动物感染附红体多呈隐性经过，受应激因素刺激可出现临诊症状。育肥猪、成年猪发病率高，死亡率低。哺乳仔猪和断奶仔猪发病后症状加剧，死亡率高。一旦有继发病和混合感染，损失更加严重。

猪急性期表现发热，体温 42℃，食欲不振，精神委顿，黏膜苍白，

附红细胞体病
(图6-1~图6-5)

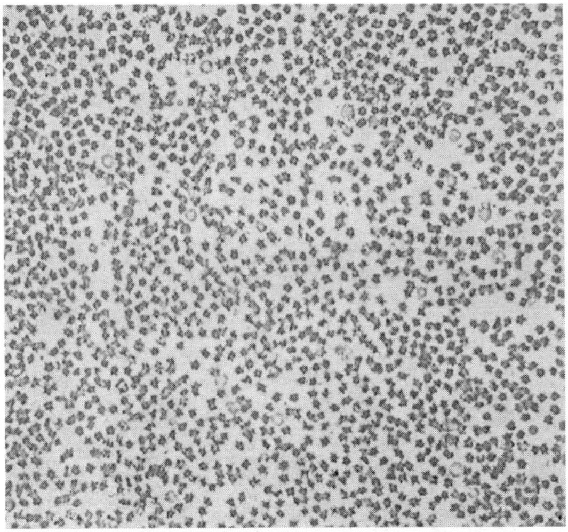

图 6-1　红细胞表面附有附红细胞体，明显变形（×400）（董世山，陈立功供图）

常以“红皮”为特征，即背腰及四肢末梢淤血，特别是耳郭边缘发紫，仔细观察可见毛孔处有针尖大小的微细红斑，尤以耳部皮肤明显（图6-2）。有时有黄疸，持续感染病例耳郭边缘甚至大部分耳郭可能会发生坏死。慢性型病猪消瘦、苍白，有时出现荨麻疹型或疹斑型皮肤变态反应。

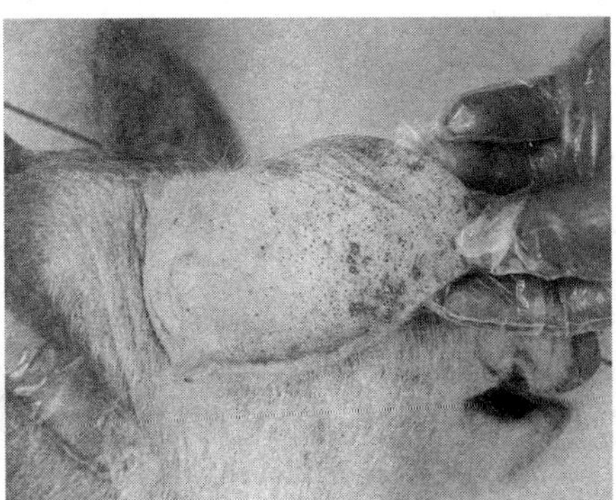

图 6-2　耳部皮肤毛孔处弥漫性、渗出性出血（董世山，陈立功供图）

【病理特征】剖检主要病变为黄疸、贫血，全身肌肉色泽变淡，血液稀薄、呈水样，凝固不良。皮下组织（图 6-3）、黏膜、浆膜（图 6-4）、心冠状脂肪及心外膜（图 6-5）黄染。胃黏膜黄染，有散在的出血斑。肾黄染。肝脂肪变性，胆汁浓稠，有的可见结石样物质，肝有实质性变化和坏死，脾被膜有结节，结构模糊。

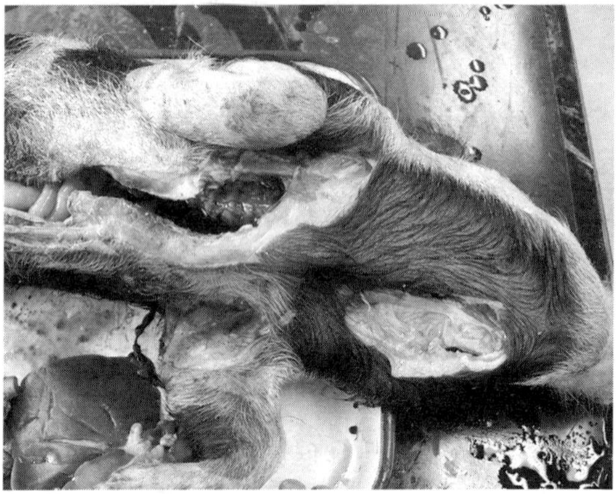

图 6-3　皮下组织黄染（陈立功供图）

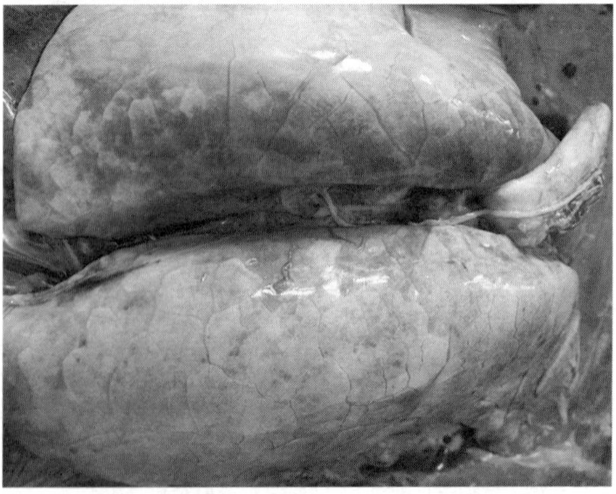

图 6-4　肺脏浆膜黄染（陈立功供图）

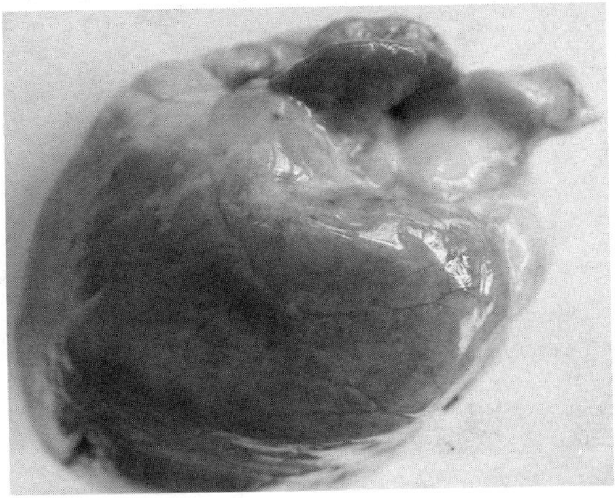

图 6-5　心冠状脂肪、心外膜黄染（陈立功供图）

【诊断要点】根据贫血、黄疸、体温升高等症状，结合病理特点、镜检即可确诊。

【类症鉴别】本病应与钩端螺旋体病、黄脂猪、猪蛔虫病致阻塞性黄疸及黄曲霉毒素中毒相鉴别。

【防治措施】预防本病要采取综合性措施，科学的饲养管理和消除应激因素是最重要的；要驱除媒介昆虫；做好针头、注射器的消毒。将四环素类等抗生素混于饲料中，可预防猪发生本病。治疗可选用长效土霉素进行注射，每千克体重 20～30mg，并采用支持疗法，200mg/头右旋糖酐铁进行注射。

第七章　猪真菌病

一、猪皮肤真菌病

猪皮肤真菌病又称皮霉病、表皮真菌病、小孢子菌病等，是由多种皮肤致病真菌所引起的猪皮肤病的总称。

【病原】本病是由真菌门中的半知菌纲念珠菌目念珠菌科的各种小孢子菌和毛癣菌感染引起的，有钱癣和蔷薇糠疹等。

【流行特点】本病在猪场往往为散发，各种日龄猪均可发病。

【临床症状】常发生于背部、腹部、胸部和股外侧部，有时初见于头部，严重时发生于全身，而腕部及跗关节以下部未见发病。病初仅见皮肤有斑块状的中度潮红，嵌有小的水疱，然后水疱破裂，浆液外渗，在病损的皮肤上形成灰色至黑色的圆斑和皮屑，再经 4～8 周后可自行痊愈。病情较重时，继丘疹、水疱之后，可发生毛囊炎或毛囊周围炎，引起结痂、痂壳形成和脱屑、脱毛。于是，在皮肤上形成圆形癣斑，上有石棉板样的鳞屑，称此为斑状秃毛。或癣斑中部开始痊愈、生毛，而周缘部分脱毛仍在进行，称此为轮状脱毛。当皮肤癣菌感染严重时，常引起皮下结缔组织大量增生，导致淋巴和血液回流受阻，皮肤肥厚而发生象皮病。病猪也可见到轻度的瘙痒症状。对吃料、生长性能无明显影响。

【病理特征】除了皮肤出现红斑等炎症反应外，内脏器官无明显的病理变化。霉菌孢子污染受损皮肤后，在表皮角质层内发芽，长出菌丝，蔓延深入毛囊。由于霉菌溶蛋白酶和溶角质酶的作用，菌丝进入毛根，并随毛向外生长，受害毛发长出后很容易折断，大量折断脱落形成无毛斑。由于菌丝在表皮角质层中大量增生，使表皮很快发生角质化并引起炎症，导致皮肤粗糙，脱屑、渗出和结痂。取组织制片镜检常能见到真菌。

【类症鉴别】本病应与猪疥螨病和湿疹相鉴别。

【防治措施】本病尚无免疫预防的办法，平时应加强饲养管理，搞好圈舍及畜体皮肤卫生，在平时给幼畜补饲维生素 A 可作为一项预防措施。病猪及时隔离、治疗，对猪舍及用具等进行严格消毒。

可采取两种药液轮换使用的方法进行治疗，第一种药液为 0.2% 三氯异氰脲酸粉溶液，第二种药液为 2%敌百虫+1%硫黄混悬液，两种药液每天上、下午各喷一次。在喷药前，必须冲洗干净栏舍及猪体表，所有猪及栏床隔墙（仔猪接触到的地方）必须充分喷湿，喷药时间最好选择当天温度较高时进行。注意在喷药过程中，若出现仔猪中毒现象，即用阿托品解毒。

此外，投服维生素 A、喂给营养平衡的饲料以及创造良好卫生的猪舍条件都有促进痊愈的作用。治疗结束后应对猪舍进行彻底的清洁和消毒。

二、猪毛霉菌病

猪毛霉菌病是由毛霉科的真菌引起的一种急性或慢性真菌病。

【病原】毛霉菌在病变组织中的菌丝粗大，并可形成较多的皱褶，但菌丝内无分隔，分枝小而钝，常呈直角，无孢子。

【流行特点】毛霉菌广泛存在于自然环境中，为腐生性真菌，具有较强的分解蛋白质能力，是一种条件致病性真菌，只有当机体免疫力低下时才引起发病。

【临床症状】呕吐和腹泻等胃肠炎症状，或胃炎和胃溃疡，氯霉素治疗不能止泻，最后死亡，未死猪屠宰前体背消瘦、被毛紊乱。妊娠母猪发生真菌性胎盘炎而流产。

【病理特征】剖检病变主要是胃肠炎和肝肉芽肿。肝脏膈面、左外叶脏面有结节，微隆起，边缘不齐、呈花边样，切面软，粉红色或灰红色，边缘有时见出血带。肝门淋巴结增大，剖面稍外翻，外边及切面呈淡黄色，边缘出血。肺膈叶顶端有一卵圆形肿块，切面灰白，中央呈干酪样坏死，边缘有一圈出血带，肿块外无包膜，膈叶中央部有圆形肿块。胃小弯近胰腺旁有肿块，切面灰白，部分出血、坏死，肿块边缘有一圈深紫色、花边样的出血带。肠系膜淋巴结肿大，切面灰白、出血、坏死。回盲瓣、结肠处肠壁增厚。育肥猪病灶位于颌下部，肿块椭圆，有的扩散到胃浆膜、肝及肠系膜淋巴结。小乳猪发生于胃，在贲门和幽门常见有大的静脉栓塞，有的胃黏膜上有厚的凝固性坏死物。胎盘水肿，绒毛膜坏死，其边缘显著增厚，呈皮革样外观。流产胎儿皮肤上有灰白色圆形至融合的斑块状隆起病变。

【诊断要点】临床症状和剖检病变只能作为诊断的参考，确诊要进行真菌学检查。

【类症鉴别】本病应与猪结核病、寄生虫性肉芽肿和猪肿瘤相鉴别。

【防治措施】此病无特异的治疗措施。毛霉菌广泛存在于自然环境中，因此，要预防本病的发生，必须保持环境洁净、空气新鲜，加强饲养管理，提高猪体的抵抗力。一旦发现此病，应做好隔离和消毒工作。

三、猪霉菌性肺炎

猪霉菌性肺炎是指由病原性霉菌引起的猪的一种感染。

【病原】本病病原为病原性霉菌（小型丝状真菌，如毛霉、根霉）。

【流行特点】常发生于气候温暖的南方，尤其是雨季。发病率低，但病死率高。以中猪的发病率和死亡率高，母猪和哺乳仔猪不发病。若哺乳仔猪的开食饲料污染，将全部发病。以开食饲料的哺乳仔猪和断奶仔猪的发病率和死亡率最高。仔猪对发霉饲料最敏感，发病多在开食后15～20d，先补料的先发病、先死亡，多是体格大、膘情较好的仔猪先发病、先死亡，治愈率较低。

【临床症状】早期症状和猪气喘病相似，表现呼吸急促，腹式呼吸，鼻孔流出少量黏液性或浆液性渗出物。多数病猪体温升高至

40.4～41.5℃，呈稽留热。随后，食欲减少或停食，渴欲增加，精神委顿，皮毛松乱，静卧于地上或躲于一角，不愿走动。强行驱赶，步态困难，并仰头张口呼吸。在发病中后期，多数病猪下痢，尤以小猪更严重，粪便稀烂、腥臭，肛门周围及后躯被排泄物污染。病猪表现失水，眼球凹陷，皮肤皱缩，体重明显减轻。急性病例经5～7d死亡，濒死期体温降至常温以下。亚急性病例经10d左右死亡。少数病例病程可拖延至30～40d，并有侧头、反应增高的神经症状，最后起立无力，极度衰弱死亡，治愈率低。

【病理特征】肺脏充血、水肿，间质增宽。充满混浊液。整个肺表面不同程度地分布有肉芽样灰白色或黄白色的圆形结节，尤以膈叶最多，结节的大小不一，多为针头大至粟粒大，少数似绿豆大，触感较坚实。肺切面流出大量带泡沫的血水。切开气管、喉头及鼻腔，均见充满白色泡沫。心包增厚，心包腔积水，心冠脂肪胶样水肿。胸腹腔积水增多，如血水样，接触空气后，能凝固呈胶冻样物。全身淋巴结不同程度水肿，尤以肺门、股内侧及颌下淋巴结最为显著，切面多汁，常见干酪样坏死。肾淤血，中央有针尖大至粟粒大的结节。胃黏膜有黄豆大的纽扣样溃疡，呈棕黄色，表现有同心环状结构。下痢的病猪，其大肠黏膜有卡他性炎，但无出血。

【诊断要点】临床症状和剖检病变只能作为诊断的参考，确诊要进行真菌学检查。

【防治措施】应采取综合性防治措施。发病后首先停喂发霉饲料，补充青料及矿物质，隔离病猪及可疑病猪。对大群猪防治，用2%糖水代替饮用水，连服3d。病猪用结晶紫分点肌注射，并配合肌注磺胺嘧啶。

第八章　猪中毒病

一、猪玉米赤霉烯酮中毒

猪玉米赤霉烯酮中毒是猪采食了含玉米赤霉烯酮的玉米而发生的中毒。

【病因】玉米赤霉烯酮是禾谷镰刀菌、粉红镰刀菌和串珠镰刀菌等镰刀菌在无性阶段的分生孢子期感染小麦、玉米等谷物后产生的一种次级代谢产物。玉米赤霉烯酮稳定性较强，不能通过饲料加工而降解。动物摄取受污染的饲料，该毒素与雌激素受体结合，引起类似雌激素过多的症状，即生殖器官功能和形态的变化。在所有动物中，猪的表现最明显。母畜性成熟期前是最敏感的阶段。春季和夏季易暴发，本病发病急，发病率高达100%，但死亡率低。对母猪的致病性严重。

【临床症状】中毒症状轻重主要取决于发病季节、仔猪直接摄入的毒素剂量和中毒的持续时间。中毒母猪卵巢萎缩、发情期延长、持续黄体、假孕、生殖力减弱、死产、受精失败和产弱仔增多。仔猪中毒，有的是在子宫内的胚胎发育期，或通过摄入母猪乳汁引起，临床症状与成年猪相同，表现为阴户和乳头红肿（图 8-1），阴户和子宫肥大，阴道或直肠脱出，小公猪乳房增大。种公猪睾丸萎缩，性欲降低，乳腺不同程度地增大。

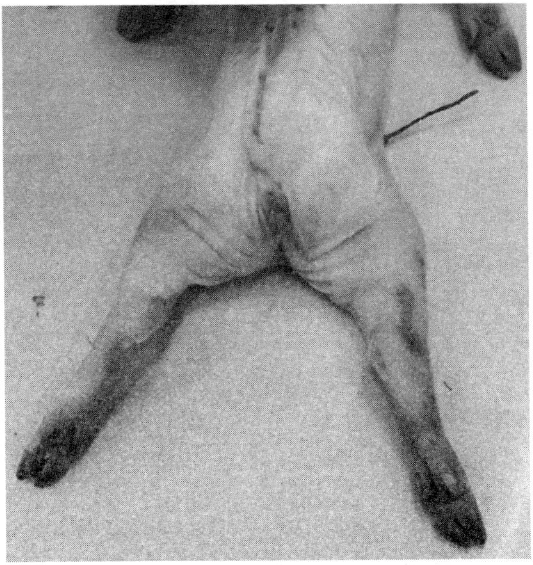

猪玉米赤霉烯酮中毒
(图8-1)

图 8-1　仔猪阴户红肿（陈立功供图）

【病理特征】母猪阴户、阴道、子宫颈壁、子宫肌层和子宫内膜增厚。发情前期的小母猪卵巢明显发育不全，常出现无黄体卵泡，卵母细胞变性，乳腺和乳头明显增大。公猪睾丸萎缩。

【诊断要点】根据临床症状、病理变化和现场饲料检查可以作出初诊。确诊须采集病料（肝、肾）和现场饲料样品，进行病理组织学检查和玉米赤霉烯酮测定。

【类症鉴别】霉菌及其霉菌毒素须由专门的机构来检测。由于许多真菌能同时分泌产生几种霉菌毒素，因此常常在饲料中也可以同时检测到两种或多种霉菌毒素。这些毒素或表现单一种毒素中毒症状为主，或同时表现几种霉菌毒素中毒症状，须进行鉴别诊断。

【防治措施】预防本病的关键是防止饲料原料玉米等霉变，一旦发现霉变饲料应废弃。中毒猪群应停用霉变玉米，给予维生素 C 或葡萄糖饮水 5～7d 以保肝解毒。

二、猪黄曲霉毒素中毒

猪黄曲霉毒素中毒是由于猪误食了被曲霉或寄生曲霉污染的含有

毒素的花生、玉米、麦类、豆类、油粕等而引起。

【病因】黄曲霉毒素主要是黄曲霉和寄生曲霉产生的有毒代谢产物。黄曲霉毒素并不是单一物质，而是一类结构极相似的化合物。黄曲霉毒素及其衍生物有20多种，以毒素B1、B2和G1、G2毒力最强，其中又以B1的毒力和致病性最强。黄曲霉和寄生曲霉等广泛存在于自然界中，主要污染玉米、花生、豆类、麦类、秸秆等农产品及其副产品。黄曲霉毒素属于嗜肝毒，对人、畜都表现出很强的细胞毒性、致突变性和致癌性。猪食入霉败饲料后1～2周即可发病。

【临床症状】急性病猪多发生于2～4月龄、食欲旺盛、体质健壮的幼猪，常无明显的临床症状而突然倒地死亡。亚急性病猪体温多升高到40～41.5℃，精神沉郁，食欲减退或废绝，黏膜苍白或黄染，后躯衰弱，走路不稳，粪便干燥，直肠流血。有的猪发出呻吟或头抵墙壁不动，有的兴奋不安、抽搐和角弓反张。慢性病猪多为育成猪，精神不振，运步僵硬，拱背，有异食癖等症状。体温正常，黏膜黄染，消瘦，肚腹蜷缩，病程较长，因慢性中毒而死亡。

【病理特征】病变表现为血凝不良，可视黏膜和皮下脂肪（图8-2）轻度黄染，腹腔和心包有少量淡黄色积液。肝脏质脆，呈均匀一致的淡棕色或黄色，严重时肝硬化（图8-3），镜检可见肝组织结构被破坏，小叶间结缔组织增生，肝小叶被分割成大小不等的圆形小岛（假小叶），间质内见假胆管（图8-4）。肠系膜充血、水肿。胃广泛出血，在

猪黄曲霉毒素中毒
(图8-2~图8-6)

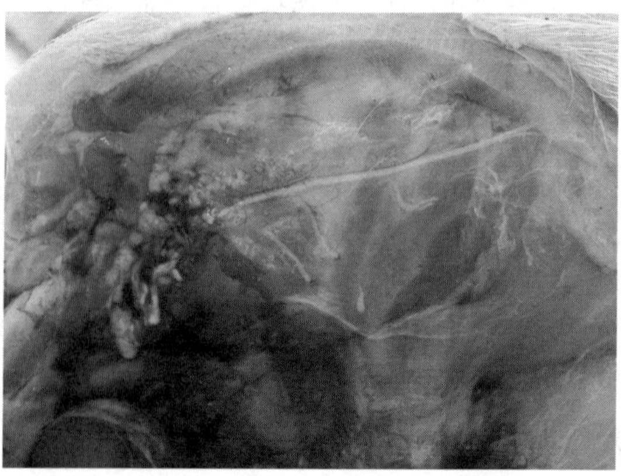

图8-2　皮下脂肪黄染（陈立功供图）

胃底部浆膜有出血斑，盲肠、结肠明显出血。心肌柔软，心冠脂肪呈黄色胶冻状（图 8-5），心内外膜有少量出血点。肺充血、水肿。脑膜充血。肾脏呈淡黄色，膀胱积有深黄色尿。全身淋巴结水肿，黄白色。脾脏表面似布有一层白色网，呈慢性增生性脾炎变化（图 8-6）。

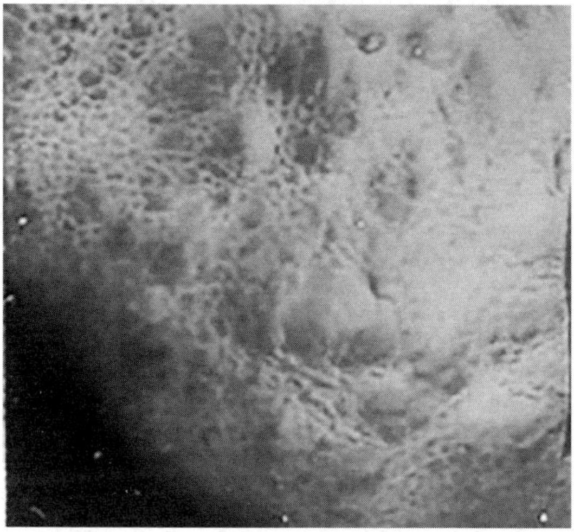

图 8-3　肝脏肿大、褪色，有大小不等的结节，呈严重肝硬化（陈立功供图）

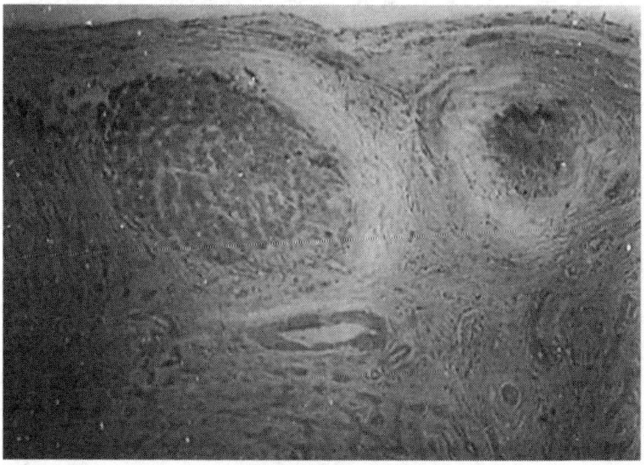

图 8-4　肝小叶间结缔组织增生，见假小叶和假胆管。HE×100（陈立功供图）

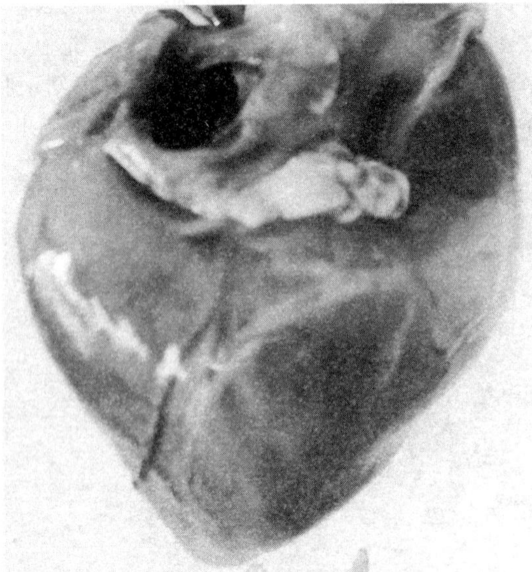

图 8-5　心冠脂肪呈黄色胶冻状（陈立功供图）

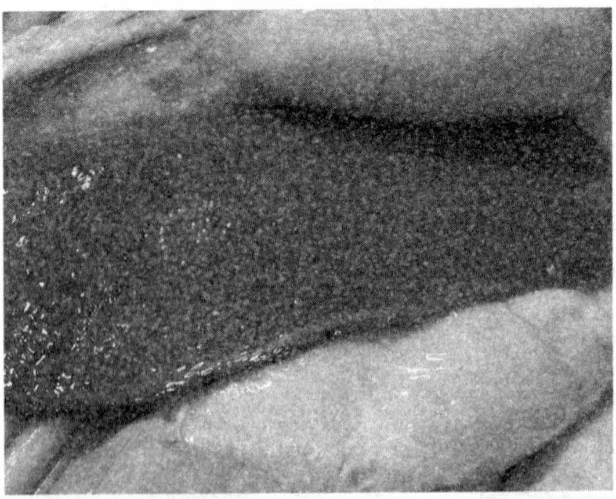

图 8-6　脾脏表面似布有一层白色网（陈立功供图）

【诊断要点】结合病史、临床症状和病理剖检变化可作出初步诊断。确诊需要做霉菌分离培养和饲料中黄曲霉毒素含量测定。

【类症鉴别】本病应与附红细胞体病、钩端螺旋体病、黄脂猪、猪蛔虫病致阻塞性黄疸相鉴别。

【防治措施】本病的预防关键是做好饲料的防霉和有毒饲料的去毒工作。

1. 加强饲料管理，防止饲料发霉，严禁饲喂霉败饲料。轻度发霉（未腐败变质的）的饲料应先行粉碎，随后加清水（1∶3）浸泡并反复换水，直至浸出水呈无色，然后再配合其他饲料饲喂。

2. 治疗：目前尚无特效药物，当发生中毒时，应立即停喂霉败饲料，给予易于消化的青绿饲料，减少或不喂含脂肪过多的饲料。轻度病例不治即可自愈。重症病例应及时投服盐类泻剂，如硫酸镁、硫酸钠，以将胃肠内毒物及时排除；还应积极采取解毒保肝和止血疗法。

三、猪磺胺类药物中毒

猪磺胺类药物中毒是由于过量使用了磺胺类药物而引起猪的药物中毒，分为急性中毒和慢性中毒两类。

【病因】急性中毒多见于静脉注射磺胺类钠盐时，速度过快或剂量过大。慢性中毒见于剂量过大或连续用药超过1周。

【临床症状】急性中毒猪表现为神经症状，如共济失调、痉挛性麻痹、呕吐、昏迷、食欲降低和腹泻，严重者迅速死亡。慢性中毒猪因难溶解的乙酰化物结晶损伤泌尿系统，出现结晶尿、血尿和蛋白尿等；抑制胃肠道菌群，导致消化障碍等；破坏造血机能，出现溶血性贫血、凝血时间延长和毛细血管渗血；幼畜免疫系统抑制，免疫器官出血及萎缩。

【病理特征】病猪全身皮肤、脂肪、心肌、肝脏、肺脏等严重黄染。胃底部有大量出血斑，肠道出血。肾脏出血、坏死，尿酸盐沉积。输尿管和膀胱内有许多颗粒状黄色物质。

【诊断要点】结合用药史、临床症状和剖检病变，可作出初步诊断。

【类症鉴别】本病应与附红细胞体病、钩端螺旋体病等相鉴别。

【防治措施】

1. 为防止磺胺类药物的不良反应，要严格掌握剂量与疗程，在治疗弓形体病、附红细胞体病时，尽量选用疗效好、作用强、溶解度大、乙酰化率低的磺胺药。首次剂量常加倍，以后按常规剂量，连用3～5d后，若对所治疗疾病无效，应及时停药。在用药期间加强饲养管理，给予充足饮水，以增加尿量，促进排泄。磺胺类药物禁与其他有肾脏毒性的药物配伍。仔猪使用磺胺类药物时，宜与碳酸氢钠（小苏打）同服，以碱化尿液，提高其溶解度，促进磺胺类药物从尿中排出。

2.中毒猪群立即停喂含有药物的饲料，在精料中按1%比例加入小苏打饲喂。给猪提供充足饮水，水中加入维生素C，让猪自由饮用。对重症（出现结晶尿、少尿、血尿）者，用5%葡萄糖100～200mL或5%葡萄糖生理盐水200～500mL、5%碳酸氢钠注射液100～250mL、安钠咖5mL，静注，每天1次，连用2d。出现高铁血红蛋白时，静注1%美蓝溶液，每千克体重0.1～0.2mL。

第九章　猪内科病

一、新生仔猪溶血病

新生仔猪溶血病是母猪血清和初乳中存在抗仔猪红细胞抗原的特异性血型抗体，当仔猪吸吮母乳后，突然发生的急性血管内溶血，临床上以贫血、黄疸、血红蛋白尿为特征，属Ⅱ型超敏反应性免疫病。仔猪一旦发病，死亡率可达100%。

【病因】仔猪父母血型不合，仔猪继承的是公猪的红细胞抗原，这种抗原在妊娠期间进入母体血液循环，母猪便产生了抗仔猪红细胞的特异性同种血型抗体。这种抗体分子不能通过胎盘，但可分泌于初乳。仔猪吸吮了含有高浓度抗体的初乳，抗体经胃肠吸收后与红细胞表面特异性抗原结合，激活补体，引起急性血管内溶血。

【临床症状】症状分最急性、急性和亚急性3种病型。最急性病例出生时正常，即新生仔猪状态良好、精神活泼，但吸吮初乳后数小时突然发病，临床上只表现急性贫血，于12h内未见显示黄疸、血红蛋白尿的情况下，很快陷入休克而死亡。急性病例临床上多见，一般在吃初乳后24h发病，48h出现全身症状，多数在2～3d内死亡，最初表现精神委顿，畏寒震颤，后躯摇晃，卧地尖叫；被毛粗乱逆立，皮肤苍白，衰弱，结膜黄染，严重的皮肤黄染，尿色透明呈红棕色，血液稀薄、不易凝固。亚急性病例不显症状。

【病理特征】剖检病猪全身黄染，皮下组织黄染，肠系膜、大网膜、腹膜、大小肠呈不同程度的黄色，肝肿胀、黄染，脾褐色、稍肿大，肾明显肿大，膀胱内积聚暗红色尿液。

【诊断要点】根据临床症状与病变可进行初步诊断。必要时采集母猪血清或初乳与仔猪的红细胞做凝集试验，阳性者即可确诊。

【防治措施】

1.预防的关键在于预先测出母猪血清或初乳中有无对应仔猪红细胞抗原的特异性血型抗体，一般对曾生产溶血仔猪的个体，于产后进行母猪初乳抗仔猪红细胞的凝集试验，当初乳抗体效价超过 1∶32 时，即提示所产仔猪有发生溶血病的危险。这样，在母猪产后就应采取以下预防措施。

（1）产前催乳　在预产期前 10d 之内进行产前催乳，投服生乳药或生乳糖浆，让怀孕母猪产前泌乳并及时挤掉。采用这种方法可使产后乳中的抗体效价降到 1∶8。

（2）缓吃初乳　仔猪出生后，禁吃母乳，进行人工哺乳或由其它母猪暂时代养，实行交换哺乳，待 48h 之后仔猪胃肠屏障功能已经健全，再由新生母猪哺育。

（3）产后挤乳　频繁而彻底地挤乳，可促使初乳抗体效价迅速下降，每隔 1～2h 挤一次乳，效价在 1∶256 以下的，通常经过 3～6 次即可降到 1∶16 的安全范围之内，再开始让仔猪自行吸吮。

2.临床上对发生仔猪溶血病的母猪，以后改换其它公猪配种，可以不再重复此病。而对发生仔猪溶血病的公猪，则停止其继续配种，做淘汰处理。

3.治疗时发现新生仔猪溶血病，应立即停止吸吮母乳，由近期分娩的母猪代哺或喂给人工调制的初乳等代用品，以中止特异性血型抗体的摄入，是治疗本病的首要环节。最有效的抢救措施是迅速实施各种输血疗法，输入全血或生理盐水血细胞悬液。

二、猪中暑

中暑是日射病和热射病的统称，是猪在外界光或热的作用下或机体产热过多而散热不良时引起的机体急性体温过高的疾病。日射病是指在炎热季节，猪受日光直射头部引起的脑充血或脑炎，导致中枢神经系统机能严重障碍；热射病是因猪圈内拥挤闷热、通风不良或用密闭的货车运输，使猪体散热受阻，引起严重的中枢神经机能紊乱。

【病因】本病多发生于夏季，发病主要集中在中午至下午。夏季日光照射过于强烈，且湿度较高；猪受日光照射时间长或猪圈狭小且不通风，饲养密度过大；长途运输时，运输车厢狭小，过分拥挤，通风不良等。

【临床症状】本病发病急剧，病猪可在2～3h内死亡。日射病患猪初期表现精神沉郁，四肢无力，步态不稳，共济失调，突然倒地，四肢作游泳样运动，呼吸急促，节律失调，口吐白沫，常发生痉挛或抽搐，迅速死亡。热射病患猪初期表现不食，喜饮水，口吐白沫，有的呕吐，继而卧地不起，头颈贴地，神经昏迷，或痉挛、战栗。呼吸浅表间歇，极度困难。

【病理特征】脑及脑膜充血（图9-1）、水肿、广泛性出血，脑组织水肿；肺充血、水肿，胸膜、心包膜以及肠系膜有淤血斑和浆液性炎症。

猪中暑(图9-1)

图9-1　大脑充血（陈立功供图）

【诊断要点】根据发病季节、时间、现场情况、特征性症状与病变，可以作出诊断。

【类症鉴别】本病应与猪脑心肌炎、猪链球菌病（脑炎性）、猪食盐中毒、猪伪狂犬病等相鉴别。

【防治措施】

1. 在炎热季节，必须做好饲养管理和防暑工作。栏舍内要保持通风凉爽，防止潮湿、闷热、拥挤。生猪运输尽可能安排在晚上或早上，做好防暑和急救工作。

2. 病猪应立即将其置在阴凉、通风的地方，先用冷水浇头或灌肠，用5%葡萄糖生理盐水200mL、20%安钠咖溶液5mL静脉注射。伴发肺脏充血及水肿的病猪，先注射20%安钠咖溶液5mL，立即静脉放血100～200mL，放血后用复方氯化钠溶液100～300mL静脉注射，每隔3～4h重复注射一次；对狂躁不安、心跳加快的病猪，皮下注射安乃近10mL。昏迷病猪可用姜汁或大蒜汁滴鼻，以刺激鼻黏膜，促使苏醒。

三、猪便秘

猪便秘是由于肠内容物停滞、水分被吸收，粪便干燥而滞留于肠道，造成肠腔阻塞的疾病。

【病因】猪便秘主要是由于饲喂谷糠、稻糠和粉碎不好的粗硬饲料以及饮水不足、运动量少、矿物质缺乏或因异食吃下毛发团等，致使肠内容物停滞在某段肠管，造成肠管完全阻塞或半阻塞。还常见于患有肠道迟缓的妊娠母猪和分娩后的母猪，以及患猪瘟、猪丹毒等传染病和蛔虫、姜片虫等寄生虫病的过程中。

【临床症状】病猪表现食欲减退或不食，口渴增加，胀肚，起卧不安，有的呻吟，呈现腹痛，常努啧。初期排少量颗粒状的干粪（图9-2），上面粘有灰色黏液，1～2d后排粪停止。较小的猪结肠便秘，在腹下常能摸到坚硬的粪块或粪球，触及该部有痛感。

【诊断要点】主要依据临诊症状进行确诊。病史、饲喂的饲料情况也有助于诊断。

【防治措施】

1. 首先解除病因，在大便未通前禁食，仅供给饮水。若肠道尚无炎症，可用蓖麻油或其他植物油50～80mL投服。已有肠炎的可灌服液体石蜡50～200mL，或用温肥皂水深部灌肠。若上述方法无效，可在便秘硬结处经皮肤消毒后，直接用针头刺入硬结部中央，再接上注

猪便秘(图9-2)

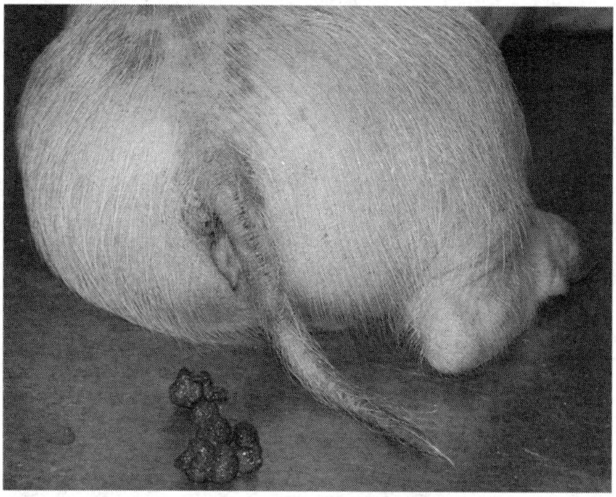

图 9-2　病猪排干粪（陈立功供图）

射器，注射适量液体，15min 以后，用手指在硬结处轻轻擀、按搓，将硬结破碎开，再肌注硫酸新斯的明注射液 3～9mL。

2. 直肠便秘时，应根据猪体的大小，用手指掏出，先在手指涂上润滑剂，然后将手指插入肛门，抵到粪球后，用指尖在粪球中央掏挖，待体积缩小后，将粪球掏出。

3. 在保守治疗无效时，可行肠管切开术或肠管切除术。

4. 继发性便秘应着重于原发病的治疗。

四、肠变位

肠变位又称机械性肠阻塞，是由于肠管自然位置发生改变，致使肠系膜或浆膜受到挤压绞绕，肠管血液循环发生障碍，肠腔陷入部分或完全闭塞的一种重剧性腹痛病。临床上以腹痛由剧烈狂暴转为沉重稳静，全身症状渐进加重，腹腔穿刺液浑浊混血，病程短急，直肠变位，肠段有特征性改变为特征，主要包括肠套叠、肠扭转、肠嵌闭三种类型。

（一）肠套叠

肠套叠是指一段肠管及其附着的肠系膜套入邻近一段肠管内的肠变位。

【病因】变质、劣质饲料使消化道运动失调；有受惊、受冷、剧烈运动、肠炎、蛔虫、异物刺激等病史。

【临床症状】病猪突发剧烈腹痛，翻滚倒转，四肢划动，尾扭曲状摇摆，跪地爬行或侧卧，腹部收缩，背拱起，四肢伏地，头抵地面，呻吟不止，呼吸和心跳加快，结膜潮红。中等膘情仔猪腹部触诊常能摸到如香肠状的套叠肠管，压之痛感明显。急性病例在几天内即可死亡，慢性病例可持续数周。

【病理特征】一段肠管及其附着的肠系膜套入邻近一段肠管内（图9-3、图9-4）。

肠变位
(图9-3~图9-5)

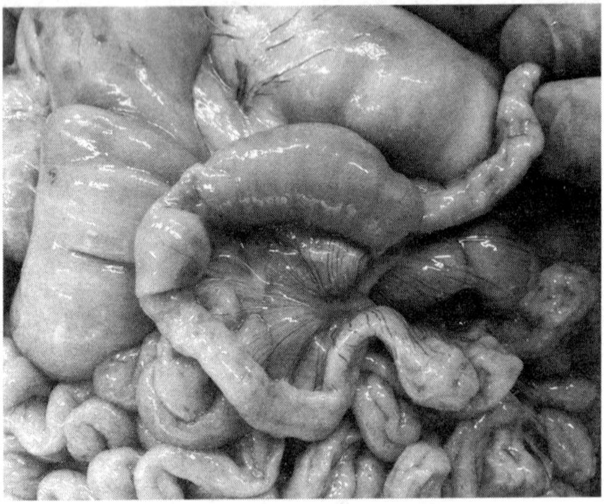

图 9-3　回肠套叠（陈立功供图）

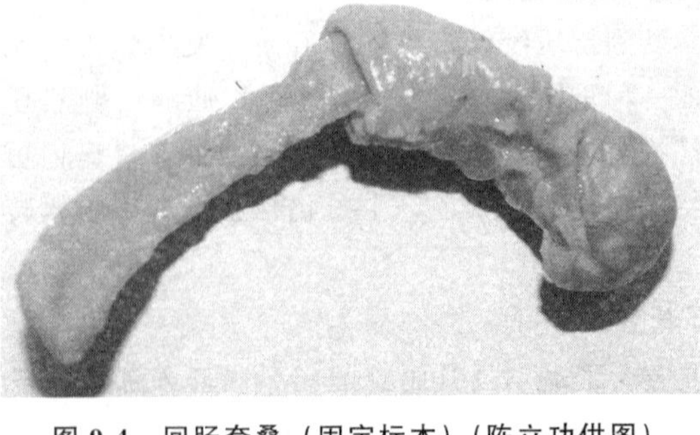

图 9-4　回肠套叠（固定标本）（陈立功供图）

【诊断要点】根据病史和临床症状，疑似肠变位时应采用剖腹探查术，或死亡病例根据病理变化即可确诊。

【防治措施】对原发病因采取相应的预防措施，保证饲料品质，积极治疗仔猪肠道疾病，减少刺激。确诊后严禁投服泻剂，早期轻度病例手术治疗预后良好，晚期重度病例手术预后不良。

（二）肠扭转

肠扭转是肠管本身伴同肠系膜呈索状扭转，或因病中疝痛打滚使肠管缠结，造成肠管变位而阻塞不通，常发生于空肠和盲肠。

【病因】酸败、冰冷的饲料刺激，使部分肠管产生痉挛性的剧烈蠕动，而其他部分肠管处于弛缓并充满内容物，该充实的肠段由于肠系膜的牵引而紧张，当前段肠内容物迅速后移时，因为猪体突然跳跃或翻转等动力作用，而发生肠扭转。

【临床症状】基本同于肠套叠，病程数小时至1～2d，腹痛缓和，除不完全扭转外，常以死亡告终。

【病理特征】肠有顺时针或逆时针方向扭转，局部肠管淤血、肿胀（图9-5）。而缠结则无定型。部分肠管胀气，严重时肠发生坏死或破裂。

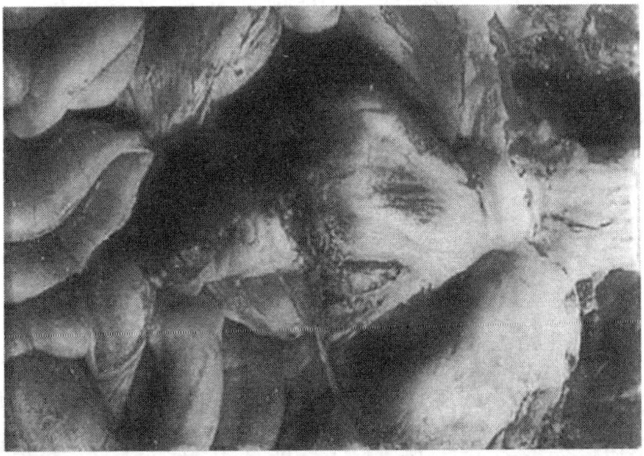

图9-5　空肠肠扭转，扭转处淤血（陈立功供图）

【诊断要点】根据病史和临床症状，疑似肠变位时，应采用剖腹探查术，以进一步确诊。

【防治措施】确诊后严禁投服泻剂，尽早施行手术整复，术前采取减压、补液、强心、镇痛、解毒等措施。

（三）肠嵌闭

肠嵌闭又名肠嵌顿，旧名疝气，是一段肠管坠入与腹腔相通的天然孔或后天性病理性破裂口内，使肠壁血行发生闭塞，以突发腹痛或周期性慢性发病为特征，常见的是小肠嵌闭。

【病因】仔猪脐孔愈合不全，阴囊孔先天性过大，病理性腹壁孔形成，是该病发生的先决条件。当充满食物的肠管落入以上孔中突起于皮肤即形成疝，如食物不能通过孔囊（疝囊）回到正常肠腔，产生疼痛、肿胀、淤血和闭塞，临床依据发生部位不同分别称为脐疝、腹壁疝和阴囊疝。但脐疝、腹壁疝和阴囊疝未必都发生肠嵌闭。只有疝孔较小、肠管进入较深，才形成肠嵌闭；若疝孔较大、不闭塞肠腔，呈周期性慢性发作的只能叫作疝（赫尔尼亚）。

【临床症状】疝孔大粘连、嵌顿轻的，可摸到疝孔，局部有波动感，可听到肠蠕动音，有时可还纳肠管，还表现消化不良，稍消瘦。饮食、排粪基本正常。疝孔小、嵌顿严重的，疝囊较结实并呈现紫色，疝孔周围触诊疼痛，腹痛剧烈，起卧不安，废食，不排粪，体温初正常、后升高，如不及时治疗，往往因肠坏死而预后不良。病猪突然发生腹痛，或周期性慢性发作。疝囊的皮肤也可能发炎。

【病理特征】嵌顿肠管与周围组织粘连，肠壁充血、淤血。

【诊断要点】主要根据临床表现和基本检查、病史调查进行诊断。生前诊断应与赫尔尼亚相鉴别。

【防治措施】本病的发生除病理性裂口与后天性因素外，有人认为还有先天性遗传因素，故应注意选种、育种工作，淘汰易发病的品种。哺乳仔猪应防止剧烈运动和奔跑，避免一些天然孔（脐孔、鼠蹊孔）扩大裂口，导致本病的发生。轻度病例可以自行恢复，但最好手术彻底根除，否则容易复发。重度病例只能手术治疗，整复肠管，必要时做肠管切除术，同时必须缩小或闭合疝孔。早期手术，效果较好。无肠炎、肠坏死、肠粘连或腹膜炎等并发，一般治愈率很高。

第十章　猪外科病

一、猪直肠脱

直肠后段全层肠壁脱出肛门外称直肠脱，仅部分直肠黏膜脱出肛门外称为脱肛。

【病因】猪营养不良，长期腹泻、便秘、强烈努啧，或猪分娩时强烈努啧均可引起。

【流行特点】天气寒冷潮湿时发病率较高，以 2～4 月龄小猪多发。

【临床症状】病初仅在猪排粪后有小段直肠黏膜外翻（图 10-1），随着病情的发展，直肠黏膜持续脱出于肛门之外（图 10-2）。严重的后段直肠全部脱出于肛门外，呈圆筒状的肿胀物，表现水肿、溃烂、出血（图 10-3）。病猪体温升高、食欲减退、精神委顿，且常频频努啧，呈排粪姿势。

【诊断要点】直肠脱出后呈暗红色的半圆球状或圆柱状，时间较长则黏膜水肿、发炎、干裂甚至引起损伤、坏死或破裂，常被泥土、粪便污染。如伴有直肠套叠时，脱出的肠管较厚而硬，且可能向上弯曲。病猪表现排粪姿势，频频努啧，病程长者可能出现全身症状。

【类症鉴别】本病应与直肠息肉相鉴别。

【防治措施】

1. 预防

重在防止便秘或下痢。对 2～4 月龄猪要喂给柔软饲料，保证有足

猪直肠脱
(图10-1~图10-4)

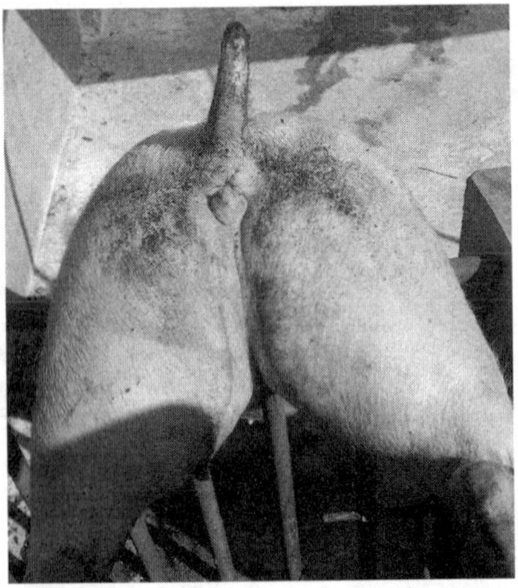

图 10-1　部分直肠脱出（王小波供图）

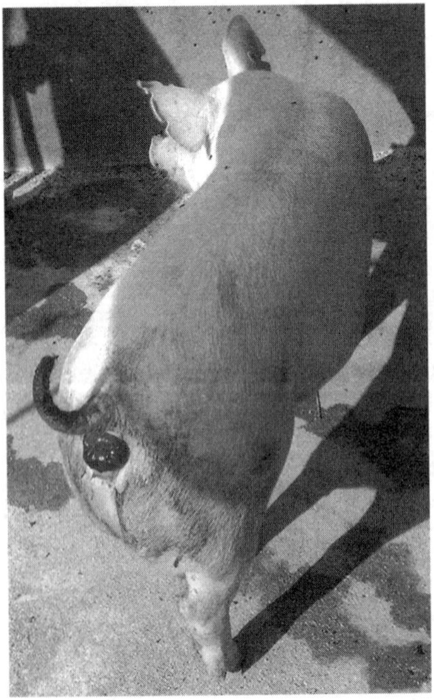

图 10-2　脱出直肠呈暗红色的半圆球状（王小波供图）

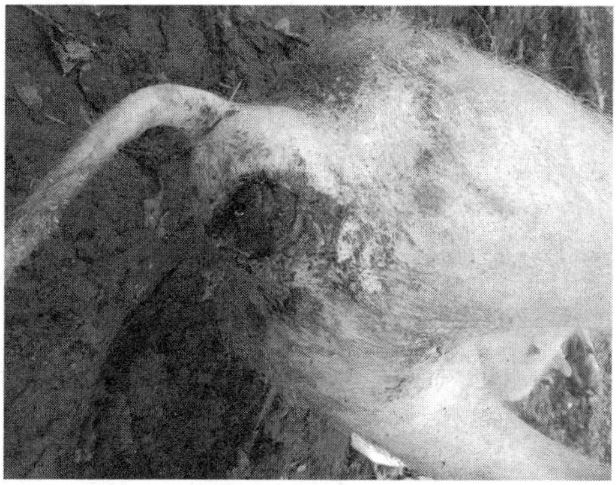

图 10-3　直肠脱出，部分出血、溃烂（王小波供图）

够的蛋白质和青饲料，平时应适当地给予运动，饮水要充足。

2. 治疗

在发病初期，用温热的 1% 明矾水或 0.05% 高锰酸钾水洗净脱出的肠管及肛门周围，提起猪两后肢，使其头朝下，用食指慢慢地送回脱出部分。脱肛严重的猪只，需进行手术治疗（图 10-4）。

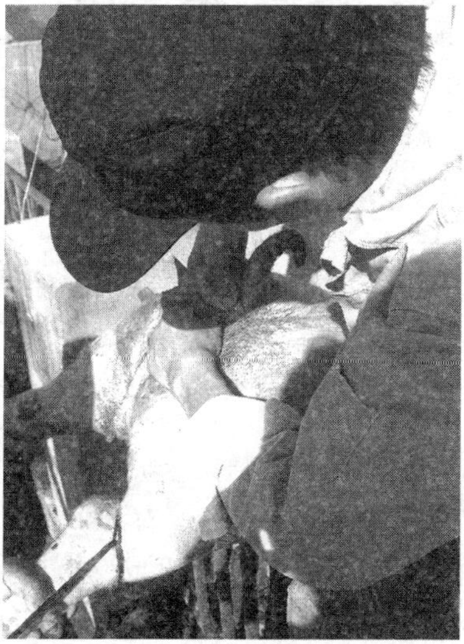

图 10-4　手术缝合（王小波供图）

二、猪外伤

外伤的原因不同，损害也不同。如用棍棒打击猪引起的挫伤，其皮肤仍完整，称为闭合性外伤。如被锐利器械（叉子、刀等）引起的刺伤、切伤等，称为开放性外伤。

【临床症状】闭合性外伤局部有红、肿、痛，白色猪可见损伤部皮肤呈暗红色或青紫色。开放性外伤可见有皮肤裂开或创口（图 10-5、图 10-6），体腔的脏器也可能发生损伤。若继发感染，会出现全身性反应（体温、呼吸、脉搏的变化）。

猪外伤
(图10-5、图10-6)

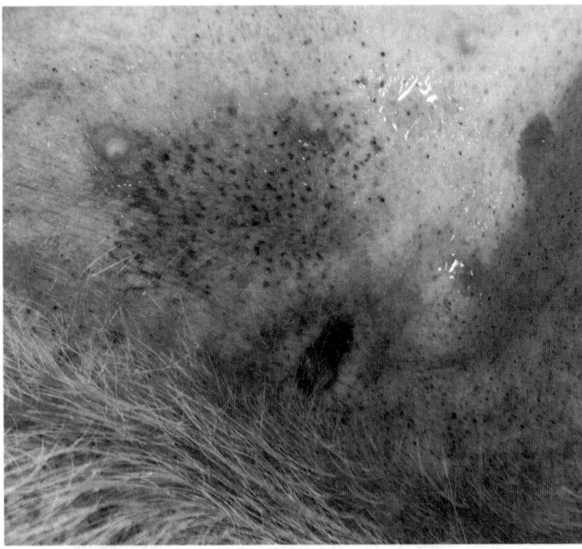

图 10-5　小母猪阉割伤口（陈立功供图）

【诊断要点】一般结合病因和临床症状可作出诊断。

【防治措施】发现外伤应及时处理。对开放性伤口应将创伤上的污物及坏死组织清除，用 0.05%新洁尔灭或 0.1%高锰酸钾溶液冲洗，再用纱布条浸泡 0.1%雷佛奴尔溶液后，塞进伤口内作引流，直至伤口内无炎性渗出物且肉芽增生良好为止。闭合性外伤可直接涂抹 5%

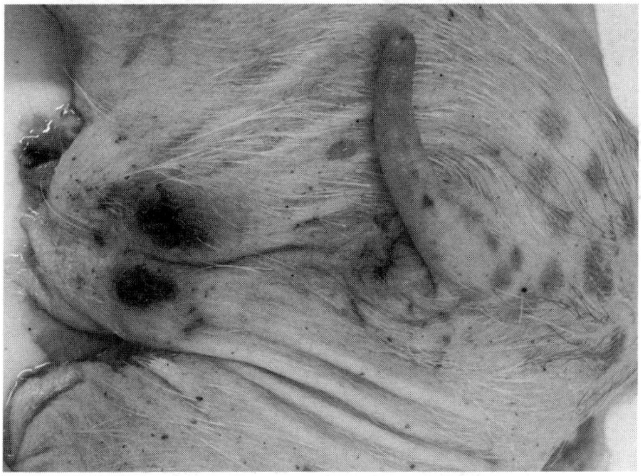

图 10-6 公猪阉割伤口（陈立功供图）

碘酊或鱼石脂软膏等。

三、猪脐疝

脐疝又名赫尔尼亚，是指腹腔内的器官（小肠和网膜）部分或全部通过脐孔脱入皮下的现象。脐疝可分为可复性与嵌闭性两种。

【病因】常因脐孔闭合不全或完全未闭锁，加上猪奔跑、挣扎、按压、强烈努啧等因素，使腹内压力增大而引起发病。本病多见于小猪。

【临床症状】

1.可复性脐疝

猪的脐部出现局限性球形肿胀（图 10-7～图 10-9），按压柔软，囊状物大小不一，小的如核桃大、大的可下垂至地面（图 10-10），病初多数能在改变体位时将疝的内容物还纳回腹腔。仔猪在饱腹或挣扎时，脐部肿得更大。

2.嵌闭性脐疝

猪肠管不能自行回复，病猪表现不安、腹痛、食欲废绝、呕吐、臌气，后期排粪停止，疝囊较硬、有热痛感，体温和脉搏增加。若不及时治疗，可发生肠管阻塞或坏死。

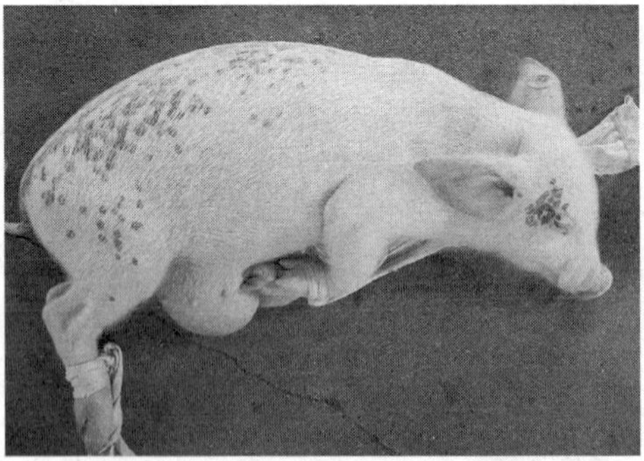

猪脐疝
(图10-7~图10-10)

图 10-7 脐疝（1）（王小波供图）

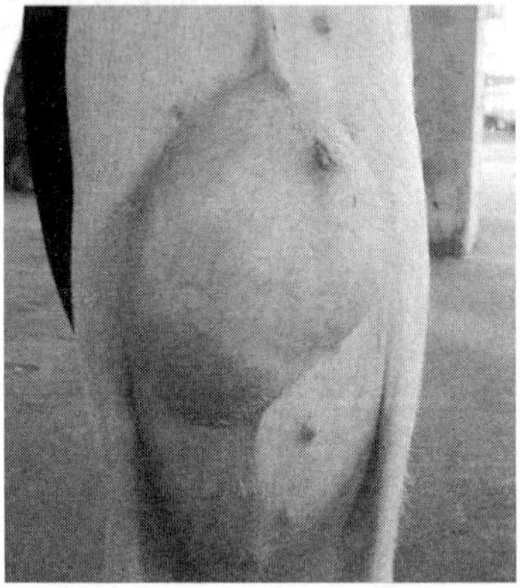

图 10-8 脐疝（2）（王小波供图）

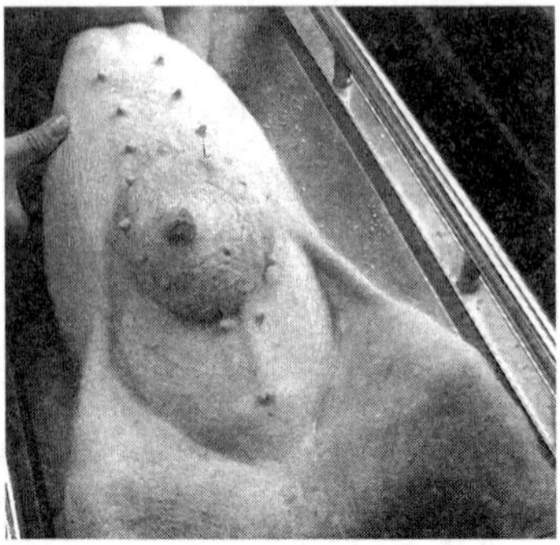

图 10-9 脐疝（3）（王小波供图）

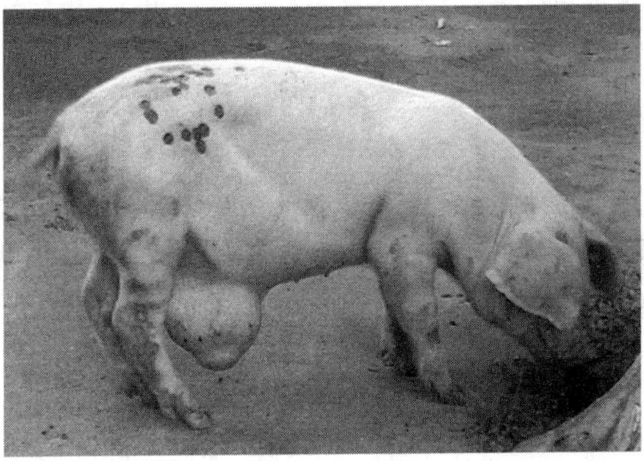

图 10-10　脐疝（4）（王小波供图）

【诊断要点】诊断可依据脐部有局限性的球形肿胀，按压柔软，能将可复性疝的内容物还纳腹腔，使肿胀消失，但松开手或腹压增大时又出现肿胀。

【防治措施】

1. 种猪群中应严格淘汰有脐疝病史的猪。接产时，要无菌断脐，脐带长短要适中。同时，控制采食量，防止腹压太大造成腹壁脐孔闭合不全。

2. 对于可复性脐疝，有的可自愈，若疝囊过大，必须像嵌闭性脐疝一样，可采取保守疗法（非手术疗法）和手术疗法。疝轮较小的仔猪，可用压迫绷带或在疝轮四周分点注射95%酒精或10%～15%氯化钠，每点1～5mL，以促进局部发炎增生而闭合疝孔。手术治疗时术前1d停食，局部剪毛消毒，仰卧保定，局部麻醉；无菌操作，纵向将皮肤提起切开，公猪避开阴茎，不要切开腹膜，把疝内脱出物还纳入腹腔，用纽扣状缝合疝轮，结节缝合皮肤，撒布消炎药，加强护理1周。

3. 若肠管与疝囊发生粘连，则须在疝囊上切一小口，细心剥离。当发生嵌闭性脐疝时，切开疝囊后注意检查肠管的颜色变化，如发现肠管坏死，应将坏死肠管切除，行肠管断端吻合，再闭合疝轮。手术完毕，向腹腔内注入青霉素、链霉素溶液，以防止肠粘连。手术后要加强护理，防止切口感染。在一周内喂食减少1/3，以防止腹压过大，造成缝合裂口。

四、猪耳血肿

耳血肿是指在外力作用下耳部血管破裂，血液积聚于耳郭皮肤与耳软骨之间形成的肿胀。血肿多发生在耳郭内侧，偶尔也发生在外侧。

【病因】猪患疥癣引起外耳道刺痒而抓挠，或内耳感染，猪会剧烈地摇头，挫伤耳部；或在各种环境应激因素作用下导致咬斗，造成耳部损伤。

【临床症状】本病常发生在一侧猪耳（图10-11），病初耳尖发红、边缘钝形肿胀，然后向四周扩散，5～7d波及全耳，如气吹似地鼓起，呈紫红色，中间厚达2～3.5cm，触诊皮下有液体波动，针刺流出稀薄暗红色血水，不凝固。

猪耳血肿(图10-11)

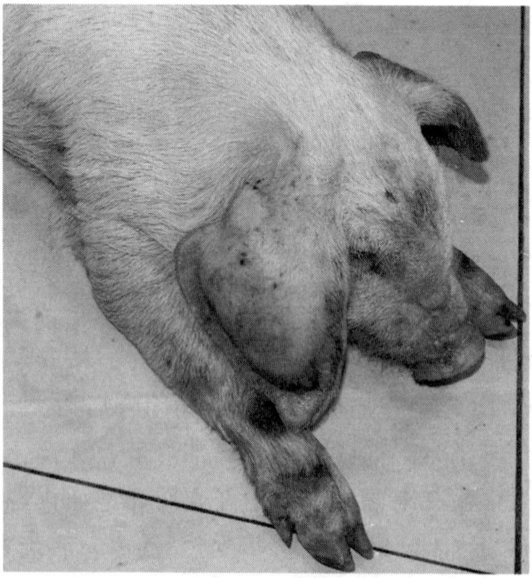

图10-11　猪右耳血肿（陈立功供图）

【病理特征】血肿形成后，耳郭显著增厚并下垂，按压有波动感和疼痛反应。穿刺放血后往往复发。若反复穿刺且未严格执行无菌操作，易感染化脓。

【诊断要点】依据耳郭出现明显肿胀和穿刺结果，容易作出诊断。

【类症鉴别】本病应与耳部放线菌肿相鉴别。

【防治措施】本病的关键在于预防，减少或防止各种应激，尤其是养殖规模较大，猪的防疫注射、去势，猪群的调整比较频繁，对猪轻拿轻放，严禁对耳部生拉硬拽，不准提单耳保定。若血肿处发生感染形成脓肿后，可按脓肿治疗方法处理。耳部有大块血肿的母猪最好淘汰。

五、骨折

骨折是指骨的完整性和连续性中断。多由创伤引起的，称为创伤性骨折；其它的可由骨骼疾病所致，包括骨髓炎、骨肿瘤所致骨质破坏，受轻微外力即发生骨折，称为病理性骨折。

【病因】创伤性骨折多因突发性应激，如重物压断、打架、急停、急转、嵌夹于洞穴或木棚缝隙等致。病理性骨折常与骨骼疾病有关，在外力作用下易发生。

【临床症状】

1. 畸形

骨折段移位可使患肢外形发生改变，主要表现为短缩、成角或旋转。

2. 异常活动

正常情况下肢体不能活动的部位，骨折后出现不正常的活动。

3. 骨擦音或骨擦感

骨折后，两骨折端相互摩擦时，可产生骨擦音或骨擦感。

此外，病猪发抖、出汗，当被迫运动时，表现更加剧烈的疼痛；压迫骨折处，表现躲避、疼痛、反抗。四肢骨折出现跛行，不能行走，强迫运动出现跳跃或卧地不起、不能站立等；脊椎骨折常出现瘫痪或神经麻痹；肋骨骨折出现呼吸困难。

【病理特征】X 线检查可见骨折线。

【诊断要点】根据病史（有明确外伤史）、临床表现（畸形、异常活动、骨擦音）和 X 线检查结果，可作出诊断。

【防治措施】骨折后，首先使之安静，防止断端活动，避免造成严重损伤和并发症。对开放性骨折及时止血、抗休克、抗感染。对四肢骨折处用简易夹板临时固定包扎，防止造成开放性骨折以及更多软组织损伤。有价值病猪经X光检查确诊后，可采取保定、局部麻醉或浅麻醉的方法，使骨折端正确复位，后用石膏绷带或夹板绷带固定，不能使断肢负重，需要3～10周时间断端的骨痂才能硬固。适当使用镇痛药、抗生素、补钙剂和中药接骨散，促使骨愈合。

第十一章　猪产科病

一、阴道脱出

阴道脱出是指母猪的阴道壁部分或全部脱出于阴门之外，常发生于怀孕末期或产后。有阴道上壁脱出和阴道下壁脱出，但以阴道下壁脱出多见。

【病因】缺乏运动、日粮中常量元素和微量元素缺乏、阴道损伤、老龄母猪固定阴道的结缔组织松弛，均是该病的主要原因。腹压过高(产仔多、胎儿大、便秘等)、分娩和难产时努啧也可引起阴道脱出。

【临床症状】

1.阴道不全脱出时，母猪卧地后，阴门外部突出鸡蛋大或更大些的红色球状物，而站立后脱出物又可缩回，随着脱出时间的拖长，脱出部逐渐增大，可发展为阴道完全脱出。

2.阴道完全脱出时，不论站立还是卧地，都不能自复。可见阴门外有形似网球大的球状突出物，初呈粉红色，随病情发展，阴道黏膜因摩擦等而水肿，呈紫红色冻肉状，表面常被粪土污染，最后黏膜表面干燥，流出血水，感染后，则可发炎、糜烂、坏死，有时并发直肠脱。

【诊断要点】根据临诊症状，容易作出诊断。

【防治措施】加强饲养管理，喂给营养丰富、易消化的饲料，日粮中要含有足够的蛋白质、无机盐及维生素，防止便秘；不要喂食过饱，以减轻腹压。让母猪适当地运动，增强肌肉的收缩力。阴道部分脱出母猪应加强营养、减少卧地，迫使其处于前低后高的卧势，以降低腹压，达到自愈的目的；站立不能自行缩回时，应进行整复固定，采用补虚益气的中药方剂，一般能治愈。阴道完全脱出时，应整复固定，结合药物治疗。

二、子宫脱出

子宫脱出是指一侧或两侧的子宫角全部脱出于阴道或阴门之外，常发生于产后数小时内，因为此时子宫颈仍处于开放状态，子宫角及子宫体容易翻转和脱出。

【病因】运动不足、胎水过多、胎儿过大或多次妊娠，致使子宫肌收缩无力，或子宫过度伸张导致子宫迟缓是其主要原因。其次，母猪分娩时的强烈努喷以及便秘、腹泻、腹痛等引起的腹压增大是其诱因。

【临床症状】

1. 子宫部分脱出（子宫内翻）

病猪站立时常拱背，举尾，频频努喷，做排尿姿势，有时排出少量粪尿。用手伸入产道，可摸到内翻的子宫角突入子宫颈或阴道内。病猪卧下时，有时可以发现阴道内有红色突出的球状物。

2. 子宫全脱

常常是两个子宫角翻转脱出，脱出的子宫角像两条粗的肠管，上有横的皱褶，黏膜呈紫红色，血管易破裂出血。子宫脱出时间稍久时，黏膜淤血、水肿、呈暗红色，极易破裂出血。若患猪侧卧，黏膜上沾有草末、粪便、泥土，母猪极易感染而表现出严重的全身症状，发现过晚、治疗不及时或治疗不当，均可引起死亡。

【病理特征】子宫黏膜初为粉红色或红色，后因淤血变为暗红色、紫黑色，因多被污染和摩擦，常出现肿胀、渗出、出血、糜烂及坏死等病变。

【诊断要点】根据临诊症状，不难作出诊断。

【防治措施】加强饲养管理，喂给全价饲料和保证适当运动，预防和治疗增加腹压的各种疫病。治疗主要是及时进行整复，并配以药物治疗。当子宫严重损伤、坏死及穿孔而不宜整复时，实施子宫切除术。

第十二章　猪营养代谢病

一、仔猪缺铁性贫血

仔猪缺铁性贫血是指 5～21 日龄的哺乳仔猪由于缺铁所致的一种营养性贫血，主要发生于 15～30 日龄的哺乳仔猪。多见于秋、冬、早春季节，对猪的生长发育危害严重。

【病因】本病在一些地区有群发性，由于缺铁或需求量大而供应不足，影响仔猪体内血红蛋白的生成，红细胞的数量减少，发生缺铁性贫血。

【临床症状】主要表现为精神沉郁，食欲减退，离群伏卧，被毛粗乱，体温正常，可视黏膜和皮肤苍白。稍加活动即心悸亢进，喘息不止。有时在奔跑中突然死亡。消瘦的仔猪交替出现下痢、便秘现象。

采集贫血病猪的血液进行检查，发现血液中红细胞减少，血红蛋白下降到 5%以下，血色指数低于 1，并出现梨形、半月形、镰刀形等异形红细胞、多染红细胞及有核红细胞，网织红细胞增多，血液稀薄、色淡、凝固性降低。

【病理特征】皮肤和可视黏膜苍白（图 12-1），有时轻度黄染。血液稀薄、不易凝固，肌肉色淡，心脏扩张，肺水肿或发生炎性病变。胸腹腔内可能有液体。病程较长的病例多为消瘦。

仔猪缺铁性贫血
(图12-1)

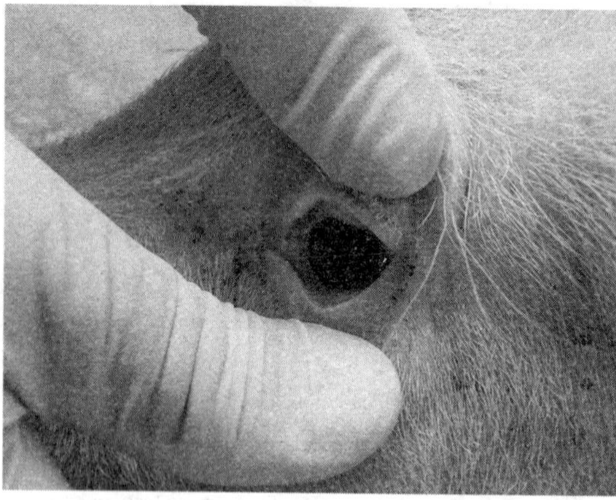

图 12-1　结膜苍白（陈立功供图）

【诊断要点】根据流行病学调查、临诊症状，化验室数据如红细胞计数、血红蛋白含量测定，特异性治疗如用铁制剂时疗效明显，可作出诊断。

【类症鉴别】注意发生贫血的其它疾病，如母猪及仔猪饲料中缺乏钴、铜、蛋白质等也可发生贫血。缺乏铜和铁的区别是，缺铁时血红蛋白含量降低，而缺铜时红细胞数减少。

【防治措施】可用含铁的多糖化合物肌内注射仔猪；或补饲铁盐，如硫酸亚铁、乳酸亚铁、柠檬酸铁、酒石酸铁或葡萄糖酸铁。也可在圈舍内堆放含铁的红黏土等，让猪自由拱食，预防铁缺乏。

二、仔猪低血糖症

新生仔猪低血糖症又称乳猪病或憔悴猪病，是由多种原因引起仔猪血糖降低的一种代谢病，临床上以明显的神经症状为特征。多发生于出生后一周龄以内的仔猪，同窝仔猪常30%～70%发病或全窝发病。死亡率占仔猪总数的25%，有时整窝仔猪全部死亡。

【病因】仔猪出生后吮乳不足是主要原因，仔猪患有先天性糖原不足、同种免疫性溶血性贫血、消化不良等是发病的次要原因。低温、寒冷或空气湿度过高使机体受寒是发病的诱因。仔猪患大肠杆菌病、链球菌病、传染性胃肠炎等疾病时，哺乳减少，糖吸收障碍，也可导致发病。

【临床症状】临床上以明显的神经症状为特征。一般仔猪在出生后的第二天开始发病，同窝猪中的大多数小猪都可发病。最初表现为精神沉郁，吮乳停止，四肢无力，肌肉震颤，步态不稳，体斜摇摆，运动失调，皮肤发冷，黏膜苍白，心跳慢而弱；后期卧地不起，呈角弓反张状或作游泳状运动，尖叫、磨牙、空嚼、口吐白沫、瞳孔散大、对光反应消失，感觉机能减退或消失，严重的昏迷不醒，意识丧失，很快死亡。

【病理特征】病猪消化道空虚，机体脱水。肝脏变化最为特殊，呈橘黄色，边缘锐薄，质地似豆腐，稍碰即破（图 12-2），胆囊肿大，充满半透明淡黄色胆汁。肾呈淡土黄色，散在针尖大小的出血点，肾盂和输尿管有白色沉淀物。

仔猪低血糖症
(图12-2)

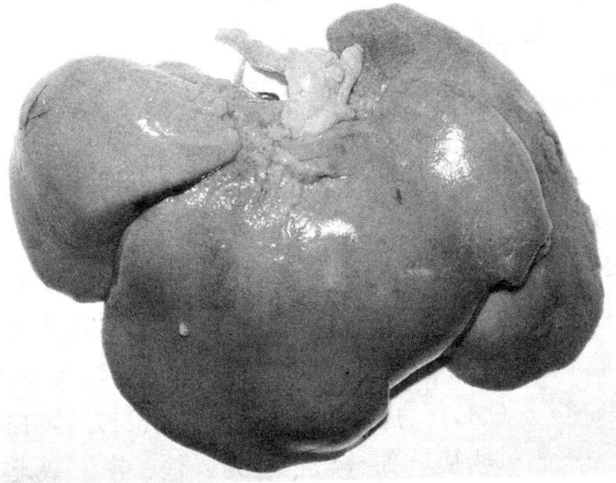

图 12-2　肝脏橘黄色、质地脆弱、易碎（董世山，陈立功供图）

【诊断要点】根据母猪饲养管理不良、产后少乳或无乳、环境因素的检查、发病仔猪的临诊症状、尸体剖检变化及仔猪对葡萄糖治疗的效果显著，能作出诊断。必要时，可测定仔猪血糖含量进行确诊（正常时血糖浓度为 5～6mmol/L，发病时可降到 1.6mmol/L 以下。若降到 1.1mmol/L 以下可发生痉挛）。

【类症鉴别】本病应与新生仔猪细菌性败血症和细菌性脑膜脑炎、

病毒性脑炎等表现惊厥症状的疾病相鉴别。

【防治措施】

1. 保证母猪产后充足的乳汁供应是预防本病的关键，因此妊娠期应给予母猪全价的优质饲料，有条件的可喂青绿多汁饲料。在母猪生产时，注意防止感染继发子宫炎和乳腺炎等；产后加强对仔猪的护理，对不让仔猪哺乳或仔多乳头少而吃不到母乳的病例，可适当进行人工哺乳。

2. 对症治疗可用5%或10%葡萄糖溶液20～40mL，腹腔或皮下分点注射，每隔3～4h一次，连用2～3次。如仔猪患有影响哺乳和消化系统的疾病，补糖的同时，应积极治疗原发病，同时应注意保温，减少应激等。

3. 要及时解决母猪少奶或无奶的问题。若是营养不良引起的，要及时改善饲料，加强护理；若是母猪感染其他疾病所致，要积极加以治疗。对母猪无乳的病例，可给仔猪人工哺乳。

三、猪钙和磷缺乏症

猪钙、磷缺乏主要表现佝偻症和软骨症。佝偻症主要发生于新生仔猪，软骨症常见于成年母猪，多发生于泌乳中、后期。

【病因】主要原因有饲料中钙、磷的绝对含量不足；饲料中钙相对过高，磷相对不足；饲料中维生素D或维生素D源不足。另外，影响钙、磷吸收利用的因素如年龄、妊娠、哺乳、无机钙源（$CaCl_2$、$CaCO_3$、$CaSO_4$、CaO）的生物效价，日粮有机物（蛋白质、脂类）缺乏或过剩，其他矿物质（如锌、铜、钼、铁、镁）缺乏或过剩，常可产生间接影响。

【临床症状】佝偻症早期病猪食欲减退，消化不良，精神不活泼，然后出现异食癖，病猪喜卧，不愿运动。运动时发抖，发育停滞，消瘦。后期硬腭肿胀，口腔闭合困难。关节肿胀变形，骨质变软，容易骨折，长肢骨弯曲，呈弧形或外展呈X形。软骨症病猪跛行，站立困难，异食癖，除喜啃骨头、嚼瓦砾外，还吃食胎衣。

【病理特征】佝偻症病猪剖检可见肋骨与肋软骨交接处骨质增生、肿胀；X线检查可看到骨密度降低，长骨末端呈现“羊毛状”或“虫蚀状”外观。软骨症病猪 X 线检查见骨密度不均，生长板边缘不整，干骺端边缘和深部出现不规则的透亮区。

【诊断要点】根据猪发病日龄、饲养管理情况、病程经过（慢性经过）、生长迟缓、异食癖、运动困难以及牙齿和骨骼变化及治疗效果可作出诊断。必要时，结合血液学检查、X 线检查、饲料成分分析等，即可诊断。

【防治措施】根据生长、怀孕和泌乳等不同生长或生理期，按照饲养标准补足钙、磷及维生素 D，并注意饲料中钙、磷比例。猪圈要通风良好，扩大光照面积。补喂磷酸氢钙，成年怀孕母猪 50g/(头・d)，仔猪 10g/(头・d)；仔猪可加喂鱼肝油，每天 2 次，每次一茶匙；或骨粉 10～30g。

四、猪硒缺乏症

猪硒缺乏症是指微量元素硒缺乏而引起的一种猪营养代谢障碍性疾病，临诊上以发病死亡猪的骨骼肌、心肌、肝脏变性和坏死及渗出性素质为特征。

【病因】日粮或饲料硒含量不足。贫硒土壤生长的植物中硒缺乏或含量不足，长期以这种缺硒的植物为饲料，易致猪硒缺乏。青绿饲料缺乏，蛋白质、矿物质（钴、锰、碘等）、维生素（维生素 E、维生素 A、维生素 B_1、维生素 C）缺乏或比例失调，也可引起硒缺乏，尤其是维生素 E 的缺乏或不足，通常可成为硒缺乏症的重要因素。硒的拮抗元素是锌、铜、砷、铅、镉、硫酸盐等，可致硒的吸收和利用受到抑制和干扰，引起猪的相对性缺硒。长途运输等应激是硒缺乏的诱发因素。

【临床症状】病猪体温一般正常，精神不振，喜卧，昏睡，食欲减退，眼结膜充血或贫血，病初白毛猪皮肤为粉红色，随后转为紫红色或苍白，颈下、胸下、腹下及四肢内侧皮肤发紫。

白肌病型（骨骼肌型）病猪，初期行走时后躯摇晃或跛行，严重时后肢瘫痪，前肢跪地行走，强行起立时肌肉震颤，叫声嘶哑。

肝坏死型多发生于 3 周龄至 4 月龄，尤其是断奶前后的仔猪，多于断奶后死亡；急性病例多为体况良好、生长迅速的仔猪，突然发病死亡。存活仔猪常伴有严重呼吸困难、黏膜发绀、躺卧不起等症状，强迫运动可引起立即死亡。病猪食欲不振、呕吐、腹泻，后肢衰弱，臀及腹部皮下水肿，病程长者可出现黄疸、腹胀和发育不良等症状。

心肌型病猪心跳、呼吸快而弱，心律不齐。渗出性素质型病猪以皮下水肿或肌红蛋白尿为特征。

【病理特征】

1.白肌病型（骨骼肌型）

皮肌、前肢、后肢、躯干部位的肌肉变性、坏死，病变为对称性损害。初生仔猪皮下和皮肌的肌间组织水肿，呈渗出性素质。哺乳仔猪肌肉色淡，似煮肉样。青年猪营养良好，部分骨骼肌肌群有不同程度的灰白色条纹状变性、坏死。

2.肝坏死型

病猪皮下多黄染，腹水增多，肝脏不同程度肿大、质脆，有的呈淀粉样。早期肝脏表面、切面见灶状或弥散性色彩不一的小米粒出血、坏死。典型病变为肝脏高度肿胀，质地极脆，似豆腐渣，表面见大面积变性、出血、坏死，表面颜色不一、粗糙不平，形成花肝。病程久的病猪因坏死、增生，可见肝脏表面凹凸不平、硬化，有小球状结节。

3.心肌型

病猪心脏扩大，横径变宽、呈圆球状，沿心肌纤维走向，发生多发性出血而呈红紫色（营养性毛细血管病），外观颇似桑葚样，故称“桑葚心”。心内、外膜有大量出血点或弥漫性出血，心肌间有灰白色或黄白色条纹状变性和斑块状坏死区。

【诊断要点】根据临诊基本症候群，结合病史、病理变化以及亚硒酸钠治疗效果等，可作出初步诊断。确诊需做病理组织学检查，采血液做硒定量测定和谷胱甘肽过氧化物酶活性测定。

【防治措施】在缺硒地区的饲料中补加含硒和维生素E的饲料添加剂，或尽可能采用硒和维生素E较丰富的饲料喂猪，如小麦和麸皮含硒较高、种子的胚乳含维生素E较多。病猪治疗可使用0.1%亚硒酸钠溶液，肌内注射，配合维生素E制剂，效果确实。

五、猪异食癖

猪异食癖是由于多种原因引起的一种机能紊乱、味觉异常的综合征。

【病因】病因复杂，包括饲养密度过大，饲料单一，营养不全；日粮中缺乏某些物质，维生素、蛋白质、某些氨基酸以及食盐供给不足；钙、磷比例失调，发生佝偻症和软骨症；慢性胃肠炎、寄生虫病等。

【临床症状】患猪食欲下降，舔食各种异物，如啃吃泥土、石块、砖头、煤渣、烂布头、破布、毛发、尼龙丝等（图 12-3）。育成猪相互咬对方的尾巴、耳朵，舔血。久之，猪被毛粗糙，拱背，磨牙，消瘦，生长发育停滞；哺乳母猪泌乳减少，甚至吞食胎衣和仔猪。个别患猪贫血、衰弱，最后衰竭死亡。

猪异食癖(图12-3)

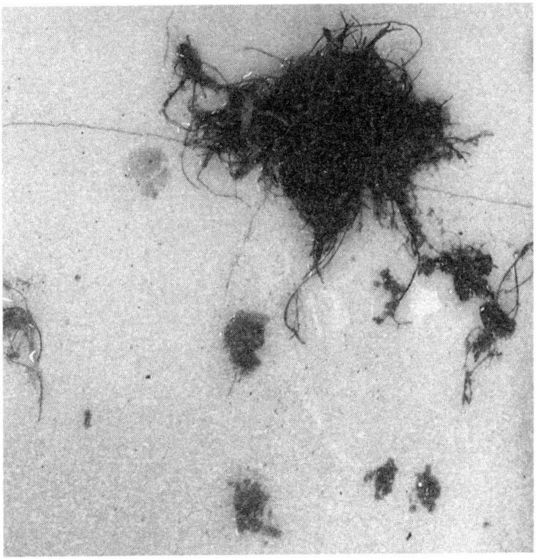

图 12-3　胃内取出尼龙丝等异物（董世山，陈立功供图）

【病理特征】在啃咬部位常引起外伤，并伴有出血、感染、化脓等症状。

【诊断要点】依据临诊症状不难作出诊断，但查出真正的原因却很难。根据病史、临诊症状、治疗性诊断、实验室检查、饲料成分分析等资料综合分析，才能确诊。

【类症鉴别】临床注意与佝偻症、软骨症等疾病相区别。

【防治措施】加强饲养管理，给予全价日粮，保证日粮中各种营养充足、比例适当，多喂青草或青贮饲料，补饲谷芽、麦芽、酵母等富含维生素的饲料。发现病猪，应分析病因、及时治疗。单纯性异食癖，可试用碳酸氢钠、食盐或人工盐10～20g/(头·d)。因日粮中缺乏蛋白质和某些氨基酸引起的，应在原日粮中添加鱼粉、血粉、肉骨粉和豆饼等；因缺乏维生素引起的，应增喂青绿多汁饲料并添加维生素；因佝偻症和软骨症引起的，应补充骨粉、碳酸钙、磷酸钙及维生素A、维生素D等。

附录

附录 1　猪的生理参数

猪的生理参数

日龄	体温(范围为±0.3℃)/℃	呼吸数/(次/min)	心率/(次/min)
生后 1h	36.8		
生后 12h	38.0		
生后 24h	38.6	50～60	200～250
哺乳仔猪	39.2		
保育仔猪(断奶仔猪)	39.3	25～40	90～100
后备猪	39.0	30～40	80～90
育肥猪(50～90kg)	38.8	25～35	75～85
妊娠母猪	38.7	13～18	70～80
母猪产前 6h	39.0	95～105	
产出第 1 头仔猪	39.4	35～45	
产后 12h	39.7	20～30	
产后 24h	40.0	15～22	
产后 1 周至断奶	39.3		

续表

日龄	体温(范围为±0.3℃)/℃	呼吸数/(次/min)	心率/(次/min)
断奶后	38.6		
种公猪	38.4	13～18	70～80

附录 2　中华人民共和国禁用兽药公告

中华人民共和国农业农村部公告

第 250 号

为进一步规范养殖用药行为，保障动物源性食品安全，根据《兽药管理条例》有关规定，我部修订了食品动物中禁止使用的药品及其他化合物清单，现予以发布，自发布之日起施行。食品动物中禁止使用的药品及其他化合物以本清单为准，原农业部公告第 193 号、235 号、560 号等文件中的相关内容同时废止。

附件：食品动物中禁止使用的药品及其他化合物清单

农业农村部

2019 年 12 月 27 日

食品动物中禁止使用的药品及其他化合物清单

序号	药品及其他化合物名称
1	酒石酸锑钾(Antimony potassium tartrate)
2	β-兴奋剂(β-agonists)类及其盐、酯
3	汞制剂：氯化亚汞(甘汞)(Calomel)、醋酸汞(Mercurous acetate)、硝酸亚汞(Mercurous nitrate)、吡啶基醋酸汞(Pyridyl mercurous acetate)
4	毒杀芬(氯化烯)(Camahechlor)
5	卡巴氧(Carbadox)及其盐、酯
6	呋喃丹(克百威)(Carbofuran)
7	氯霉素(Chloramphenicol)及其盐、酯
8	杀虫脒(克死螨)(Chlordimeform)
9	氨苯砜(Dapsone)
10	硝基呋喃类：呋喃西林(Furacilinum)、呋喃妥因(Furadantin)、呋喃它酮(Furaltadone)、呋喃唑酮(Furazolidone)、呋喃苯烯酸钠(Nifurstyrenate sodium)

续表

序号	药品及其他化合物名称
11	林丹(Lindane)
12	孔雀石绿(Malachite green)
13	类固醇激素:醋酸美仑孕酮(Melengestrol Acetate)、甲基睾丸酮(Methyltestosterone)、群勃龙(去甲雄三烯醇酮)(Trenbolone)、玉米赤霉醇(Zeranal)
14	安眠酮(Methaqualone)
15	硝呋烯腙(Nitrovin)
16	五氯酚酸钠(Pentachlorophenol sodium)
17	硝基咪唑类:洛硝达唑(Ronidazole)、替硝唑(Tinidazole)
18	硝基酚钠(Sodium nitrophenolate)
19	己二烯雌酚(Dienoestrol)、己烯雌酚(Diethylstilbestrol)、己烷雌酚(Hexoestrol)及其盐、酯
20	锥虫砷胺(Tryparsamile)
21	万古霉素(Vancomycin)及其盐、酯

附录 3　禁止在饲料和动物饮用水中使用的药物品种目录

中华人民共和国农业部公告

第 176 号

为加强饲料、兽药和人用药品管理，防止在饲料生产、经营、使用和动物饮用水中超范围、超剂量使用兽药和饲料添加剂，杜绝滥用违禁药品的行为，根据《饲料和饲料添加剂管理条例》《兽药管理条例》《药品管理法》的有关规定，现公布《禁止在饲料和动物饮用水中使用的药物品种目录》，并就有关事项公告如下：

一、凡生产、经营和使用的营养性饲料添加剂和一般饲料添加剂，均应属于《允许使用的饲料添加剂品种目录》（农业部第 105 号公告）中规定的品种及经审批公布的新饲料添加剂，生产饲料添加剂的企业需办理生产许可证和产品批准文号，新饲料添加剂需办理新饲料添加剂证书，经营企业必须按照《饲料和饲料添加剂管理条例》第十六条、第十七条、第十八条的规定从事经营活动，不得经营和使用未经批准生产的饲料添加剂。

二、凡生产含有药物饲料添加剂的饲料产品，必须严格执行《饲料药物添加剂使用规范》（农业部 168 号公告，以下简称《规范》）的规定，不得添加《规范》附录二中的饲料药物添加剂。凡生产含有《规范》附录一中的饲料药物添加剂的饲料产品，必须执行《饲料标签》标准的规定。

三、凡在饲养过程中使用药物饲料添加剂，需按照《规范》规定执行，不得超范围、超剂量使用药物饲料添加剂。使用药物饲料添加剂必须遵守休药期、配伍禁忌等有关规定。

四、人用药品的生产、销售必须遵守《药品管理法》及相关法规的规定。未办理兽药、饲料添加剂审批手续的人用药品，不得直接用于饲料生产和饲养过程。

五、生产、销售《禁止在饲料和动物饮用水中使用的药物品种目录》所列品种的医药企业或个人，违反《药品管理法》第四十八条规定，向饲料企业和养殖企业（或个人）销售的，由药品监督管理部门按照《药品管理法》第七十四条的规定给予处罚；生产、销售《禁止在饲料和动物饮用水中使用的药物品种目录》所列品种的兽药企业或个人，向饲料企业销售的，由兽药行政管理部门按照《兽药管理条例》第四十二条的规定给予处罚；违反《饲料和饲料添加剂管理条例》第十七条、第十八条、第十九条规定，生产、经营、使用《禁止在饲料和动物饮用水中使用的药物品种目录》所列品种的饲料和饲料添加剂生产企业或个人，由饲料管理部门按照《饲料和饲料添加剂管理条例》第二十五条、第二十八条、第二十九条的规定给予处罚。其他单位和个人生产、经营、使用《禁止在饲料和动物饮用水中使用的药物品种目录》所列品种，用于饲料生产和饲养过程中的，上述有关部门按照谁发现谁查处的原则，依据各自法律法规予以处罚；构成犯罪的，要移送司法机关，依法追究刑事责任。

六、各级饲料、兽药、食品和药品监督管理部门要密切配合，协同行动，加大对饲料生产、经营、使用和动物饮用水中非法使用违禁药物违法行为的打击力度。要加快制定并完善饲料安全标准及检测方法、动物产品有毒有害物质残留标准及检测方法，为行政执法提供技术依据。

七、各级饲料、兽药和药品监督管理部门要进一步加强新闻宣传和科普教育。要将查处饲料和饲养过程中非法使用违禁药物列为宣传工作重点，充分利用各种新闻媒体宣传饲料、兽药和人用药品的管理法规，追踪大案要案，普及饲料、饲养和安全使用兽药知识，努力提高社会各方面对兽药使用管理重要性的认识，为降低药物残留危害，保证动物性食品安全创造良好的外部环境。

中华人民共和国农业部

中华人民共和国卫生部

国家药品监督管理局

二○○二年二月九日

附件：

禁止在饲料和动物饮用水中使用的药物品种目录

一、肾上腺素受体激动剂

1. 盐酸克仑特罗（Clenbuterol Hydrochloride）：中华人民共和国药典（以下简称药典）2000年二部P605。β_2肾上腺素受体激动药。

2. 沙丁胺醇（Salbutamol）：药典2000年二部P316。β_2肾上腺素受体激动药。

3. 硫酸沙丁胺醇（Salbutamol Sulfate）：药典2000年二部P870。β_2肾上腺素受体激动药。

4. 莱克多巴胺（Ractopamine）：一种β兴奋剂，美国食品和药物管理局（FDA）已批准，中国未批准。

5. 盐酸多巴胺（Dopamine Hydrochloride）：药典2000年二部P591。多巴胺受体激动药。

6. 西马特罗（Cimaterol）：美国氰胺公司开发的产品，一种β兴奋剂，FDA未批准。

7. 硫酸特布他林（Terbutaline Sulfate）：药典2000年二部P890。β_2肾上腺受体激动药。

二、性激素

8. 己烯雌酚（Diethylstibestrol）：药典2000年二部P42。雌激素类药。

9. 雌二醇（Estradiol）：药典2000年二部P1005。雌激素类药。

10. 戊酸雌二醇（Estradiol Valerate）：药典2000年二部P124。雌激素类药。

11. 苯甲酸雌二醇（Estradiol Benzoate）：药典2000年二部P369。雌激素类药。中华人民共和国兽药典（以下简称兽药典）2000年版一部P109。雌激素类药。用于发情不明显动物的催情及胎衣滞留、死胎的排除。

12. 氯烯雌醚（Chlorotrianisene）：药典2000年二部P919。

13. 炔诺醇（Ethinylestradiol）：药典2000年二部P422。

14. 炔诺醚（Quinestrol）：药典2000年二部P424。

15. 醋酸氯地孕酮（Chlormadinone acetate）：药典2000年二

部 P1037。

16. 左炔诺孕酮（Levonorgestrel）：药典 2000 年二部 P107。

17. 炔诺酮（Norethisterone）：药典 2000 年二部 P420。

18. 绒毛膜促性腺激素（绒促性素）(Chorionic Gonadotrophin)：药典 2000 年二部 P534。促性腺激素药。兽药典 2000 年版一部 P146。激素类药。用于性功能障碍、习惯性流产及卵巢囊肿等。

19. 促卵泡生长激素（尿促性素主要含卵泡刺激 FSHT 和黄体生成素 LH）(Menotropins)：药典 2000 年二部 P321。促性腺激素类药。

三、蛋白同化激素

20. 碘化酪蛋白（Iodinated Casein）：蛋白同化激素类，为甲状腺素的前驱物质，具有类似甲状腺素的生理作用。

21. 苯丙酸诺龙及苯丙酸诺龙注射液（Nandrolone phenylpropionate）：药典 2000 年二部 P365。

四、精神药品

22.（盐酸）氯丙嗪（Chlorpromazine Hydrochloride）：药典 2000 年二部 P676。抗精神病药。兽药典 2000 年版一部 P177。镇静药。用于强化麻醉以及使动物安静等。

23. 盐酸异丙嗪（Promethazine Hydrochloride）：药典 2000 年二部 P602。抗组胺药。兽药典 2000 年版一部 P164。抗组胺药。用于变态反应性疾病，如荨麻疹、血清病等。

24. 安定（地西泮）(Diazepam)：药典 2000 年二部 P214。抗焦虑药、抗惊厥药。兽药典 2000 年版一部 P61。镇静药、抗惊厥药。

25. 苯巴比妥（Phenobarbital）：药典 2000 年二部 P362。镇静催眠药、抗惊厥药。兽药典 2000 年版一部 P103。巴比妥类药。缓解脑炎、破伤风、士的宁中毒所致的惊厥。

26. 苯巴比妥钠（Phenobarbital Sodium）：兽药典 2000 年版一部 P105。巴比妥类药。缓解脑炎、破伤风、士的宁中毒所致的惊厥。

27. 巴比妥（Barbital）：兽药典 2000 年版一部 P27。中枢抑制和增强解热镇痛。

28. 异戊巴比妥（Amobarbital）：药典 2000 年二部 P252。催眠药、抗惊厥药。

29. 异戊巴比妥钠（Amobarbital Sodium）：兽药典 2000 年版一部 P82。巴比妥类药。用于小动物的镇静、抗惊厥和麻醉。

30. 利血平（Reserpine）：药典 2000 年二部 P304。抗高血压药。

31. 艾司唑仑（Estazolam）。

32. 甲丙氨脂（Meprobamate）。

33. 咪达唑仑（Midazolam）。

34. 硝西泮（Nitrazepam）。

35. 奥沙西泮（Oxazepam）。

36. 匹莫林（Pemoline）。

37. 三唑仑（Triazolam）。

38. 唑吡旦（Zolpidem）。

39. 其他国家管制的精神药品。

五、各种抗生素滤渣

40. 抗生素滤渣：该类物质是抗生素类产品生产过程中产生的工业三废，因含有微量抗生素成分，在饲料和饲养过程中使用后对动物有一定的促生长作用。但对养殖业的危害很大，一是容易引起耐药性，二是由于未做安全性试验，存在各种安全隐患。

附录 4　禁止在饲料和动物饮水中使用的物质

中华人民共和国农业部公告

第 1519 号

为加强饲料及养殖环节质量安全监管，保障饲料及畜产品质量安全，根据《饲料和饲料添加剂管理条例》有关规定，禁止在饲料和动物饮水中使用苯乙醇胺 A 等物质（见附件）。各级畜牧饲料管理部门要加强日常监管和监督检测，严肃查处在饲料生产、经营、使用和动物饮水中违禁添加苯乙醇胺 A 等物质的违法行为。

特此公告。

附件：禁止在饲料和动物饮水中使用的物质

二〇一〇年十二月二十七日

附件：禁止在饲料和动物饮水中使用的物质

1. 苯乙醇胺 A（Phenylethanolamine A）：β-肾上腺素受体激动剂。

2. 班布特罗（Bambuterol）：β-肾上腺素受体激动剂。

3. 盐酸齐帕特罗（Zilpaterol Hydrochloride）：β-肾上腺素受体激动剂。

4. 盐酸氯丙那林（Clorprenaline Hydrochloride）：药典 2010 版二部 P783。β-肾上腺素受体激动剂。

5. 马布特罗（Mabuterol）：β-肾上腺素受体激动剂。

6. 西布特罗（Cimbuterol）：β-肾上腺素受体激动剂。

7. 溴布特罗（Brombuterol）：β-肾上腺素受体激动剂。

8. 酒石酸阿福特罗（Arformoterol Tartrate）：长效型 β-肾上腺素受体激动剂。

9. 富马酸福莫特罗（Formoterol Fumatrate）：长效型 β-肾上腺素受体激动剂。

10. 盐酸可乐定（Clonidine Hydrochloride）：药典 2010 版二部 P645。抗高血压药。

11. 盐酸赛庚啶（Cyproheptadine Hydrochloride）：药典 2010 版二部 P803。抗组胺药。

附录5 停止经营、使用用于食品动物的洛美沙星、培氟沙星、氧氟沙星、诺氟沙星4种原料药的各种盐、酯及其各种制剂

中华人民共和国农业部公告

第2292号

为保障动物产品质量安全和公共卫生安全，我部组织开展了部分兽药的安全性评价工作。经评价，认为洛美沙星、培氟沙星、氧氟沙星、诺氟沙星4种原料药的各种盐、酯及其各种制剂可能对养殖业、人体健康造成危害或者存在潜在风险。根据《兽药管理条例》第六十九条规定，我部决定在食品动物中停止使用洛美沙星、培氟沙星、氧氟沙星、诺氟沙星4种兽药，撤销相关兽药产品批准文号。现将有关事项公告如下。

一、自本公告发布之日起，除用于非食品动物的产品外，停止受理洛美沙星、培氟沙星、氧氟沙星、诺氟沙星4种原料药的各种盐、酯及其各种制剂的兽药产品批准文号的申请。

二、自2015年12月31日起，停止生产用于食品动物的洛美沙星、培氟沙星、氧氟沙星、诺氟沙星4种原料药的各种盐、酯及其各种制剂，涉及的相关企业的兽药产品批准文号同时撤销。2015年12月31日前生产的产品，可以在2016年12月31日前流通使用。

三、自2016年12月31日起，停止经营、使用用于食品动物的洛美沙星、培氟沙星、氧氟沙星、诺氟沙星4种原料药的各种盐、酯及其各种制剂。

农业部

2015年9月1日

附录 6　淘汰兽药品种目录

中华人民共和国农业部公告

第 839 号

为加强兽药标准管理，保证兽药安全有效和动物性食品安全，根据《兽药管理条例》规定，中国兽药典委员会对历版《中华人民共和国兽药典》《兽药规范》中的 71 种兽药品种进行了风险评估和安全评价，并形成评审意见。鉴于甘汞等 48 种产品不同程度存在毒性大、疗效不确切、环境污染、质量不可控等问题，目前已有替代品种提供临床应用，淘汰使用该类产品时机成熟。经审核，现公布《淘汰兽药品种目录》（附件 1，以下简称《目录》），并就有关事项公告如下：

一、自本公告发布之日起，列入淘汰《目录》的兽药品种，废止其质量标准，并停止生产、经营、使用，违者按经营、使用假兽药处理。

二、自本公告发布之日起，农业部 472 号公告中与《目录》同品种的兽药品种编号同时废止。

三、本公告所称淘汰品种，仅指列入《目录》的产品和剂型，不涉及与此相关的其他产品。

四、为加强兽药安全评价工作，我部制定了《兽药安全评价品种目录》（附件 2）。按照工作计划，2010 年前组织完成风险评估和安全评价工作，并根据评价结果公布淘汰品种。未公布前，不限制《兽药安全评价品种目录》所列品种的生产、经营和使用。

附件：

1. 淘汰兽药品种目录

2. 兽药安全评价品种目录

二〇〇七年四月四日

附件 1　淘汰兽药品种目录

序号	品名	标准归属
1	阿拉伯胶	1965GF
2	白陶土敷剂	1965GF
3	滴滴涕	1965GF
4	滴滴涕粉剂	1965GF
5	二硫化碳	1965GF
6	甘氨酸钠注射液	1965GF
7	甘汞	1965GF
8	汞溴红	1965GF
9	汞溴红溶液	1965GF
10	哈拉宗	1965GF
11	哈拉宗片	1965GF
12	含醇樟脑注射液	1965GF
13	氯仿醑	1965GF
14	凝血质	1965GF
15	凝血质注射液	1965GF
16	氰乙酰肼	1965GF
17	三磺片	1965GF
18	四氯化碳	1965GF
19	四氯化碳胶丸	1965GF
20	四氯化碳注射液	1965GF
21	四氯乙烯	1965GF
22	四氯乙烯胶丸	1965GF
23	亚砷酸钾溶液	1965GF
24	乙酰苯胺	1965GF
25	注射用盐酸二氯苯胂	1965GF
26	注射用盐酸金霉素	1965GF
27	安溴注射液	1978GF
28	复方醋酸铅散剂	1978GF

续表

序号	品名	标准归属
29	黄氧化汞眼膏(黄降汞眼膏)	1978GF
30	火棉胶	1978GF
31	硫柳汞	1978GF
32	硫溴酚	1978GF
33	六氯对二甲苯	1978GF
34	六氯对二甲苯片	1978GF
35	六氯乙烷	1978GF
36	煤焦油皂溶液(臭药水)	1978GF
37	升汞(二氯化汞)	1978GF
38	升汞毒片	1978GF
39	水合氯醛硫酸镁注射液	1978GF
40	水合氯醛乙醇注射液	1978GF
41	水杨酸钠可可碱(利尿素)	1978GF
42	乌拉坦	1978GF
43	液化苯酚	1978GF
44	樟脑注射液	1978GF
45	阿片酊	1990CVP
46	阿片粉	1990CVP
47	复方樟脑酊	1992GF
48	注射用土霉素(粉)	部文保留

注：GF 代表《兽药规范》，CVP 代表《中国兽药典》，ZB 代表《兽药质量标准》。

附件 2　兽药安全评价品种目录

序号	品名	标准归属	淘汰理由
1	升华硫	1990CVP	
2	维生素 AD 注射液	1990CVP	工艺不稳定
3	维生素 D_2 胶性钙注射液	1990CVP	工艺不稳定
4	复方甘草合剂	1992GF	含阿片酊，有用作毒品的危险

续表

序号	品名	标准归属	淘汰理由
5	结晶磺胺	1992GF	外用磺胺药已不用，有更好的代替
6	灭菌结晶磺胺	1992GF	外用作创伤撒布，现已不用，有更好的代替
7	盐酸噻咪唑	1992GF	为左旋咪唑混旋体，作用弱，毒性大，已用左旋咪唑取代
8	盐酸噻咪唑片	1992GF	为左旋咪唑混旋体，作用弱，毒性大，已用左旋咪唑取代
9	盐酸噻咪唑注射液（驱虫净注射液）	1978GF	为左旋咪唑混旋体，作用弱，毒性大，已用左旋咪唑取代
10	地美硝唑预混剂	2000CVP	建议为粉剂
11	巴胺磷	2003ZB	毒性大，有替代品种
12	巴胺磷溶液	2003ZB	毒性大，有替代品种
13	甲磺酸培氟沙星	2003ZB	人用重要抗菌药、兽用产生耐药性可能导致人类疾病治疗失败
14	甲磺酸培氟沙星颗粒	2003ZB	人用重要抗菌药、兽用产生耐药性可能导致人类疾病治疗失败
15	甲磺酸培氟沙星可溶性粉	2003ZB	人用重要抗菌药、兽用产生耐药性可能导致人类疾病治疗失败
16	甲磺酸培氟沙星注射液	2003ZB	人用重要抗菌药、兽用产生耐药性可能导致人类疾病治疗失败
17	盐酸洛美沙星可溶性粉	2003ZB	人用重要抗菌药、兽用产生耐药性可能导致人类疾病治疗失败
18	盐酸洛美沙星片	2003ZB	人用重要抗菌药、兽用产生耐药性可能导致人类疾病治疗失败
19	盐酸洛美沙星注射液	2003ZB	人用重要抗菌药、兽用产生耐药性可能导致人类疾病治疗失败
20	氧氟沙星可浴性粉	2003ZB	人用重要抗菌药、兽用产生耐药性可能导致人类疾病治疗失败
21	氧氟沙星片	2003ZB	人用重要抗菌药、兽用产生耐药性可能导致人类疾病治疗失败

续表

序号	品名	标准归属	淘汰理由
22	氧氟沙星溶液(碱性)	2003ZB	人用重要抗菌药、兽用产生耐药性可能导致人类疾病治疗失败
23	氧氟沙星溶液(酸性)	2003ZB	人用重要抗菌药、兽用产生耐药性可能导致人类疾病治疗失败
24	氧氟沙星注射液	2003ZB	人用重要抗菌药、兽用产生耐药性可能导致人类疾病治疗失败
25	乙酰甲喹注射液(0.5%)	老部标准	浓度低,稳定性不良,待完善标准

注：GF代表《兽药规范》，CVP代表《中国兽药典》，ZB代表《兽药质量标准》。

附录7 常用兽药配伍禁忌

分类	药物	配伍药物	配伍结果
青霉素类	青霉素钠、钾盐；氨苄西林类；阿莫西林类	喹诺酮类、氨基糖苷类（庆大霉素除外）、多黏菌素类	效果增强
		四环素类、头孢菌素类、大环内酯类、酰胺醇类、庆大霉素、利巴韦林	拮抗或疗效相抵或产生副作用，应分别使用、间隔给药
		维生素C、B族维生素、罗红霉素、磺胺类、氨茶碱、高锰酸钾、盐酸氯丙嗪、过氧化氢	沉淀、分解、失效
头孢菌素类	“头孢”系列	氨基糖苷类、喹诺酮类	疗效、毒性增强
		青霉素类、林可胺类、四环素类、磺胺类	拮抗或疗效相抵或产生副作用，应分别使用、间隔给药
		维生素C、B族维生素、磺胺类、罗红霉素、氨茶碱、氟苯尼考、甲砜霉素、强力霉素	沉淀、分解、失效
氨基糖苷类	卡那霉素、阿米卡星、妥布霉素、庆大霉素、大观霉素、新霉素、链霉素等	抗生素类	尽量避免与其他抗生素类药物联合应用，会增加毒性或降低疗效
	大观霉素	青霉素类、头孢菌素类、林可胺类、TMP	疗效增强
	卡那霉素、庆大霉素	碱性药物（如碳酸氢钠、氨茶碱等）	疗效增强，毒性增强
		维生素C、B族维生素	疗效减弱
		氨基糖苷同类药物、头孢菌素类	毒性增强
		酰胺醇类、四环素	呈拮抗作用，疗效抵消
		其他抗菌药物	不可同时使用

续表

分类	药物	配伍药物	配伍结果
大环内酯类	红霉素、罗红霉素、硫氰酸红霉素、替米考星、吉他霉素(北里霉素)、泰乐菌素、乙酰螺旋霉素、阿奇霉素	林可胺类、麦迪霉素、螺旋霉素、阿司匹林	疗效降低
		青霉素类、无机盐类、四环素类	沉淀,降低疗效
		碱性物质	增强稳定性,增强疗效
		酸性物质	不稳定,易分解失效
四环素类	土霉素、四环素、金霉素、强力霉素、米诺环素	甲氧苄啶、三黄粉	稳效
		含钙、镁、铝、铁的中药(如石类、贝壳类、骨类、矾类、脂类等),含碱类、鞣质的中药,含消化酶的中药(如神曲、麦芽、豆豉等)	不宜同用,如确需联用应至少间隔 2h
		其他药物	四环素类药物不宜与绝大多数其他药物混合使用
酰胺醇类	甲砜霉素、氟苯尼考	喹诺酮类、磺胺类	毒性增强
		青霉素类、大环内酯类、四环素类、多黏菌素类、氨基糖苷类、氯丙嗪、林可胺类、头孢菌素类、B族维生素、铁制剂、利福平	呈拮抗作用,疗效抵消
		碱性药物(如碳酸氢钠、氨茶碱等)	分解、失效
喹诺酮类	“沙星”系列	青霉素类、链霉素、新霉素、庆大霉素	疗效增强
		林可胺类、氨茶碱、金属离子(如钙、镁、铝、铁等)	沉淀、失效
		四环素类、酰胺醇类、罗红霉素、利福平	疗效降低
		头孢菌素类	毒性增强

续表

分类	药物	配伍药物	配伍结果
磺胺类	磺胺嘧啶、磺胺二甲嘧啶、磺胺甲噁唑、磺胺对甲氧嘧啶、磺胺间甲氧嘧啶	青霉素类	沉淀、分解、失效
		头孢菌素类	疗效降低
		酰胺醇类、罗红霉素	毒性增强
		TMP、新霉素、庆大霉素、卡那霉素	疗效增强
	磺胺嘧啶	阿米卡星、头孢菌素类、氨基糖苷类、利卡多因、林可霉素、普鲁卡因、四环素类、青霉素类、红霉素	疗效降低或抵消或产生沉淀
抗菌增效剂	二甲氧苄啶、甲氧苄啶、三甲氧苄啶	参照磺胺类药物	参照磺胺类药物
		磺胺类、四环素类、红霉素、庆大霉素、多黏菌素	疗效增强
		青霉素类	沉淀、分解、失效
		其他抗菌药物	增效或呈协同作用
林可胺类	盐酸林可霉素、克林霉素	氨基糖苷类	呈协同作用
		大环内酯类、氟苯尼考	疗效降低
		喹诺酮类	沉淀、失效
多肽类	硫酸黏菌素	磺胺类、甲氧苄啶、利福平	疗效增强
	杆菌肽锌	青霉素类、链霉素、新霉素、金霉素、多黏菌素	呈协同作用，疗效增强
		吉他霉素、恩拉霉素	呈拮抗作用，疗效抵消，禁止并用
	恩拉霉素	四环素、吉他霉素、杆菌肽锌	
抗寄生虫药	苯并咪唑类	长期使用	易产生耐药性
		同类药物	易产生耐药性并增加毒性，应避免同时使用
	其他抗寄生虫药	长期使用	此类药物一般毒性较强，应避免长期使用
		同类药物	毒性增强，间隔用药，确需同用应减低用量
		其他药物	易增加毒性或产生拮抗，应尽量避免合用

续表

分类	药物	配伍药物	配伍结果
助消化与健胃药	乳酶生	酊剂、抗菌剂、鞣酸蛋白、铋制剂	疗效减弱
	胃蛋白酶	中药	能降低胃蛋白酶的疗效，应避免合用
		强酸、碱性物质、重金属盐、鞣酸溶液	沉淀或灭活、失效
	干酵母	磺胺类	拮抗，疗效降低
	稀盐酸、稀醋酸	碱类、盐类、有机酸及洋地黄	沉淀、失效
	人工盐	酸类	中和，疗效减弱
	胰酶	强酸、碱性物质、重金属盐溶液	沉淀或灭活、失效
	碳酸氢钠	镁盐、钙盐、鞣酸类、生物碱类等	疗效降低或分解或沉淀或失效
		酸性溶液	中和失效
平喘药	茶碱类（氨茶碱）	其他茶碱类、林可胺类、四环素类、喹诺酮类、氯丙嗪、大环内酯类、酰胺醇类、利福平	毒副作用增强或失效
		酸性药物与碱性药物	酸性药物可增加氨茶碱排泄，碱性药物可减少氨茶碱排泄
维生素类	所有维生素	长期使用、大剂量使用	易导致中毒甚至致死
	B族维生素	碱性溶液	沉淀、破坏、失效
		氧化剂、还原剂	分解、失效
		青霉素类、头孢菌素类、四环素类、多黏菌素类、氨基糖苷类、林可胺类、酰胺醇类	灭活、失效
	维生素C	碱性溶液、氧化剂	氧化、破坏、失效
		青霉素类、头孢菌素类、四环素类、多黏菌素类、氨基糖苷类、林可胺类、酰胺醇类	灭活、失效

续表

分类	药物	配伍药物	配伍结果
消毒防腐类	漂白粉	酸类	分解、失效
	酒精	氯化剂、无机盐等	氧化、失效
	硼酸	碱性物质、鞣酸	疗效降低
	碘类制剂	氨水、季铵盐类	生成爆炸性的碘化氮
		重金属盐	沉淀、失效
		生物碱类	析出生物碱沉淀
		淀粉类	溶液变蓝
		龙胆紫	疗效减弱
		挥发油	分解、失效
	高锰酸钾	氨及其制剂	沉淀
		甘油、酒精	失效
	过氧化氢（双氧水）	碘制剂、高锰酸钾、碱类、药用炭	分解、失效
	过氧乙酸	碱类（如氢氧化钠、氨溶液等）	中和失效
	碱类（生石灰、氢氧化钠等）	酸性溶液	中和失效
	氨溶液	酸性溶液	中和失效
		碘类溶液	生成爆炸性的碘化氮

附录 8　兽用处方药品种目录

兽用处方药品种目录（第一批，中华人民共和国农业部公告　第 1997 号；第二批，中华人民共和国农业部公告　第 2471 号）

一、抗微生物药

1. 抗生素类

（1）β-内酰胺类：注射用青霉素钠、注射用青霉素钾、氨苄西林混悬注射液、氨苄西林可溶性粉、注射用氨苄西林钠、注射用氯唑西林钠、阿莫西林注射液、注射用阿莫西林钠、阿莫西林片、阿莫西林可溶性粉、阿莫西林克拉维酸钾注射液、阿莫西林硫酸黏菌素注射液、注射用苯唑西林钠、注射用普鲁卡因青霉素、普鲁卡因青霉素注射液、注射用苄星青霉素、复方阿莫西林粉、复方氨苄西林粉、氨苄西林钠可溶性粉。

（2）头孢菌素类：注射用头孢噻呋、盐酸头孢噻呋注射液、注射用头孢噻呋钠、头孢氨苄注射液、硫酸头孢喹肟注射液、注射用硫酸头孢喹肟。

（3）氨基糖苷类：注射用硫酸链霉素、注射用硫酸双氢链霉素、硫酸双氢链霉素注射液、硫酸卡那霉素注射液、注射用硫酸卡那霉素、硫酸庆大霉素注射液、硫酸安普霉素注射液、硫酸安普霉素可溶性粉、硫酸安普霉素预混剂、硫酸新霉素溶液、硫酸新霉素粉（水产用）、硫酸新霉素预混剂、硫酸新霉素可溶性粉、盐酸大观霉素可溶性粉、盐酸大观霉素盐酸林可霉素可溶性粉、硫酸黏菌素预混剂、硫酸黏菌素预混剂（发酵）、硫酸黏菌素可溶性粉、硫酸庆大-小诺霉素注射液。

（4）四环素类：土霉素注射液、长效土霉素注射液、盐酸土霉素注射液、注射用盐酸土霉素、长效盐酸土霉素注射液、四环素片、注射用盐酸四环素、盐酸多西环素粉（水产用）、盐酸多西环素可溶性粉、盐酸多西环素片、盐酸多西环素注射液。

（5）大环内酯类：红霉素片、注射用乳糖酸红霉素、硫氰酸红霉素可溶性粉、泰乐菌素注射液、注射用酒石酸泰乐菌素、酒石酸泰乐菌素可溶性粉、酒石酸泰乐菌素磺胺二甲嘧啶可溶性粉、磷酸泰乐菌素磺胺二甲嘧啶预混剂、替米考星注射液、替米考星可溶性粉、替米考星预混剂、替米考星溶液、磷酸替米考星预混剂、酒石酸吉他霉素可溶性粉。

(6)酰胺醇类：氟苯尼考粉、氟苯尼考粉（水产用）、氟苯尼考注射液、氟苯尼考可溶性粉、氟苯尼考预混剂、氟苯尼考预混剂（50%）、甲砜霉素注射液、甲砜霉素粉、甲砜霉素粉（水产用）、甲砜霉素可溶性粉、甲砜霉素片、甲砜霉素颗粒。

(7)林可胺类：盐酸林可霉素注射液、盐酸林可霉素片、盐酸林可霉素可溶性粉、盐酸林可霉素预混剂、盐酸林可霉素硫酸大观霉素预混剂。

(8)其他：延胡索酸泰妙菌素可溶性粉。

2.合成抗菌药

(1)磺胺类药：复方磺胺嘧啶预混剂、复方磺胺嘧啶粉（水产用）、磺胺对甲氧嘧啶二甲氧苄啶预混剂、复方磺胺对甲氧嘧啶粉、磺胺间甲氧嘧啶粉、磺胺间甲氧嘧啶预混剂、复方磺胺间甲氧嘧啶可溶性粉、复方磺胺间甲氧嘧啶预混剂、磺胺间甲氧嘧啶钠粉（水产用）、磺胺间甲氧嘧啶钠可溶性粉、复方磺胺间甲氧嘧啶钠粉、复方磺胺间甲氧嘧啶钠可溶性粉、复方磺胺二甲嘧啶粉（水产用）、复方磺胺二甲嘧啶可溶性粉、复方磺胺甲噁唑粉、复方磺胺甲噁唑粉（水产用）、复方磺胺氯达嗪钠粉、磺胺氯吡嗪钠可溶性粉、复方磺胺氯吡嗪钠预混剂、磺胺喹噁啉二甲氧苄啶预混剂、磺胺喹噁啉钠可溶性粉、盐酸氨丙啉磺胺喹噁啉钠可溶性粉、复方磺胺二甲嘧啶钠可溶性粉、联磺甲氧苄啶预混剂、复方磺胺喹噁啉钠可溶性粉、磺胺氯达嗪钠乳酸甲氧苄啶可溶性粉。

(2)喹诺酮类药：恩诺沙星注射液、恩诺沙星粉（水产用）、恩诺沙星片、恩诺沙星溶液、恩诺沙星可溶性粉、恩诺沙星混悬液、盐酸恩诺沙星可溶性粉、乳酸环丙沙星可溶性粉、乳酸环丙沙星注射液、盐酸环丙沙星注射液、盐酸环丙沙星可溶性粉、盐酸环丙沙星盐酸小檗碱预混剂、维生素C磷酸酯镁盐酸环丙沙星预混剂、盐酸沙拉沙星注射液、盐酸沙拉沙星片、盐酸沙拉沙星可溶性粉、盐酸沙拉沙星溶液、甲磺酸达氟沙星注射液、甲磺酸达氟沙星溶液、甲磺酸达氟沙星粉、盐酸二氟沙星片、盐酸二氟沙星注射液、盐酸二氟沙星粉、盐酸二氟沙星溶液、烟酸诺氟沙星注射液、烟酸诺氟沙星可溶性粉、烟酸诺氟沙星溶液、烟酸诺氟沙星预混剂（水产用）、噁喹酸散、噁喹酸混悬液、噁喹酸溶液、氟甲喹可溶性粉、氟甲喹粉、盐酸洛美沙星片。

（3）其他：乙酰甲喹片、乙酰甲喹注射液。

二、抗寄生虫药

（1）抗蠕虫药：阿苯达唑硝氯酚片、甲苯咪唑溶液（水产用）、硝氯酚伊维菌素片、阿维菌素注射液、碘硝酚注射液、精制敌百虫片、精制敌百虫粉、精制敌百虫粉（水产用）、乙酰氨基阿维菌素注射液。

（2）抗原虫药：注射用三氮脒、注射用喹嘧胺、盐酸吖啶黄注射液、甲硝唑片、地美硝唑预混剂。

（3）杀虫药：辛硫磷溶液（水产用）、氯氰菊酯溶液（水产用）、溴氰菊酯溶液（水产用）、高效氯氰菊酯溶液。

三、中枢神经系统药物

（1）中枢兴奋药：安钠咖注射液、尼可刹米注射液、樟脑磺酸钠注射液、硝酸士的宁注射液、盐酸苯噁唑注射液。

（2）镇静药与抗惊厥药：盐酸氯丙嗪片、盐酸氯丙嗪注射液、地西泮片、地西泮注射液、苯巴比妥片、注射用苯巴比妥钠、复方水杨酸钠注射液。

（3）麻醉性镇痛药：盐酸吗啡注射液、盐酸哌替啶注射液。

（4）全身麻醉药与化学保定药：注射用硫喷妥钠、注射用异戊巴比妥钠、盐酸氯胺酮注射液、复方氯胺酮注射液、盐酸赛拉嗪注射液、盐酸赛拉唑注射液、氯化琥珀胆碱注射液。

四、外周神经系统药物

（1）拟胆碱药：氯化氨甲酰甲胆碱注射液、甲硫酸新斯的明注射液。

（2）抗胆碱药：硫酸阿托品片、硫酸阿托品注射液、氢溴酸东莨菪碱注射液。

（3）拟肾上腺素药：重酒石酸去甲肾上腺素注射液、盐酸肾上腺素注射液。

（4）局部麻醉药：盐酸普鲁卡因注射液、盐酸利多卡因注射液。

五、抗炎药

氢化可的松注射液、醋酸可的松注射液、醋酸氢化可的松注射液、醋酸泼尼松片、地塞米松磷酸钠注射液、醋酸地塞米松片、倍他米松片。

六、泌尿生殖系统药物

丙酸睾酮注射液、苯丙酸诺龙注射液、苯甲酸雌二醇注射液、黄体酮注射液、注射用促黄体素释放激素 A_2、注射用促黄体素释放激素 A_3、注射用复方鲑鱼促性腺激素释放激素类似物、注射用复方绒促性素 A 型、注射用复方绒促性素 B 型、三合激素注射液。

七、抗过敏药

盐酸苯海拉明注射液、盐酸异丙嗪注射液、马来酸氯苯那敏注射液。

八、局部用药物

注射用氯唑西林钠、头孢氨苄乳剂、苄星氯唑西林注射液、氯唑西林钠氨苄西林钠乳剂（泌乳期）、氨苄西林钠氯唑西林钠乳房注入剂（泌乳期）、盐酸林可霉素硫酸新霉素乳房注入剂（泌乳期）、盐酸林可霉素乳房注入剂（泌乳期）、盐酸吡利霉素乳房注入剂（泌乳期）。

九、解毒药

（1）金属络合剂：二巯丙醇注射液、二巯丙磺钠注射液。

（2）胆碱酯酶复活剂：碘解磷定注射液。

（3）高铁血红蛋白还原剂：亚甲蓝注射液。

（4）氰化物解毒剂：亚硝酸钠注射液。

（5）其他解毒剂：乙酰胺注射液。

附录9　一、二、三类动物疫病病种名录

中华人民共和国农业部公告

第1125号

为贯彻执行《中华人民共和国动物防疫法》，我部对原《一、二、三类动物疫病病种名录》进行了修订，现予发布，自发布之日起施行。1999年发布的农业部第96号公告同时废止。

特此公告

附件：一、二、三类动物疫病病种名录

二〇〇八年十二月十一日

附件：

一、二、三类动物疫病病种名录

一类动物疫病（17种）

口蹄疫、猪水疱病、猪瘟、非洲猪瘟、高致病性猪蓝耳病、非洲马瘟、牛瘟、牛传染性胸膜肺炎、牛海绵状脑病、痒病、蓝舌病、小反刍兽疫、绵羊痘和山羊痘、高致病性禽流感、新城疫、鲤春病毒血症、白斑综合征。

二类动物疫病（77种）

多种动物共患病（9种）：狂犬病、布鲁氏菌病、炭疽、伪狂犬病、魏氏梭菌病、副结核病、弓形虫病、棘球蚴病、钩端螺旋体病。

牛病（8种）：牛结核病、牛传染性鼻气管炎、牛恶性卡他热、牛白血病、牛出血性败血病、牛梨形虫病（牛焦虫病）、牛锥虫病、日本血吸虫病。

绵羊和山羊病（2种）：山羊关节炎脑炎、梅迪-维斯纳病。

猪病（12种）：猪繁殖与呼吸综合征（经典猪蓝耳病）、猪乙型脑炎、猪细小病毒病、猪丹毒、猪肺疫、猪链球菌病、猪传染性萎缩性

鼻炎、猪支原体肺炎、旋毛虫病、猪囊尾蚴病、猪圆环病毒病、副猪嗜血杆菌病。

马病（5种）：马传染性贫血、马流行性淋巴管炎、马鼻疽、马巴贝斯虫病、伊氏锥虫病。

禽病（18种）：鸡传染性喉气管炎、鸡传染性支气管炎、传染性法氏囊病、马立克氏病、产蛋下降综合征、禽白血病、禽痘、鸭瘟、鸭病毒性肝炎、鸭浆膜炎、小鹅瘟、禽霍乱、鸡白痢、禽伤寒、鸡败血支原体感染、鸡球虫病、低致病性禽流感、禽网状内皮组织增殖症。

兔病（4种）：兔病毒性出血病、兔黏液瘤病、野兔热、兔球虫病。

蜜蜂病（2种）：美洲幼虫腐臭病、欧洲幼虫腐臭病。

鱼类病（11种）：草鱼出血病、传染性脾肾坏死病、锦鲤疱疹病毒病、刺激隐核虫病、淡水鱼细菌性败血症、病毒性神经坏死病、流行性造血器官坏死病、斑点叉尾鮰病毒病、传染性造血器官坏死病、病毒性出血性败血症、流行性溃疡综合征。

甲壳类病（6种）：桃拉综合征、黄头病、罗氏沼虾白尾病、对虾杆状病毒病、传染性皮下和造血器官坏死病、传染性肌肉坏死病。

三类动物疫病（63种）

多种动物共患病（8种）：大肠杆菌病、李氏杆菌病、类鼻疽、放线菌病、肝片吸虫病、丝虫病、附红细胞体病、Q热。

牛病（5种）：牛流行热、牛病毒性腹泻/黏膜病、牛生殖器弯曲杆菌病、毛滴虫病、牛皮蝇蛆病。

绵羊和山羊病（6种）：肺腺瘤病、传染性脓疱、羊肠毒血症、干酪性淋巴结炎、绵羊疥癣，绵羊地方性流产。

马病（5种）：马流行性感冒、马腺疫、马鼻腔肺炎、溃疡性淋巴管炎、马媾疫。

猪病（4种）：猪传染性胃肠炎、猪流行性感冒、猪副伤寒、猪密螺旋体痢疾。

禽病（4种）：鸡病毒性关节炎、禽传染性脑脊髓炎、传染性鼻炎、禽结核病。

蚕、蜂病（7种）：蚕型多角体病、蚕白僵病、蜂螨病、瓦螨病、亮热厉螨病、蜜蜂孢子虫病、白垩病。

犬猫等动物病（7 种）：水貂阿留申病、水貂病毒性肠炎、犬瘟热、犬细小病毒病、犬传染性肝炎、猫泛白细胞减少症、利什曼病。

鱼类病（7 种）：鮰类肠败血症、迟缓爱德华氏菌病、小瓜虫病、黏孢子虫病、三代虫病、指环虫病、链球菌病。

甲壳类病（2 种）：河蟹颤抖病、斑节对虾杆状病毒病。

贝类病（6 种）：鲍脓疱病、鲍立克次体病、鲍病毒性死亡病、包纳米虫病、折光马尔太虫病、奥尔森派琴虫病。

两栖与爬行类病（2 种）：鳖腮腺炎病、蛙脑膜炎败血金黄杆菌病。

附录 10　人畜共患传染病名录

中华人民共和国农业部公告

第 1149 号

根据《中华人民共和国动物防疫法》有关规定，我部会同卫生部组织制定了《人畜共患传染病名录》，现予发布，自发布之日起施行。

附件：人畜共患传染病名录

二〇〇九年一月十九日

附件：

人畜共患传染病名录

牛海绵状脑病、高致病性禽流感、狂犬病、炭疽、布鲁氏菌病、弓形虫病、棘球蚴病、钩端螺旋体病、沙门氏菌病、牛结核病、日本血吸虫病、猪乙型脑炎、猪Ⅱ型链球菌病、旋毛虫病、猪囊尾蚴病、马鼻疽、野兔热、大肠杆菌病（O157：H7）、李氏杆菌病、类鼻疽、放线菌病、肝片吸虫病、丝虫病、Q 热、禽结核病、利什曼病。

附录 11　不得对一类疫病发病动物采取治疗措施

中华人民共和国农业部公告

第 1246 号

依照《中华人民共和国动物防疫法》《重大动物疫情应急条例》《兽药管理条例》以及一类动物疫病防治技术规范规定，发生口蹄疫、高致病性禽流感等陆生动物疫病时，应当采取封锁、隔离、扑杀、销毁、消毒、无害化处理、紧急免疫接种等强制性措施，不得对发病动物采取治疗措施。兽药产品的质量标准、规程、标签和说明书不得标注对一类动物疫病具有治疗的功效。

特此公告

中华人民共和国农业部

二○○九年八月三日

参考文献

[1] 潘耀谦，刘兴友，潘博. 猪病诊治彩色图谱[M]. 3版. 北京：中国农业出版社，2017.
[2] 徐有生. 猪病理剖检实录[M]. 北京：中国农业出版社，2010.
[3] 刘聚祥，董世山. 猪病防治200问[M]. 北京：中国农业出版社，2010.
[4] 宣长和，马春全，陈志宝，等. 猪病学[M]. 3版. 北京：中国农业科学技术出版社，2010.
[5] 王泽岩，赵建增. 猪病鉴别诊断与防治原色图谱[M]. 北京：金盾出版社，2008.
[6] 杜向党，李新生. 猪病类症鉴别诊断彩色图谱[M]. 北京：中国农业出版社，2010.
[7] 徐有生. 科学养猪与猪病防治原色图谱[M]. 2版. 北京：中国农业出版社，2017.
[8] 宣长和，王亚军，邵世义，等. 猪病诊断彩色图谱与防治[M]. 北京：中国农业科学技术出版社，2005.
[9] 陈立功，董世山. 猪常见病诊治彩色图谱[M]. 北京：化学工业出版社，2014.
[10] 王艳丰，张丁华. 猪场安全高效用药技术[M]. 北京：化学工业出版社，2020.